创新驱动系列教材 高等院校数字经济专业

Data Governance
Introduction

数据治理概论

主　编◎刘　宏　林子雨　夏小云

副主编◎毕　珍　蒋梦琴　石秀峰

参　编◎李晓燕　肖西伟　牛清娜　申　镇　郭田奇

　　　　吴元全　赵　佳　张靖笙　林建兴

机械工业出版社
CHINA MACHINE PRESS

本书是一本面向在校大学生以及数据治理领域业务人员的实用教程。全书共四篇，前三篇（概念篇、体系篇、保障篇）包括 11 章：数据治理概述，数据治理框架，数据战略规划，数据采集，数据存储，数据管理，数据应用，数据治理价值评估，数据治理组织、制度与规范，数据治理文化，数据治理工具。第四篇为典型案例篇，详细介绍了三个具有代表性的典型数据治理案例。本书语言通俗易懂、体系完整、案例丰富，系统、全面地讲解了数据治理的目标、价值、方式、方法、工具等各个领域的相关知识，可以帮助读者快速理解数据治理的概念，认识数据治理的架构，掌握数据治理的基本方法。

本书适用于数字经济、数据科学与大数据技术等开设数据治理相关课程的专业，既可作为本科层次的教材，也可作为研究生层次的教材，无论对于初学者还是对于想要深入了解专业数据治理知识的读者来说，本书都是必备读物。

图书在版编目（CIP）数据

数据治理概论 / 刘宏，林子雨，夏小云主编.
北京：机械工业出版社，2024.7（2025.1 重印）－－（高等院校数字
经济专业创新驱动系列教材）.－－ ISBN 978-7-111
-76115-0

Ⅰ. TP274

中国国家版本馆 CIP 数据核字第 202449HE91 号

机械工业出版社（北京市百万庄大街 22 号　邮政编码 100037）
策划编辑：王　斌　　　　　责任编辑：王　斌　马新娟
责任校对：高凯月　牟丽英　　责任印制：常天培
北京铭成印刷有限公司印刷
2025 年 1 月第 1 版第 2 次印刷
184mm×240mm · 19.75 印张 · 463 千字
标准书号：ISBN 978-7-111-76115-0
定价：79.00 元

电话服务　　　　　　　　　网络服务
客服电话：010-88361066　　机 工 官 网：www.cmpbook.com
　　　　　010-88379833　　机 工 官 博：weibo.com/cmp1952
　　　　　010-68326294　　金 书 网：www.golden-book.com
封底无防伪标均为盗版　　机工教育服务网：www.cmpedu.com

前言

在数字化转型的浪潮中，数据治理已经成为众多领域的重要议题。特别是在国家大力推动数字化转型、人工智能技术不断发展的背景下，数据治理的重要性更是日益凸显。为了帮助广大读者更好地理解和应用数据治理，我们编写了这本《数据治理概论》。

本书分为四篇，分别是概念篇、体系篇、保障篇和典型案例篇，主要介绍了数据治理体系框架以及各个关键活动，通过丰富的案例分析，帮助读者深入理解数据治理的实践和运用。概念篇介绍了数据治理的基本概念、原则和方法，以及数据治理框架相关内容，帮助读者建立起清晰的数据治理认知。体系篇详细阐述了数据治理体系框架，包括数据战略规划、数据采集、数据存储、数据管理、数据应用、数据治理价值评估等多个方面。保障篇介绍了数据治理组织、制度与规范，数据治理文化，以及数据治理工具等内容。通过对这些关键活动的深入了解，读者将能够全面掌握数据治理的核心内容。典型案例篇分享了国内不同行业的优秀实践，涵盖多个领域。这些案例将帮助读者更好地理解数据治理在实践中的应用，同时也可以为读者在具体工作中提供有益的参考和启示。此外，本书还特别关注了数据治理关键技术的应用和发展给数据治理带来的挑战和机遇。在未来数字化转型和人工智能技术的快速发展中，数据治理将显得尤为重要。

本书具备鲜明的产教融合特色，作者团队由来自厦门大学、美林数据、御数坊、用友网络等的一线教师、专家构成，聚合产、学、研三方力量，使教材内容充分融入行业经验，实现了教学与行业的无缝衔接；本书还配备了丰富的数字教学资源，包括全套微课视频、教学课件、教学大纲等，能够充分满足课堂教学与实践操作的需求。

我们希望通过本书的出版，能够帮助广大读者更好地理解和应用数据治理，为未来的职业生涯打好基础。同时，我们也希望本书能够为国内的数据治理研究和应用提供有益的参考，推动数据治理事业的发展。

在本书编写过程中，我们得到了众多专家学者的支持和帮助，在此表示衷心的感谢，同时也要感谢机械工业出版社的大力支持和广大读者的关注。我们相信在未来的学习和工作中，本书将成为您不可或缺的参考书籍之一。

编　者
2024 年 4 月

目录

体 系 篇

保　障　篇

典型案例篇

概 念 篇

第 1 章

数据治理概述

　　数据治理（Data Governance）是组织中涉及数据使用的一整套管理行为。它由企业数据治理部门发起并推行，旨在制定和实施针对整个企业内部数据的商业应用和技术管理的政策和流程。近年来，数据治理作为数据的核心管理手段，受到了政府、企业和个人的高度关注。随着理论、法律、政策和产业的变化，各方正在将数据治理纳入政务活动、企业治理、经营管理等领域。数据治理的理念、法规、方法和工具也得到了蓬勃发展。

　　本章首先介绍数据治理的基本概念，然后介绍数据治理的发展历程及趋势、数据治理在现代组织中的定位、数据治理的误区，最后介绍数据管理。

本章内容

1.1 数据治理的基本概念

1.2 数据治理的发展历程及趋势

1.3 数据治理在现代组织中的定位

1.4 数据治理的误区

1.5 数据管理

本章小结

本章习题

1.1　数据治理的基本概念

1.1.1　数据

数据是指对客观事件进行记录并可以鉴别的符号，是对客观事物的性质、状态以及相互关系等进行记载的物理符号或这些物理符号的组合，是可识别的、抽象的符号。

随着人类社会信息化进程的加快，数据的种类变得多种多样，包括数字、文字、图像、声音等。在日常生产和生活中，我们每天都在不断产生大量的数据。数据已经渗透到各个行业和业务职能领域，成为重要的生产要素。从创新到决策，数据推动着企业的发展，使得各级组织的运营更加高效。可以说，数据将成为每个企业获取核心竞争力的关键要素。同时，数据已经和物质、人力一样，成为国家的重要战略资源，对国家和社会的安全、稳定和发展产生重要影响。因此，数据也被称为"未来的石油"，如图 1-1 所示。

图 1-1　数据是"未来的石油"

数据、信息、知识和智慧这四个概念有密切的联系。

数据是指以数字、文字、图像、声音等形式记录的原始事实或观测结果，通常，需要经过处理和解释才能转化为有用的信息。数据可以被存储、传输和处理，但本身并不具备意义。

信息是对数据进行加工、分析和解释后得到的有意义的结果。信息是经过整理、组织和解释后的数据，具有一定的结构，能够传达特定的含义和知识。信息可以帮助人们理解和决策，具有实际应用价值。

简而言之，数据是原始的、无组织的事实，而信息是对数据进行处理和解释后得到的有意义的结果。数据是信息的基础，而信息则是对数据的加工和转化。

知识是对信息的理解、掌握和应用。它是个体或群体在经验、学习和思考的基础上形成的一种认知结构。知识是对事实、原理、规律等的理解和应用，它使得人们能够解决问题、做出决策和创造新的信息。

智慧则是在知识的基础上，能够通过深入思考，做出创造性的、高度复杂的决策和行动。智慧是对知识的深度理解和灵活运用，它涉及对情境的综合分析、判断和创新。

在这些概念之间，数据是信息的基础，信息是知识的基础，知识是智慧的基础。通过对数据的处理和解释，可以获得有意义的信息，进而形成知识。而通过对知识的深入理解和灵活运用，可以发展出智慧。这些概念之间存在着层次性和相互依赖的关系。数据、信息、知识和智慧的关系如图 1-2 所示。

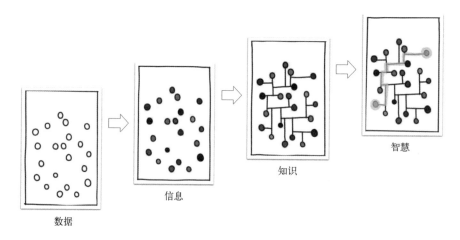

图 1-2　数据、信息、知识和智慧的关系

1.1.2　数据资产及其管理

1. 数据资产

数据资产（Data Asset）是指由组织（政府机构、企事业单位等）合法拥有或控制的数据，以电子或其他方式记录，例如文本、图像、语音、视频、网页、数据库、传感信号等结构化或非结构化数据。这些数据可以进行计量或交易，并且能够直接或间接带来经济效益和社会效益。

在组织中，并非所有的数据都可以构成数据资产。数据资产是能够为组织产生价值的数据，这意味着数据资产需要经过主动管理和有效控制才能形成。组织需要对数据进行管理，包括收集、存储、处理、分析和应用，以确保数据的质量、完整性和安全性。只有经过这样的管理和控制，数据才能真正成为组织的资产，并为组织带来实际的价值。

综上所述，数据资产是组织合法拥有或控制的能够为组织带来价值的数据。它需要经过主动管理和有效控制，以确保数据的质量和安全性，从而实现经济效益和社会效益。

2. 数据资产管理

数据资产管理（Data Asset Management）是指对数据资产进行规划、控制和供给的一组活动职能。它包括开发、执行和监督与数据相关的计划、政策、方案、项目、流程、方法和程序，以控制、保护、交付和提高数据资产的价值。

数据资产管理需要充分融合政策、管理、业务、技术和服务等多个方面，以确保数据资产的保值和增值。这意味着在数据资产管理中，需要考虑组织的战略目标和需求，制订相应的计划和政策，设计和实施合适的方案和项目，建立有效的流程和方法，以及制定适当的程序和规范。

数据资产管理的目标是控制数据资产，确保其质量、完整性和安全性。同时，数据资产管理也致力于提供可靠的数据供给，以满足组织内部和外部的需求。通过有效的数据资产管理，组织可以最大限度地利用数据资产，提高其价值和效益。

综上所述，数据资产管理是对数据资产进行规划、控制和供给的一组活动职能。它涵盖了计划、政策、方案、项目、流程、方法和程序等方面，旨在控制、保护、交付和提高数据资产的价值。数据资产管理需要综合考虑政策、管理、业务、技术和服务等多个方面，以确保数据资产的保值和增值。

数据资产管理包含数据资源化、数据资产化两个环节，将原始数据转变为数据资源、数据资产，逐步提高数据的价值密度，为数据要素化奠定基础。数据资产管理架构如图 1-3 所示。

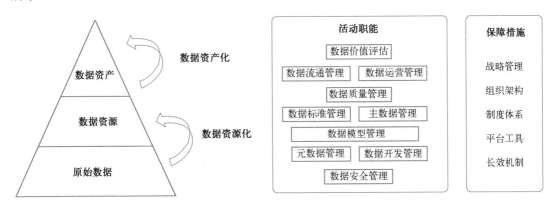

图 1-3　数据资产管理架构

数据资源化和数据资产化是数据管理领域中两个重要的概念，它们之间存在紧密的关系。

数据资源化是指将组织内部的数据资源进行有效的整理、组织和管理，使其成为可被广泛利用的资源。这包括对数据进行收集、存储、加工、分析和应用等一系列的活动，以确保数据的质量、完整性和可用性。数据资源化的目标是使组织能够更好地管理和利用数据，以支持决策、创新和业务发展。数据资源化包括数据模型管理、数据标准管理、数据质量管理、主数据管理、数据安全管理、元数据（Metadata）管理、数据开发管理等活动职能。

数据资产化则是在数据资源化的基础上，将具有价值的数据资源转化为真正的资产，为组织带来经济效益和社会效益。数据资产化需要对数据进行主动管理和有效控制，以确保数据的价值能够得到最大化的实现。这包括对数据资产的盘点、规划、控制、流通、运营、价值评估、保护、交易等方面的活动。

可以说，数据资源化是数据资产化的前提和基础。只有将数据资源进行有效的整理和管理，才能实现数据的潜在价值，并将其转化为真正的资产。数据资源化是为了数据资产化而进行的一系列工作，而数据资产化则是数据资源化的目标和结果。

1.1.3　数字化

数字化是信息技术发展的高级阶段，是数字经济的主要驱动力。随着新一代数字技术的快速发展，各行业利用数字技术创造了越来越多的价值，加快推动了各行业的数字化变革。

1. 数字化的概念

数字化分为狭义的数字化和广义的数字化。

（1）狭义的数字化

狭义的数字化是指利用信息系统、各类传感器、机器视觉等信息通信技术，将物理世界中复杂多变的数据、信息、知识转变为一系列二进制代码，并将其引入计算机内部，形成可识别、可存储、可计算的数字、数据，再以这些数字、数据建立起相关的数据模型，进行统一处理、分析、应用的过程。

（2）广义的数字化

广义的数字化则是指利用互联网、大数据、人工智能、区块链等新一代信息技术，对企业、政府等各类主体的战略、架构、运营、管理、生产、营销等各个层面，进行系统性的、全面的变革，强调的是数字技术对整个组织的重塑。在数字化阶段，实现了人与人、人与机器、机器与机器之间的互联互通，从而形成一个全感知、全连接的数字世界，将原来的系统与系统之间的互联互通，升级为人、机器之间的互联互通，实现万物互联。因此，数字技术能力不再只是单纯地解决降本增效问题，而是逐步成为赋能模式创新和业务突破的核心力量。

数字化的概念在不同场景、语境下，其含义也不同：对具体业务的数字化，多为狭义的数字化；对企业、组织整体的数字化变革，多为广义的数字化。广义的数字化包含了狭义的数字化。

2. 数字化的内涵

与传统的信息化相比，无论狭义的数字化，还是广义的数字化，均是在信息化高速发展的基础上诞生和发展的，但与传统信息化条块化服务业务的方式不同，数字化更多的是对业务和商业模式的系统性变革、重塑。

信息化与数字化的区别在于它们注重的焦点和目标不同。信息化侧重于人与机器之间以及通过机器实现人与人之间的信息交互，目的是提升人们的生产和生活效率。而数字化则是通过形成一套机器能够听懂的语言，让机器自主参与到人们的生活和生产过程中来。

信息化和数字化之间存在着逻辑关系。信息化的特性是完成数据的获取和存储，实现价值的传递。信息化只是数字化的初始阶段，数字化的更高阶段则是实现人工智能更高维度的突破。如果将数字化作为一个整体概念来理解，可以将其分为三个阶段：信息化基础阶段、辅助决策阶段和人工智能阶段。

信息化和数字化各自有不同的使命。信息化的目标是提升人们的工作效率，通过提供更高效的信息交流和处理方式来改善工作流程。而数字化则以一种积极的视角预判未来，致力于实现人类智能化办公的理想状态，使机器能够自主思考和参与决策过程。

（1）数字化打通了企业信息孤岛，释放了数据价值

信息化是充分利用信息系统，将企业的生产过程、事务处理、现金流动、客户交互等业务过程加工并生成相关数据、信息、知识，来支持业务的效率提升，更多的是一种条块分割、孤岛式的应用。而数字化则是利用新一代信息与通信技术（ICT），通过对业务数据的实时获取、网络协同、智能应用，打通了企业信息孤岛，让数据在企业系统内自由流动，使数据价值得以充分发挥。

（2）数字化以数据为企业核心生产要素

数字化以数据为企业核心生产要素，要求将企业中所有的业务、生产、营销、客户等有价值的人、事、物全部转变为数字存储的数据，形成可存储、可计算、可分析的数据、信息、知识，并和企业获取的外部数据一起，通过对这些数据的实时分析、计算、应用来指导企业生产、运营等各项业务。

（3）数字化变革了企业生产关系，提升了企业生产力

数字化使企业的生产要素转向以数据为主要生产要素，从传统部门分工转向网络协同的生产关系，从传统层级驱动转向以数据智能化应用为核心驱动的方式，使生产力得到指数级提升，使企业能够实时洞察各类动态业务中的一切信息，实时做出最优决策，并使企业资源得到合理配置，以适应瞬息万变的市场经济竞争环境，实现最大的经济效益。

3. 数字化对于企业的价值

数字化对于企业有着巨大的价值。

（1）在现有赛道里获取更大的竞争优势是企业追求的目标之一

ZARA 是全球著名的时尚品牌，通过数字化转型，在服装行业取得了显著的竞争优势。ZARA 的成功主要归功于以下几个方面。

① 供应链优化：ZARA 利用数字化技术对供应链进行了优化，实现了对生产、库存和销售的实时监控。通过这种方式，ZARA 可以在短时间内对市场需求做出快速反应，减少库存积压和降低成本。

② 客户数据分析：ZARA 利用数字化工具对客户数据进行深入分析，以了解客户的购物习惯、偏好和需求。这些数据帮助 ZARA 精准定位目标客户，并为客户提供个性化的购物

体验和产品推荐。这种个性化的服务方式提高了客户满意度和忠诚度。

③ 快速产品迭代：ZARA 利用数字化技术进行快速的产品设计和生产迭代。ZARA 可以通过客户反馈和数据分析及时调整产品设计，并在短时间内将新产品推向市场。这种快速迭代的能力使 ZARA 在服装行业保持了领先地位。

④ 线上线下融合：ZARA 通过数字化转型实现了线上线下融合，提供了便捷的线上购物体验和线下实体店服务。ZARA 通过 APP、官网和其他数字化渠道扩展了销售渠道，同时也通过实体店提供优质的试衣和售后服务，加强了与客户的互动和沟通。这种融合方式提高了品牌知名度和客户黏性。

通过数字化转型，ZARA 的经营规模显著扩大。ZARA 的成功表明，数字化可以帮助企业在现有赛道里获取更大的竞争优势，在提高生产效率、降低成本、提高产品质量、拓展销售渠道、提高服务水平等方面都得到了不同程度的提升。

（2）数字化能够帮助企业创造出新的经营模式

爱彼迎（Airbnb）是一个在线住宿共享平台，它将传统的酒店行业与共享经济模式结合，开创了一种全新的经营模式。以下是数字化如何帮助爱彼迎创造出这种新的经营模式的一些方面。

① 共享资源：爱彼迎利用数字化技术将全球的住宿资源连接起来，为旅行者提供了一个可以租用他人房屋的共享平台。这种模式降低了住宿成本，并为房主提供了额外的收入来源。

② 用户参与：爱彼迎利用数字化技术鼓励用户参与平台的建设和推广。通过用户评价、照片和视频等数字化内容，爱彼迎为旅行者提供了更加真实、个性化的住宿体验。这种用户参与的模式提高了平台的可信度和用户黏性。

③ 数据分析：爱彼迎利用数字化技术对用户行为和市场需求进行深入分析，以了解旅行者的偏好和需求。这些数据帮助爱彼迎精准定位目标用户，并为房主提供更加合理的定价策略。这种数据分析的模式提高了平台的运营效率和盈利能力。

④ 优化体验：爱彼迎通过数字化技术不断优化用户体验。爱彼迎通过 APP、网站和其他数字化渠道为旅行者提供便捷的预订、支付和沟通服务。同时，爱彼迎也通过房主端 APP 为房主提供便捷的房屋管理、客户沟通和收款服务。这种优化体验的模式提高了用户满意度和忠诚度。

通过数字化转型，爱彼迎开创了一种全新的经营模式——共享经济模式。这种模式不仅改变了旅行者的住宿方式，也改变了传统酒店行业的经营模式。爱彼迎的成功表明，数字化可以帮助企业创造出新的经营模式，提高企业的竞争力并在市场中获得更大的成功。

（3）企业数字化带来的"后效应"

亚马逊是全球电商的佼佼者，其数字化转型的成功不仅改变了零售行业的格局，还对社会经济、消费者行为以及整个供应链产生了深远的影响。这种影响类似于交通工具变革对人们思维模式的重塑，需要深入理解和想象才能充分体会。

1）拓宽商业边界。在数字化转型之前，传统的零售业主要依赖实体店面进行销售。然而，亚马逊通过其强大的电商平台，使得商品的销售不再受限于地理位置和实体店面的大小。这一转变类似于出行方式从自行车到高铁的变革，商业活动的范围得到了极大的拓宽。

2）改变消费者行为。亚马逊的数字化平台为消费者提供了更多选择，同时也使得购物变得更加便捷。消费者可以在家中、办公室或其他任何地方随时进行购物，而且可以轻松比较不同产品的价格和评价。这种消费行为的改变类似于出行方式变革后人们可以更加便捷、快速地到达目的地。

3）重塑供应链。通过数字化技术，亚马逊能够对其庞大的供应链进行精细化管理。亚马逊可以利用大数据预测消费者的需求，从而优化库存管理和物流配送。这不仅提高了运营效率，也降低了运营成本。这种供应链的变革类似于交通工具变革带来的物流效率提升。

4）创新商业模式。亚马逊的数字化转型还催生了许多新的商业模式，如云计算服务、流媒体服务等。这些新的商业模式为企业带来了更多的收入来源，也为消费者提供了多样化的服务。

5）影响社会经济。亚马逊的数字化转型对全球经济产生了深远影响。它推动了电商行业的发展，也带动了相关产业（如物流、支付等）的繁荣。此外，亚马逊的成功也吸引了大量创业者投身于数字化经济的浪潮中。

总之，亚马逊的数字化转型展示了企业数字化带来的"后效应"。这种"后效应"类似于交通工具变革对人们思维模式的重塑，它拓宽了商业边界，改变了消费者行为，重塑了供应链，创新了商业模式，影响了社会经济。这种深远的影响需要人们具备一定的想象力和认知基础才能充分体会。

1.1.4　数据治理

1. 数据治理的定义

数据治理是组织中涉及数据使用的一整套管理行为。由于切入视角和侧重点不同，数据治理的定义尚未统一。在当前已有的定义中，以国际数据管理协会（DAMA）和国际数据治理研究所（DGI）两大机构提出的定义最具有代表性和权威性，见表 1-1。

表 1-1　"数据治理"代表性定义

机构	定义
DAMA	数据治理是指对数据资产管理行使权力和控制的活动集合（计划、监督和执行）
DGI	数据治理是包含信息相关过程的决策权及责任制的体系，根据基于共识的模型执行，该模型描述谁在何时、何种情况下采取什么样的行动、使用什么样的方法

2. 数据治理的内涵

上述定义较为概括和抽象。为了方便理解，先从字面意思做一个解读。数据治理是一个把"治"和"理"两个字拆开来看的概念，类似于治疗和调理。在数据治理中，首先需要围绕着价值目标确定治理的目标，就像一个人想要成为一名运动员和只是想在办公室工作，对身体素质的要求是不同的，治理的目标也会有所不同。

"理"代表的是长期的调理和维护，是一项持续的工作。就像一个人想要保持健康，需要定期锻炼、合理饮食和养成良好的生活习惯一样，数据治理也需要持续不断地进行数据质量管理、数据安全保护和数据合规性监控等工作。这种长期的调理和维护可以确保数据的可靠性、准确性和完整性，以支持企业的决策和业务运营。

"治"则代表着为了达成当下目标所采取的具体活动行为，类似于吃药治病一样。在数据治理中，这些具体的活动行为包括数据清洗、数据整合、数据分析和数据挖掘等。通过这些活动，可以确保数据的质量和准确性，从而支持企业的决策制定和业务运营。

数据治理的目标是通过治理和调理数据，确保数据的质量、可靠性和合规性，从而为企业提供可信赖的数据基础。通过数据治理，企业可以更好地利用数据来支持决策制定、优化业务流程和提升组织绩效。

总之，通过长期的调理和维护，可以确保数据的可靠性和准确性；通过具体的活动行为，可以达成当下的数据目标。数据治理的目标是提供可信赖的数据基础，支持企业的决策制定和业务运营。

为了进一步理解数据治理，可以从以下四个方面来分析数据治理的内涵。

1）明确数据治理的目标。数据治理的目标是在管理数据资产的过程中，确保数据的相关决策始终是正确、及时、有效和有前瞻性的，确保数据管理活动始终处于规范、有序和可控的状态，确保数据资产得到正确有效的管理，并最终实现数据资产价值的最大化。

2）理解数据治理的职能。从决策的角度，数据治理的职能是"决定如何做决定"，这意味着数据治理必须回答数据相关事务的决策过程中所遇到的问题，即为什么、什么时间、在哪些领域、由谁做决策，以及应该做哪些决策；从具体活动的角度，数据治理的职能是"评估、指导和监督"，即评估数据利益相关者的需求、条件和选择，以达成一致的数据获取和管理的目标，通过优先排序和决策机制来设定数据管理职能的发展方向，然后根据方向和目标来监督数据资产的绩效与是否合规。

3）把握数据治理的核心。数据治理专注于通过什么机制才能确保做出正确的决策。决策权分配和职责分工就是确保决策正确有效的核心机制，自然也成为数据治理的核心。

4）抓住数据治理的本质。数据治理本质上是对组织的数据管理和利用进行评估、指导和监督，通过提供不断创新的数据服务，为组织创造价值。

3. 数据治理的工作范围

数据治理职能是指导所有其他数据管理领域的活动，它的目的是确保根据数据管理制度和最佳实践正确地管理数据，而数据管理的整体驱动力是确保组织可以从其数据中获得价值。因此，数据治理工作的范围和焦点依赖于组织需求，我国的数据治理标准《信息技术服务　治理　第5部分：数据治理规范》（GB/T 34960.5—2018）对数据治理领域进行了细化，提出了数据治理的顶层设计、数据治理环境、数据治理域以及数据治理过程的总体框架，进一步明确了数据治理的工作范围，如图1-4所示。

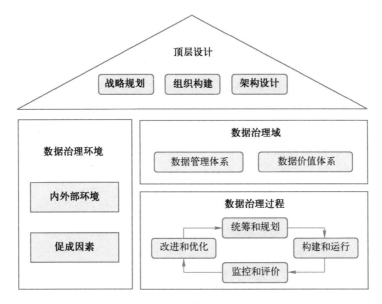

图 1-4　数据治理的工作范围

（1）顶层设计

顶层设计包含数据相关的战略规划、组织构建和架构设计，是数据治理实施的基础。

1）战略规划。战略规划应保持与业务规划、信息技术规划一致，并明确战略规划实施的策略，主要包括以下内容：

① 理解业务规划和信息技术规划，调研需求并评估数据现状、技术现状、应用现状和环境。

② 制定数据战略规划，包含但不限于愿景、目标、任务、内容、边界、环境和蓝图等。

③ 指导数据治理方案的建立，包含但不限于实施主体、责权利、技术方案、管控方案、实施策略和实施路线等，并明确数据管理体系和数据价值体系。

④ 明确风险偏好、符合性、绩效和审计等要求，监控和评价数据治理的实施并持续改进。

2）组织构建。组织构建应聚焦责任主体及责权利，通过完善组织机制，获得利益相关方的理解和支持，制定数据管理的流程和制度，以支撑数据治理的实施，主要包括以下内容：

① 建立支撑数据战略的组织机构和组织机制，明确相关的实施原则和策略。

② 明确决策和实施机构，设立岗位并明确角色，确保责权利的一致。

③ 建立相关的授权、决策和沟通机制，保证利益相关方理解、接受相应的职责和权利。

④ 实现决策、执行、控制和监督等职能，评估运行绩效并持续改进和优化。

3）架构设计。架构设计应关注技术架构、应用架构和架构管理体系等，通过持续评估、改进和优化，支撑数据的应用和服务，主要包括以下内容：

① 建立与战略一致的数据架构，明确技术方向、管理策略和支撑体系，以满足数据管理、数据流通、数据服务和数据洞察的应用需求。

② 评估数据架构设计的合理性和先进性，监督数据架构的管理和应用。

③ 评估数据架构的管理机制和有效性，并持续改进和优化。

（2）数据治理环境

数据治理环境包含内外部环境及促成因素，是数据治理实施的保障。

1）内外部环境。组织应分析业务、市场和利益相关方的需求，适应内外部环境变化，支撑数据治理的实施，主要包括以下内容：

① 遵循法律法规、行业监管和内部管控，满足数据风险控制、数据安全和隐私的要求。

② 遵从组织的业务战略和数据战略，满足利益相关方需求。

③ 识别并评估市场发展、竞争地位和技术变革等变化。

④ 规划并满足数据治理对各类资源的需求，包括人员、经费和基础设施等。

2）促成因素。组织应识别数据治理的促成因素，保障数据治理的实施，主要包括以下内容：

① 获得数据治理决策机构的授权和支持。

② 明确人员的业务技能及职业发展路径，开展培训和能力提升。

③ 关注技术发展趋势和技术体系建设，开展技术研发和创新。

④ 制定数据治理实施流程和制度，并持续改进和优化。

⑤ 营造数据驱动的创新文化，构建数据管理体系和数据价值体系。

⑥ 评估数据资源的管理水平和数据资产的运营能力，不断提升数据应用能力。

（3）数据治理域

数据治理域包含数据管理体系和数据价值体系，是数据治理实施的对象。

1）数据管理体系。组织应围绕数据标准、数据质量、数据安全、元数据管理和数据生存周期等，开展数据管理体系的治理，主要包括以下内容：

① 评估数据管理的现状和能力，分析和评估数据管理的成熟度。

② 指导数据管理体系治理方案的实施，满足数据战略和管理要求。

③ 监督数据管理的绩效和符合性，并持续改进和优化。

2）数据价值体系。组织应围绕数据流通、数据服务和数据洞察等，开展数据资产运营和应用的治理，主要包括以下内容：

① 评估数据资产的运营和应用能力，支撑数据价值转化和实现。

② 指导数据价值体系治理方案的实施，满足数据资产的运营和应用要求。

③ 监督数据价值实现的绩效和符合性，并持续改进和优化。

（4）数据治理过程

数据治理过程包含统筹和规划、构建和运行、监控和评价以及改进和优化，是数据治理实施的方法。

1）统筹和规划。明确数据治理目标和任务，营造必要的治理环境，做好数据治理实施的准备，主要包括以下内容：

① 评估数据治理的资源、环境和人员能力等现状，分析与法律法规、行业监管、业务发展以及利益相关方需求等方面的差距，为数据治理方案的制定提供依据。

② 指导数据治理方案的制定，包括组织机构和责权利的规划、治理范围和任务的明确以及实施策略和流程的设计。

③ 监督数据治理的统筹和规划过程，保证现状评估的客观、组织机构设计的合理以及数据治理方案的可行。

2）构建和运行。构建数据治理实施的机制和路径，确保数据治理实施的有序运行，主要包括以下内容：

① 评估数据治理方案与现有资源、环境和能力的匹配程度，为数据治理的实施提供指导。

② 制定数据治理实施的方案，包括组织机构和团队的构建、责权利的划分、实施路线图的制定、实施方法的选择以及管理制度的建立和运行等。

③ 监督数据治理的构建和运行过程，保证数据治理实施过程与方案的符合、治理资源可用和治理活动的可持续。

3）监控和评价。监控数据治理的过程，评价数据治理的绩效、风险与合规，保障数据治理目标的实现，主要包括以下内容：

① 构建必要的绩效评估体系、内控体系或审计体系，制定评价机制、流程和制度。

② 评估数据治理成效与目标的符合性，必要时可聘请外部机构进行评估，为数据治理方案的改进和优化提供参考。

③ 定期评价数据治理实施的有效性、合规性，确保数据及其应用符合法律法规和行业监管要求。

4）改进和优化。改进数据治理方案，优化数据治理实施策略、方法和流程，促进数据治理体系的完善，主要包括以下内容：

① 持续评估数据治理相关的资源、环境、能力、实施和绩效等，支撑数据治理体系的建设。

② 指导数据治理方案的改进，优化数据治理的实施策略、方法、流程和制度，促进数据管理体系和数据价值体系的完善。

③ 监督数据治理的改进和优化过程，为数据资源的管理和数据价值的实现提供保障。

数据治理不是一次性的行为，而是一个持续性的过程，因此，组织在开展数据治理工作时，应在组织内多个层次上实践数据管理，并参与组织变革管理工作，积极向组织传达改进数据治理的好处以及成功地将数据作为资产管理所必须具备的资源。对于多数组织而言，采用正式的数据治理需要进行组织变革管理，以及得到来自最高层管理者的支持，如 CFO（财务总监）、CDO（首席数据官）等。

1.2 数据治理的发展历程及趋势

1.2.1 数据治理的发展历程

数据治理是大数据领域中非常重要的一环，从早期的学术研究到如今的各大企业落地实践，经历了漫长的过程，数据治理的落地实践本身也是一场马拉松。

探究数据治理的发展历史，可以将数据治理分为三个阶段，分别是：1988—1999 年的早期探索阶段；2000—2009 年的理论研究阶段；2010 年之后的蓬勃发展阶段。

1. 第一阶段：早期探索阶段（1988—1999 年）

（1）麻省理工学院启动全面数据质量管理

1988 年，麻省理工学院的两名教授启动了全面数据质量管理（Total Data Quality Management，TDQM），形成了数据治理理论的雏形。

TDQM 主要由三个部分组成：数据质量的定义、数据质量分析和数值质量改进。TDQM 认为数据质量要从经济、技术和组织三个层面来管理，从而改进数据质量，由此定义了一套全面的数据质量管理框架，奠定了数据治理领域的理论研究基石。TDQM 示意图如图 1-5 所示。

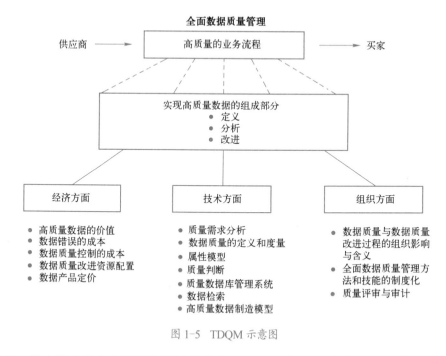

图 1-5 TDQM 示意图

TDQM 的小组成员也在不断地更新和改进 TDQM，在 1996 年提出多维数据质量度量框架，如图 1-6 所示。该框架将数据质量指标划分为四大维度：内在数据质量（Intrinsic Data Quality）、上下文数据质量（Contextual Data Quality）、获取数据质量（Representational Data

Quality）、可访问性数据质量（Accessibility Data Quality）。这四大分类为数据质量建设提供了重要的指导方针，对后续的数据治理研究影响颇深。

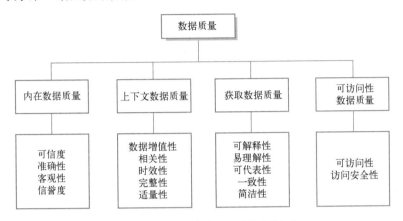

图 1-6　TDQM 的多维数据质量度量框架

（2）国际数据管理协会成立

1988 年，国际数据管理协会正式选出了第一届管理委员会，由此该机构正式规范化运营。国际数据管理协会初期在数据治理领域贡献和影响力较小，如今在数据治理领域已经人尽皆知，成为主流的数据治理体系。

2．第二阶段：理论研究阶段（2000—2009 年）

在这个阶段，"数据治理"概念首次出现，国际数据治理研究所正式成立，国际数据管理协会也对外发布了《DAMA 数据管理知识体系指南》（*DAMA-DMBOK*），数据治理理论体系开始逐步完善。

（1）"数据治理"概念首次提出

"数据治理"的概念首次提出是在 2002 年，美国学者发表了一篇题为"Data warehouse governance: best practices at Blue Cross and Blue Shield of North Carolina"的论文，探讨了数据仓库治理在企业侧的最佳实践，并成立了专门的数据治理小组来体系化地开展数据治理的工作。

（2）国际数据治理研究所成立

2003 年，国际数据治理研究所正式成立，并提出了 DGI 数据治理框架。该框架完整地描述了为什么要实施数据治理（WHY），谁（WHO）在什么情况（WHEN）下，使用什么方法（HOW），如何实施（WHAT）数据治理的整个过程，具体如图 1-7 所示。

（3）DAMA-DMBOK V1 发布

2009 年，DAMA 出版了《DAMA 数据管理的知识体系指南》（*DAMA-DMBOK*）第 1 版，DAMA-DMBOK 的发布对数据治理领域影响深远。它将数据治理的工作梳理成了一套体系化的标准策略，对数据治理人员起到了重要的指导作用。它体系化地定义了数据治理成功的六大核心要素和九大数据管理职能，这些都概括在一张广泛流传的 DMBOK DAMA 车轮图里，如图 1-8 所示。

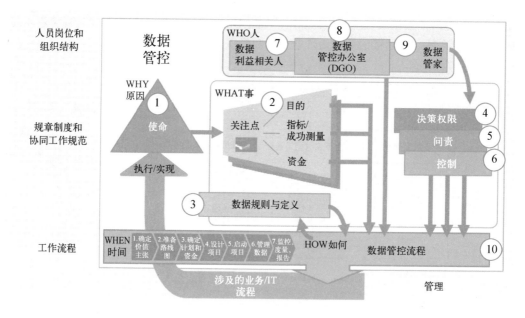

图 1-7　DGI 数据治理框架

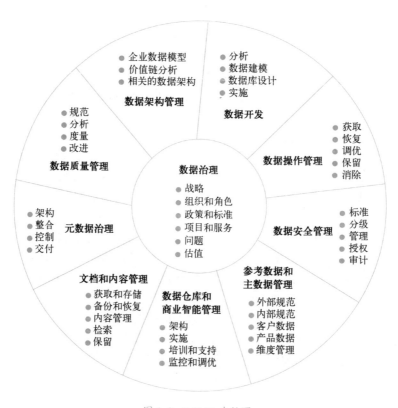

图 1-8　DAMA 车轮图

3. 第三阶段：蓬勃发展阶段（2010 年至今）

在这个阶段，数据治理的理论框架已经比较成熟，各国政府、行业机构开始全面推动数据治理行业的规范发展，大量的企业组织也开始进行数据治理的实践落地。

（1）IBM 数据治理统一流程

2010 年 9 月，IBM 发布了《数据治理统一流程》，将数据治理分为目标、支持条件、核心规程和支持规程四个层次，如图 1-9 所示。

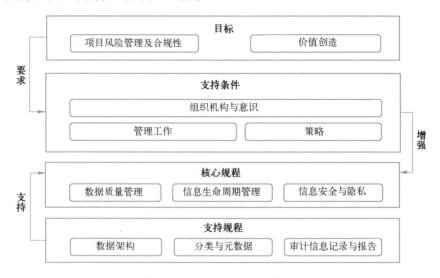

图 1-9 IBM 数据治理的四个层次

IBM 数据治理统一流程列出了十个必要步骤和四个可选专题，四个可选专题是主数据治理、分析治理、数据安全和隐私以及信息全生命周期治理。该流程如图 1-10 所示。

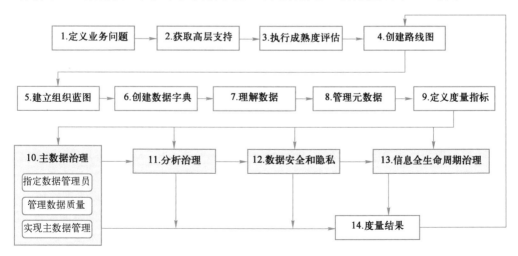

图 1-10 IBM 数据治理统一流程

（2）我国《数据治理白皮书》发布

2014 年 6 月，IT 治理和 IT 服务管理分技术委员会（ISO/IEC JTC1/SC40）在悉尼召开第一次全会，我国代表团提出"数据治理"的概念，引发国际同行的兴趣和研讨。2014 年 11 月，在荷兰召开的 SC40/WG1 第二次工作组会议上，我国代表提出了《数据治理白皮书》的框架设想，分析了世界上包括国际数据管理协会、数据治理协会、国际商业机器公司（IBM）、高德纳咨询公司（Gartner）等组织在内的主流的数据治理方法论、模型，获得 IT 治理工作组专家的一致认可。2015 年 3 月，我国信息技术服务标准（ITSS）数据治理研究小组围绕"互联网+"调研了我国的企业实践，形成了金融、移动通信、央企能源、互联网企业在数据治理方面的典型案例，进一步明确数据治理的定义和范围。随着 IT（信息技术）到 DT（数据技术）的趋势认同，数据治理研究和应用变得越来越迫切。以此为基础，我国代表团于 2015 年 5 月在巴西圣保罗召开的 SC40/WG1 第三次工作组会议上，正式提交了《数据治理白皮书》国际标准研究报告。

《数据治理白皮书》阐述了数据治理的核心概念（见图 1-11）：数据通过服务产生价值，确定了数据是资产的理念；在数据转换成价值的过程中对其进行监管、评估和指导是数据治理的基本概念。

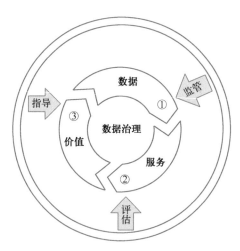

图 1-11   数据治理的核心概念

（3）中国数据治理标准化元年

1）数据管理能力成熟度评估模型（Data Management Capability Maturity Model，DCMM）。2018 年 3 月 15 日，国家质量监督检验检疫总局和国家标准化管理委员会发布国家标准《数据管理能力成熟度评估模型》（GB/T 36073—2018）。该标准是我国首个数据管理领域国家标准，借鉴了国内外数据管理的相关理论思想，并充分结合了我国大数据行业的发展趋势，创造性地提出了适合我国企业的数据管理框架。该框架从组织、制度、流程和技术四个维度定义了数据战略、数据治理、数据架构、数据应用、数据安全、数据质量、数据标准和数据生命周期 8 个核心能力域，如图 1-12 所示。能力域下设能力项（28 个能力项），如图 1-13 所示。

图 1-12　数据管理能力成熟度评估模型

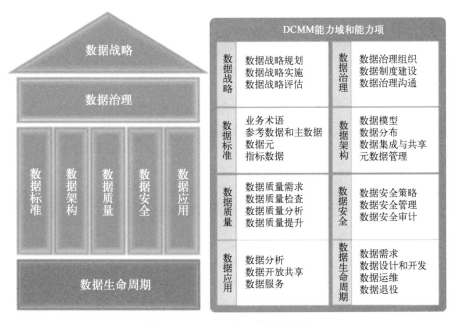

图 1-13　DCMM 能力域和能力项

2）《银行业金融机构数据治理指引》。2018 年 5 月，中国银行保险监督管理委员会（现为国家金融监督管理总局）正式发布了《银行业金融机构数据治理指引》，强调了建立数据治理架构，明确了数据管理、数据质量控制和数据价值实现的要求，并提出加强监管监督，将数据治理活动与银行的监管评级挂钩。此指引的发布标志着我国银行业数据治理新时代的正式启幕。

3）数据治理规范。2018 年，国家市场监督管理总局和国家标准化管理委员会发布《信息技术服务　治理　第 5 部分：数据治理规范》（GB/T 34960.5—2018），提出了数据治理的总则和框架，规定了数据治理的顶层设计、数据治理环境、数据治理领域及数据治理过程的要求。

（4）*DAMA-DMBOK 2* 发布

2020 年，DAMA 正式发布了《DAMA 数据管理知识体系指南（第 2 版）》（*DAMA-DMBOK 2*），与 *DAMA-DMBOK* 相比，*DAMA-DMBOK 2* 更加体系化，融合了大数据技术，围绕数据治理的八大环境，构建了进化版车轮图，形成了 DMBOK 车轮图，如图 1-14 所示。

图 1-14　DMBOK 车轮图

基于 DMBOK 车轮图，Peter Aiken 开发了定义这些功能区域之间关系的 DMBOK 金字塔，描述了各个管理职能之间的关系，如图 1-15 所示。

DMBOK 金字塔的顶端是数据挖掘和大数据分析，目的是实现业务价值。而数据治理则在 DMBOK 金字塔的最底端，是整个数据系统的基座。

（5）我国数据治理持续探索和实践

伴随着数据仓库的建设，以及主数据管理与商业智能（BI）的实施，国内也逐步开始接受并利用数据治理的概念进行推广实践。我国的数据治理之路在 DMBOK 基础上不断延伸和扩展，2021 年中国通信标准化协会发布了《数据治理标准化白皮书（2021 年）》，推出了"4W1H"模型，详细定义了数据治理的主体（Who）、目的（Why）、对象（What）、手段（How）、过程（When），如图 1-16 所示。我国的数据治理标准体系日趋完善，不断指导企业更加规范地开展数据治理的应用和实践。

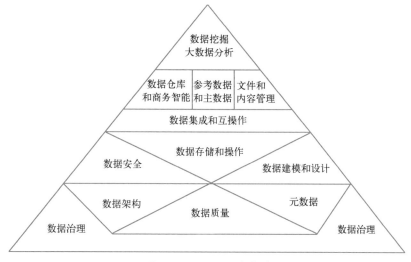

图 1-15 DMBOK 金字塔

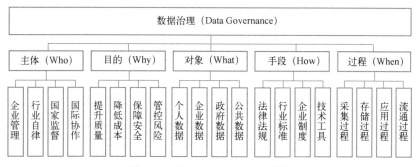

图 1-16 数据治理 "4W1H" 模型

1.2.2 数据治理的发展趋势

数据治理是释放数据要素价值、推动数据要素市场发展的前提与基础。经过多年发展，我国数据治理在政务、金融、通信、电力、互联网等领域已经逐步深化。随着各行业、各组织对数据治理实践的推进，一些变化与趋势正在逐步显现。

1. 数据治理成为数字化转型的核心要素

在当前数字经济蓬勃发展的背景下，为了深化应用、规范发展和普惠共享，我国数字经济在"十四五"时期迈入了新的阶段。许多企业将数字化转型作为重要战略部署之一。

与此同时，云计算、大数据、人工智能、区块链等数字技术不断涌现，并迅速融入各个领域，加速了数字化转型的进程。数据量和数据的价值密度也呈现爆炸式增长。面对海量的数据资源，企业对数据采集、存储、分析、处理等方面的数据能力提出了更高的要求。为了实现数据、技术、流程和组织的智能协同、动态优化和互动创新，企业需要依托数据治理。通过数据治理，企业可以深入挖掘数据资产的价值，使数据成为数字化转型的关键驱动要素，为企业的战略、运营和业务创新发展提供动力。因此，数据治理在当前数字经济蓬勃发展的背景下扮演着重要的角色。

2. 数据编织或将成为数据治理优化的新方向

在各个领域，人脸识别、人工智能、物联网和 5G 等新技术和新业务都得到了快速应用。同时，云计算和边缘计算的兴起使得数据环境变得越来越复杂。传统的集中式架构已经无法满足新业务的应用需求以及数据增长所带来的更高容量和性能需求。因此，采用去中心化和分布式的数据网络架构成为必然的选择。

在这样的背景下，数据编织作为一种跨平台的数据整合方式开始兴起。它利用对现有和可发现的元数据资产的持续分析，以支持设计、部署和利用所有环境中的集成和可重用的数据，包括混合云和多云平台。这种方式为数据治理带来了更多的便利。

数据编织的核心思想是将数据整合为一种可重用的资源，以支持各种业务需求和数据应用场景。通过对元数据的持续分析和利用，数据编织可以帮助企业更好地理解和利用其数据资产，提高数据的可发现性、可用性和可重用性。同时，数据编织也为跨平台的数据集成和数据共享提供了一种灵活和可扩展的方式，使得数据治理更加高效和便捷。

据 Gartner 预测，数据编织利用分析功能来持续监控数据管道，通过对数据资产的持续分析，支持各种数据的设计、部署和使用，缩短集成时间 30%，缩短部署时间 30%，缩短维护时间 70%。

虽然目前数据编织并没有被纳入常规数据治理体系，但在日益多样化、分布式和复杂的环境中，数据编织的架构可以被看作实现数据管理和集成现代化的稳健的解决方案。

3. 人工智能的发展促进数据治理走向智能化

在数据治理技术领域逐渐出现了与人工智能结合的使用场景，随着数据治理技术和人工智能的不断融合，数据治理将变得更加主动和智能。"无治理、不分析"，没有高质量的数据，就不会有可信的人工智能。由于数据治理的输出是人工智能的输入，即经过数据治理后的大数据，因此数据治理与人工智能的发展存在相辅相成的关系。

一方面，数据治理为人工智能奠定基础。通过数据治理，企业可以获得干净的、结构清晰的数据，提升数据质量、增强数据合规性，从而为人工智能的应用提供高质量的合规数据输入。

另一方面，在数据治理领域，人工智能的应用为数据模型管理、非结构化数据处理、主数据管理、数据质量评估和数据安全等方面带来了诸多优化作用。

1）数据模型管理的优化。人工智能帮助实现概念模型与计算机模型的完美融合，从而优化数据模型管理。通过智能算法和自动化工具，人工智能可以自动识别和提取数据模型中的关键信息，帮助维护和整合元数据。这样可以提高数据模型的准确性和一致性，加速数据模型的开发和更新过程。

2）非结构化数据处理的优化。人工智能可以实现对非结构化数据的采集和关键信息的提取，从而优化非结构化数据的处理。通过自然语言处理和机器学习技术，人工智能可以自动识别和提取非结构化数据中的有价值的信息，将其转化为结构化数据。这样可以提高数据的可用性和可分析性，支持更精确的决策和业务创新。

3）主数据管理的优化。人工智能能帮助企业识别主数据，并帮助定义和维护数据匹配规则，从而优化主数据管理。通过智能算法和数据挖掘技术，人工智能可以自动识别和整合企业中的主数据，建立统一的主数据视图。这样可以提高数据的一致性和准确性，更好地支持数据集成和应用。

4）数据质量评估的优化。人工智能能定义转换规则，提取数据质量评估维度，并通过监督学习和深度学习来实现对数据清洗和数据质量的效果评估，从而最大化地实现数据质量的动态提升。人工智能可以自动识别和修复数据错误、缺失和冗余，减少人工干预的需求。这样可以提高数据质量管理的效率和准确性，确保数据的可信度和可靠性。

5）数据安全的优化。人工智能能推进数据分级分类，促进数据安全保障体系的完善，进一步保障数据的安全。通过智能算法和机器学习技术，人工智能可以自动识别和分类数据的敏感程度，制定相应的数据安全策略和措施。这样可以降低数据泄露和安全风险，保护企业的核心数据和知识资产。

在企业数据环境日趋复杂的今天，依靠人工的传统数据治理方式已经很难满足人们对"数据智能"的不断追求。因此，人们需要一种更加自动化和智能化的数据治理手段，而"人工智能"无疑是一个绝佳选择。未来，通过人工智能降低数据治理的门槛将成为数据治理发展的重要方向。随着数据治理和人工智能两个领域的逐步发展和快速融合，将会催生更多场景和商业模式。

4. 数据治理从成本中心向价值中心演进

在当前数字化转型的大背景下，传统的数据治理往往侧重于政府或企业的内部数据能力建设。然而，随着数字经济的快速发展，数据要素的激活、数据价值的发挥以及数据服务的建立和开放逐渐成为政府和企业在进行数据治理时的关注重点。因此，数据治理的定位逐渐向价值中心演进，更加注重提高数据治理的效能。

在新的数据治理定位下，政府和企业开始更加关注如何激活数据要素，即如何充分利用和整合各类数据资源。通过激活数据要素，政府和企业可以更好地挖掘数据的内在价值，实现数据的最大化利用。

同时，数据价值的发挥也成为数据治理的重要目标。政府和企业需要通过数据治理的手段，将数据转化为有价值的信息和洞察，为决策和创新提供支持。通过发挥数据的价值，政府和企业可以更好地满足需求。

此外，政府和企业还需要建立和开放数据服务，以促进数据的共享和流通。通过建立数据服务，政府和企业可以为内部和外部用户提供数据的高质量、高效率的访问和利用。同时，开放数据服务也可以促进数据的创新应用和商业化，推动数字经济的发展。

总之，随着数字化转型的推进，数据治理的定位逐渐向价值中心演进。政府和企业越来越关注数据要素的激活、数据价值的发挥以及数据服务的建立和开放。通过提升数据治理的效能，政府和企业可以更好地实现数字化转型的目标，并推动经济的可持续发展。

5. 数据将进一步开放共享

数字经济时代，数据已成为基础性战略资源。作为新型生产要素之一，数据资产化已是必然趋势，而数据的开放共享则是深入挖掘数据资产价值的基础。

数据的开放共享可以带来多重好处：

首先，它可以促进数据的创新应用。通过将数据开放给外部用户，企业可以吸引更多的创新者和开发者参与数据的分析和应用，从而推动新产品、新服务和新业务的发展。

其次，数据的开放共享可以提高数据的质量和准确性。通过开放共享数据，企业可以获得更多的反馈和验证，从而改进数据的质量和准确性。同时，开放共享数据也可以促进数据的更新和维护，确保数据的时效性和可靠性。

最后，数据的开放共享还可以促进合作和共同创新。通过与合作伙伴和其他组织共享数据，企业可以实现资源的互补和优势的互补，共同开展研发和创新活动，提高创新效率和成果。

从 2015 年国务院发布《促进大数据发展行动纲要》至今，政府数据的开放共享不断推进，各方面资源进行了有效整合，综合治理能力大幅提升。2021 年，《中华人民共和国数据安全法》第五章专章规定"政务数据安全与开放"，在基本形成跨部门数据资源共享共用格局后，由政府主导打通政府部门、企事业单位间数据壁垒，构建数据共享开放平台，进一步推动实现政府公共数据的普遍开放。

随着全社会的数据存储、数据挖掘、数据使用、数据参与的意识逐渐觉醒，数据价值化的条件将进一步成熟，数据的所有权、使用权、增值权及数据红利的释放权、分配权有望在未来确定更加清晰的边界，数据要素价值将得到更有效的释放。此外，在数据不断标准化、开放化的同时，行业的数据标准建设进程也将进一步加快，无论政府、行业数据还是企业内部数据，都将遵循一个相互认可的数据标准、处理规程。这也将进一步推动企业建立起适合自身的数据治理标准、路径和方法。

总之，在数字经济时代，数据资产化已经成为必然趋势。数据的开放共享是深入挖掘数据资产价值的基础。通过有效地进行数据资产化和开放共享数据，企业可以充分利用数据资源，实现创新和增加经济效益。同时，数据的开放共享也可以提高数据的质量和准确性，促进合作和共同创新。

6．数据安全治理仍是贯穿数据治理各环节的重点

海量、多元和非结构化已经成为数据发展的新常态，而这给企业的数据管理带来了许多安全隐患。数据显示，2020 年全球数据泄露达到 360 亿条，创历史新高。

数据安全治理的驱动因素一方面来自组织内部。近年来数据安全事件频发，Gartner 指出，近 75%的 IT 组织将面临一次或多次勒索软件攻击。同时，数据安全的威胁更加多样化，不再局限于病毒、木马等传统攻击手段，数据权限滥用、API（应用程序编程接口）攻击等问题层出不穷。新技术的应用使数据安全问题进一步显现。当前云计算的发展已进入成熟期，基于云原生的低代码开发平台受到追捧。虽然云原生可以通过提供一套完整的技术体系和方法论，来帮助企业在系统功能越来越复杂的环境下实现敏捷开发并保证系统的可用性，但机遇与风险并存，《Sysdig 2022 云原生安全和使用报告》显示，超过 75%的运行容器存在严重漏洞。数据安全治理愈发成为企业进行数据治理中的关键环节。

数据安全治理的驱动因素另一方面来自政策方面。近年来，数据安全治理正步入法制化和战略性轨道。截至 2021 年，我国的数据安全监管框架已经基本成型：《中华人民共和国网络安全法》《中华人民共和国数据安全法》《中华人民共和国个人信息保护法》三法为数据安全护航，此外，在银行、通信、工业、能源等各领域也有一系列条例规章从实践角度推动产业内数据安全治理体系的落地。

数据治理，安全先行。数据安全治理在未来将会是各组织进行数据治理的重点。

总之，数字时代的新图景正徐徐展开。可以预见的是，各组织的数据治理正向更加成熟的方向迈进。数据治理是一个长期的过程，把握趋势，不断调整优化，才能更好地发挥数据价值，真正让数据赋能发展。

1.3 数据治理在现代组织中的定位

数据治理是帮助组织管理其内部和外部数据流的数据管理流程和程序的集合。它使人员、流程和技术保持一致，以帮助企业理解数据，从而将其转化为企业资产。在现代组织中，数据治理的作用越来越重要，主要体现在以下几个方面：

1.3.1 数据治理赋能企业运营

数据治理是有效管理企业数据的重要举措，是实现数字化转型的必经之路，对提升企业业务运营效率和创新企业商业模式具有重要意义。

（1）降低运营成本

有效的数据治理能够降低企业 IT 和业务运营成本。一致性的数据环境让系统应用集成、数据清理变得更加自动化，减少过程中的人工成本；标准化的数据定义让业务部门之间的沟通保持顺畅，降低由于数据不标准、定义不明确引发的各种沟通成本。

通过数据治理，重新调整当前的组织角色和责任、结构和工具，使工作流程更加合理，减少冗杂消耗，以经济的成本及时产生有意义的业务洞察力。

（2）提升运营效率

有效的数据治理可以提高企业的运营效率。高质量的数据环境和高效的数据服务使企业员工可以方便、及时地查询到所需要的数据，然后即可展开自己的工作，而无须在部门与部门之间进行协调、汇报等，从而有效提高工作效率。

（3）改善数据质量

有效的数据治理对企业数据质量的改善是不言而喻的，而数据质量的改善本就是数据治理的核心目的之一。数据治理创建了一个工作环境，可确保数据的一致性、完整性和准确性。高质量的数据有利于提升应用集成的效率和质量，提高数据分析的可信度。改善数据质量意味着改善产品和服务质量，数据质量直接影响品牌声誉。

（4）控制数据风险

数据治理通过系统地解决在不良数据处理之后可能危及业务的关键风险来降低企业运营风险，使企业避免不良和不一致的数据可能带来的合规和监管问题。

有效的数据治理有利于建立基于知识图谱的数据分析服务，如 360°客户画像、全息数据地图、企业关系图谱等，帮助企业实现供应链、投融资的风险控制。良好的数据可以帮助企业更好地管理公共领域的风险，如食品的来源风险、食品成分、制作方式等。企业拥有可靠的数据就意味着拥有了更好的风险控制和应对能力。

（5）增强数据安全

有效的数据治理可以更好地保证数据的安全防护、敏感数据保护和数据的合规使用。通过数据梳理识别敏感数据，再通过实施相应的数据安全处理技术，例如数据加密和解密、数据脱敏和脱密、数据安全传输、数据访问控制、数据分级授权等手段，实现数据的安全防护和使用合规。

（6）赋能管理决策

有效的数据治理有利于提升数据分析和预测的准确性，从而改善决策水平。良好的决策是基于经验和事实的，不可靠的数据就意味着不可靠的决策。

通过数据治理对企业数据收集、融合、清洗、处理等过程进行管理和控制，持续输出高质量数据，从而制定出更好的决策和提供一流的客户体验，这些都将有助于企业的业务发展和管理创新。

1.3.2　数据治理是企业数据资产管理的"基石"

在企业数字化转型的内驱力和国家对数据要素战略布局的外驱力共同推动下，数据资产化已势不可挡。数据资产管理作为数据资产化道路上最重要的管理抓手，各大金融机构、咨询机构、厂商均投入"重兵"深入研究，形成了各具特色的数据资产管理发展道路。十多年来，从数据资源管控到数据资产价值化，金融机构数据管理的模式发生了很大转变。但是，无论如何改变，满足数据的可用、好用仍是前提，而数据治理则是其中的关键环节，是实现数据资产管理的基础工程。

数据治理是实现数据资源化的一套完整的管理框架，业界已有非常成熟的治理理论体系。数据治理的核心目标是解决数据可用性和数据安全性的问题，既要追求数据广泛高效的流通，又要保证数据安全和保护个人隐私。

面对数据价值挖掘以及资产化要求高企的现实需求，在数据资产确权难的现实制约下，数据治理显得尤为重要。数据治理通过数据模型管理、数据标准管理、数据质量管理、主数据管理、数据安全管理、元数据管理、数据开发管理等数据资源化活动职能工作，明确数据创建、采集、加工、应用的全链路职责，确保企业数据的准确性、一致性、时效性和完整性，提升数据质量，保障数据安全，推动内外部数据流通，将原始数据转变成数据资源，使数据具备一定的潜在价值。没有数据治理体系作为保障，数据不但不能转变为企业的数据资产，还很容易让企业陷入"数据沼泽"的陷阱。一个良好的数据治理体系，将为企业的数据资产管理打下坚实的基础，是新形势下企业数字化转型的基石。

1.3.3　数据治理是企业数字化转型的必经之路

国务院国资委办公厅印发的《关于加快推进国有企业数字化转型工作的通知》明确指出国有企业要构建数据治理体系。在全球数字化背景下，放眼我国数字化的发展形势，《中国国民经济和社会发展第十四个五年规划和 2035 年远景目标纲要》明确指出，迎接数字时代，激活数据要素潜能，以数字化转型整体驱动生产方式、生活方式和治理方式变革，打造数字经济新优势，加强关键数字技术创新应用，加快推动数字产业化，推进产业数字化转型。

数字化转型是建立在数字化转换、数字化升级的基础上，以优化企业管理、创新商业模式、提升企业核心竞争力为目标的企业管理变革过程，是企业主动适应新一轮科技革命和产业变革的举措。数字化转型是企业为达到高质量、可持续发展，利用新一代信息技术而进行的企业变革，是将新一代信息技术集成到所有业务领域，进而推动企业组织架构、业务模式、企业文化等变革的措施，从而对企业的运营方式及向客户提供价值的方式产生根本性的改变。因此，数字化转型是一项新型能力建设，本质是"满足业务需求，解决业务问题"，即围绕着数据，对企业进行业务改造，至于创造价值和核心竞争能力等都是在这个前提之上。数据治理过程正是重新梳理了企业内部数据管理情况，厘清了业务数据需求，更加严格地管控企业未来的数据收集行为，将有效拓展企业可调动、可使用数据资源的边界，进一步促进了数字化转型。

数据治理已经成为全方位数字化转型的重要驱动力量。一方面，数据治理正在打破组织内部数据孤岛、重塑业务流程、革新组织架构，打造出权责明确而又高效统一的组织管理模式；另一方面，数据治理反哺更广阔的经济和社会数字化转型，既为市场增效，又为企业和社会赋权。

企业数字化转型中的一个典型标志是从流程驱动到数据驱动，这一过程中，数据是重要资源和生产要素。数据治理就是数字时代的治理新范式，其核心特征是全社会的数据互通、数字化的全面协同与跨部门的流程再造，形成"用数据说话、用数据决策、用数据管理、用数据创新"的治理机制。

数字化转型是经济高质量发展的重要引擎，是构筑国际竞争新优势的有效路径，是构建创新驱动发展格局的有力抓手。数据是数字化转型的基础，只有做好数据治理，充分挖掘数据价值，才能更快、更好地推进数字化转型。

总之，数据已经成为新的生产力，且数据治理体系已成为新的生产关系的典型代表。企业想要健康发展，在市场中参与竞争，获取数字经济红利，就要以数据为对象，在确保数据安全的前提下，建立健全规则体系，理顺各方参与者在数据流通的各个环节的权责关系，形成多方参与者良性互动、共建共治共享的数据流通模式，从而最大限度地释放数据价值，推动数据要素治理体系现代化发展，最终达到激活数据价值、赋能企业发展的目的。

1.4　数据治理的误区

1.4.1　项目式的数据治理

在数据治理方面，有些企业认为必须发起正式的项目才能开始进行数据治理。然而，实际上，无论是否有正式的项目，只要技术部门或业务部门开始制定数据治理的相关制度或流程，就已经算是在进行数据治理了。因此，数据治理的门槛并没有想象中那么高。

当启动数据治理项目时，可以立即开始进行数据治理，并结合企业的战略规划、业务需求、市场发展等多方面因素，制定合理的数据治理实施路径。数据治理需要包括短期目标和长期目标，既要治理当前存在的问题，也要做到预防和日常的调整。因此，不能只解决眼前的问题，而忽视了潜在的长期挑战。

数据治理的实施路径应该是一个渐进的过程，可以先从解决当前最紧迫的问题开始，逐步扩展到更广泛的数据管理和治理范围。在制定实施路径时，需要考虑企业的现状和资源情况，以确保数据治理的可行性和可持续性。

此外，数据治理需要得到企业全体部门的支持和参与。数据治理不但是技术部门或业务部门的责任，而且是企业全体部门共同努力的结果。需要建立跨部门的合作机制，确保数据治理的一致性和协同性。同时，还需要培养和提升员工的数据治理意识和能力，以推动数据治理的落地和持续发展。

总之，数据治理并不需要等待正式的项目启动才能开始，只要技术部门或业务部门开始制定数据治理的相关制度或流程，就已经算是在进行数据治理了。数据治理的实施路径应该是渐进的，同时需要得到企业全体部门的支持和参与。只有通过持续的努力和合作，才能实现数据治理的长期目标，并为企业带来更大的价值。

1.4.2   数据治理只是技术部门的事

在大数据时代，越来越多的组织意识到数据的价值，并成立了专门的团队来管理数据，这些团队可能被称为数据管理处、大数据中心或数据应用处等。然而，这些部门往往由技术人员组成，定位也属于技术部门，共同点是技术能力强而业务能力相对较弱。当需要实施数据治理项目时，通常也由技术部门来领导。这些技术部门通常以数据中心或大数据平台为起点，受限于组织范围，不希望扩大到业务系统，只想管好自己负责的范围。

然而，数据问题往往是业务问题大于技术问题。大部分数据质量问题都源于业务方面，例如：数据来源渠道多、责任不明确，导致同一份数据在不同的信息系统中有不同的表述；业务需求不清晰，导致数据填报不规范或缺失等。许多表面上的技术问题（例如 ETL（数据抽取、转换和加载）过程中代号变更导致数据加工错误，影响报表数据的准确性），本质上是由业务管理不规范导致的。

在谈到数据治理时，许多 CIO（首席信息官）并没有意识到数据质量问题发生的根本原因，只想从技术维度单方面解决数据问题。这种思维方式导致 CIO 在规划数据治理时没有考虑到建立一个强大的涵盖技术团队和业务团队的组织架构，以及能够有效执行的制度和流程，导致数据治理效果大打折扣。

因此，在数据治理中，除了技术方面的考虑，还需要重视业务方面的问题。建立一个跨技术和业务的组织架构，确保数据治理的全面性和协同性，制定明确的责任和流程，以解决业务管理不规范所导致的数据质量问题。只有综合考虑技术和业务两个方面，才能实现有效的数据治理，为组织带来更大的价值。

1.4.3   数据治理唯工具论

在企业中，有些人错误地认为，只要拥有更好的技术和最先进的平台，就可以解决数据治理的问题。他们认为数据治理只需要花钱购买或者研发一些工具，将数据通过这些工具进行过滤，问题就会迎刃而解。然而，实际情况并非如此简单。

工具的使用可以提高数据治理的效率，并缩短数据治理的见效周期。企业可以利用各种数据治理工具来支持数据的采集、清洗、整合和分析等工作。这些工具可以提供自动化的功能和算法，帮助企业更快速、准确地处理数据，并发现其中的价值。然而，数据治理是一个综合性的概念，涉及组织架构、人员配置、制度流程、成熟工具以及现场实施和运维等多个方面，工具只是其中的一部分。

企业在进行数据治理时，最容易忽视的是组织架构和人员配置。实际上，所有的活动流程和制度规范都需要人来执行、落实和推动，如果没有对人员的安排，后续的工作很难得到保障。一方面，如果没有人负责推广数据治理工作，流程的执行就无法得到保障；另一方面，如果没有相关的数据治理培训，员工就不会重视数据治理工作，甚至认为与自己无关，从而导致整个数据治理项目失败。

因此，企业在进行数据治理时，不能简单地依赖技术工具，还需要重视组织架构和人员配置。要确保数据治理的成功，需要建立一个专门的团队来负责推动数据治理工作，并提供相关的培训，以提高员工的数据治理意识。此外，还需要建立完善的制度流程，确保数据治理的规范执行。只有综合考虑组织架构、人员配置、制度流程、成熟工具以及现场实施和运维等多个方面，才能实现有效的数据治理，为企业带来更大的价值。

1.4.4　数据治理可以短期见效

数据治理是一项长期的企业战略，其效果很难立竿见影。尽管企业可以快速收集和处理数据，但要将数据应用于业务中且实现预期效果并不容易。此外，为了让数据能够为业务赋能，必须确保数据与业务需求相契合。然而，在企业数据产生、采集、加工、存储、应用和销毁的全过程中，每个环节都可能产生各种质量、效率或安全相关的问题。

为了解决这些问题，企业必须不断探索，找到最佳的数据治理流程，以确保数据与业务需求相匹配，并推动业务发展。数据治理是一项繁杂的工作，需要持续努力和投入。企业需要建立健全的数据治理框架，包括明确责任分工、制定规范和流程、建立数据质量管理机制等。同时，培养和提升员工的数据治理意识和技能也是至关重要的。

1.4.5　找到问题却不解决问题

企业辛辛苦苦建立起来的平台，经过业务和技术人员的通力合作，配置了数据质量的检核规则，也发现了大量的数据质量问题。然而，半年或一年之后，同样的数据质量问题依然存在。这种情况发生的根源在于缺乏数据质量问题闭环管理机制。

要建立数据质量问题闭环管理机制，首先需要明确数据质量问题的责任。定责的基本原则是"谁生产，谁负责"。也就是说，数据是由哪个部门或人员产生的，就由该部门或该人员负责处理数据质量问题。这种闭环管理机制不一定要通过线上流程来实现，但是每个问题都必须有人负责，并且需要反馈处理方案，并跟踪至问题解决。最好的情况是能够形成绩效评估，例如通过排名的方式来督促各责任人和责任部门处理数据质量问题。其次，需要建立有效的沟通和协作机制，确保问题能够及时传达和解决。最后，还应该建立数据质量监控和反馈机制，及时发现和纠正数据质量问题，以确保数据质量的持续改进。

通过建立数据质量问题闭环管理机制，企业可以更好地解决数据质量问题。每个问题都有明确的责任人和处理方案，问题的解决效果可以通过绩效评估来衡量。这将促使各责任人和责任部门更加重视数据质量，并采取有效的措施来改进数据质量。企业最终将实现高效、稳定的数据质量问题管理，为业务决策提供可靠的数据支持，推动自身的发展和竞争优势的形成。

1.4.6　只定标准却不落地

在谈到数据治理时，很多企业常常提到拥有许多数据标准，但这些标准却没有得到有效的实施。因此，企业需要着手将数据标准真正落地。只有数据标准得到有效的实施，数据质量才能得到改善。造成数据标准无法落地的原因主要有两个方面：一是企业对数据标准工作的重视程度不够；二是企业制定数据标准往往是应付上级检查，而非真正为了实现良好的数据治理。很多企业通过第三方咨询公司将同行业企业的标准进行本地化修改，形成自己的企业标准，一旦第三方咨询公司撤离，企业自身就无法有效地落地数据标准。当然，数据标准能否顺利落地还与负责数据治理的部门所获得的权限直接相关。如果没有企业高层的授权和强力支持，仅靠技术部门是无法推动数据标准高效落地的。

为了将数据标准真正落地，企业需要采取一系列措施。首先，企业应该明确数据标准的重要性和价值，即数据标准不是应付检查的工具，而是确保数据质量和一致性的基础。其次，企业应该制定完善的数据标准和实施流程，确保标准的制定过程科学、规范，并确保可以有效实施。再次，企业还应该加强内部培训和沟通，提高员工对数据标准的理解。最后，企业需要建立数据治理部门，并给予其足够的权限和资源以推动数据标准的落地。

为了高效地推动数据治理工作：首先，企业需要明确数据治理的目标和战略，并将其与企业的整体发展战略相结合；其次，企业高层领导应该给予数据治理工作充分的授权和支持，确保其能够顺利推进；最后，企业还应该建立一套完善的数据治理框架，包括组织结构、流程和技术工具等，以确保数据治理工作的顺利推进。

1.4.7　大而全的数据治理

在考虑投资回报的情况下，企业通常倾向于实施一个大而全的数据治理项目，覆盖全业务和技术领域。企业希望能够管理数据的整个生命周期，包括数据的产生、加工、应用和销毁，也希望将业务系统、数据中心和数据应用中的每个数据都纳入数据治理的范围。

然而，数据治理是一个广义的概念，涵盖了许多内容。想要在一个项目中完全实现数据治理通常是不可能的，需要分阶段实施。因此，CIO 需要引导企业从最核心的系统和最重要的数据开始进行数据治理。

那么如何引导呢？这里可以引入一个众所周知的概念：二八原则。实际上，在数据治理中同样适用二八原则：80%的数据业务实际上是由 20%的数据支撑的；同样的，80%的数据质量问题实际上是由20%的数据、系统和人员产生的。在数据治理的过程中，如果能够找出这20%的数据、系统和人员，无疑会产生事半功倍的效果。

因此，CIO 可以通过分析和评估企业的数据业务和数据质量问题，找出那些对业务和数据质量影响最大的 20% 的数据、系统和人员。然后，将重点放在这些关键领域上，制定相应的数据治理策略和措施。通过集中资源和精力来解决这些关键问题，可以快速取得显著的改进效果，并为企业的数据治理项目奠定坚实的基础。

总之，企业在考虑数据治理项目时，应该避免一味追求覆盖全业务和技术领域的大项目。相反，应该采用分期分批的方式，从最核心的系统和最重要的数据开始进行数据治理。通过应用二八原则，找出对业务和数据质量影响最大的 20% 的数据、系统和人员，集中资源解决这些关键问题，可以实现事半功倍的效果。

1.4.8　为治理而治理

很多企业在进行数据治理时存在一个问题，就是只为了"治理"而治理，缺乏对企业业务价值的牵引。它们只关注完成治理的动作，而忽视了治理的目的。

数据治理的目的不仅仅是规范和管理数据，更重要的是为企业创造价值。数据治理应该与企业的业务目标和战略紧密结合，从业务的角度出发，明确治理的目标和意义。

在进行数据治理时，首先，需要明确企业的业务需求和价值驱动。了解企业的核心业务、关键数据和业务流程，以及数据在其中的作用和价值。这样可以确保数据治理的目标与企业的业务需求紧密匹配，并为业务决策和创新提供有力的支持。

其次，需要制定明确的治理策略和计划。治理策略和计划应该基于企业的业务需求和价值驱动，明确治理的重点和优先级。根据业务的重要性和数据的关键性，确定需要治理的数据、系统和流程，并制定相应的治理规则和标准。同时，需要明确治理的目标和期望的业务价值，以便评估治理的效果。

再次，需要注重业务的参与和驱动。与业务部门紧密合作，了解它们的需求和痛点，将数据治理与业务流程和决策紧密结合起来。通过与业务部门的合作，可以更好地理解业务需求，制定符合业务需求的治理规则和流程，并确保治理的效果能够为业务创造价值。

最后，需要持续监控和评估。通过建立相应的评估体系，对治理的效果和成果进行监测和评估。及时发现问题和改进机会，并根据业务的变化和发展，调整和优化治理策略和计划。

1.4.9　脱离企业现状，治理目标过于理想化

在数据治理的实践中，有一种常见的问题是企业脱离自身现状，对治理目标的设置过于理想化。很多企业确实在学习业界的先进理念，但缺乏对自身情况的充分理解，导致对治理目标的设置过于理想化，脱离了实际情况。这种情况往往会导致期望越大、失望越大。

在进行数据治理时，企业应该始终以现实为基础，充分了解自身的业务需求、数据状况和治理能力。企业应该审视自身的数据生态系统，包括数据来源、数据质量、数据流程等方面的情况，以便制定符合实际情况的治理目标。

理想化的治理目标可能会产生过高的期望，但在实际实施中却难以达到。因此，企业需要确保治理目标的可行性和可实现性。这可以通过与业务部门和技术团队的密切合作来实现。业务部门可以提供对业务需求和价值的深入理解；技术团队可以提供对数据和系统的实际情况的了

解。通过充分的沟通和合作，可以制定符合实际情况的治理目标，并确保其可行性和可实现性。

此外，企业还应该注重治理目标的阶段性和渐进式实现。数据治理是一个复杂的过程，不可能一蹴而就。企业应该将治理目标划分为阶段性的里程碑，逐步实现并不断演进。这样可以在实践中逐步积累经验和成果，同时也能够更好地应对变化和挑战。

在制定治理目标时，企业还应该考虑治理的成本和效益。治理目标应该与企业的资源和能力相匹配，确保实施的可持续性和经济效益。企业可以进行成本效益分析，评估治理的投入和预期的收益，以便做出明智的决策。

1.5　数据管理

1.5.1　数据管理的概念

数据管理是针对数据和信息的活动或能力集合，是为了交付、控制、保护并提升数据和信息资产的价值，在其整个生命周期中制订计划、制度、规程和实践活动，并执行和监督的过程。从商业的角度看，数据管理是通过对数据进行资产化管理，提升数据质量和数据效率，提高企业利用数据变现的能力。

大数据不仅仅是一种时代产物，更是一种技术，不但给组织带来了重要的资产，也带来了巨大的挑战。数据价值不会自动产生，需要管理和协调。数据管理正是为了获取、控制、保护并提升数据资产价值，在整个数据生命周期内对数据进行规划、组织、协调、控制等实践活动的过程。根据国际数据管理协会的 *DAMA-DMBOK 2*，数据管理职能包括数据治理、数据架构、数据建模和设计、数据存储和操作、数据安全、数据集成和互操作、文件和内容管理、参考数据和主数据管理、数据仓库与商业智能、元数据管理、数据质量管理。这些职能构成了数据管理体系，作为组织为提高数据质量和实现数据价值目标所必需的、系统性的管理模式，也构成了组织的一种战略。数据管理以数据资源和数据工程为主要内容，通过过程管理方法进行系统性管控，从而获取、控制、保护、交付和提供数据资产的价值。

数据管理的目标包括以下几个方面：

1）理解、支撑并满足企业及其利益相关方的信息需求。

2）获取、存储、保护数据和确保数据资产的完整性。

3）确保数据和信息的质量。

4）确保利益相关方的数据隐私和保密性。

5）防止数据和信息未经授权或被不当访问、操作及使用。

6）确保数据能有效地服务于企业增值的目标。

1.5.2　数据管理框架

数据管理的具体工作和过程逐渐汇聚成一个获取数据价值的知识体系，并提供一种得以反复使用和推广的框架。数据管理过程从先验知识开始，以显性知识结束，使得组织和人员获得洞察力。当然，数据管理框架并不是一组严格的规则，而是一组有助于知识整理、提炼以及发现的迭代步骤和体系。

1. 数据管理知识模型

海量的数据容易使人迷失，而针对数据的管理知识则指明了发现和使用数据价值的方法，让组织和人员能够从海量数据中获得信息、理解知识、形成智慧，并具有一定的洞察力。从数据感知、理解、认知、应用，直至形成智慧体系，这就是数据管理知识的体系化路径。数据管理知识模型中，DIKW 模型将数据、信息、知识、智慧纳入一种倒金字塔形的层次体系中。原始观察及量度获得了数据；分析数据间的关系获得了信息；在行动上应用信息产生了知识；智慧涉及对未来的洞察，它含有预见性及滞后影响的意味；最终形成对未知的洞察力。传统的 DIKW 模型有多种解读方法，其中如图 1-17 所示的 DIKW 漏斗模型是一种典型的 DIKW 模型。

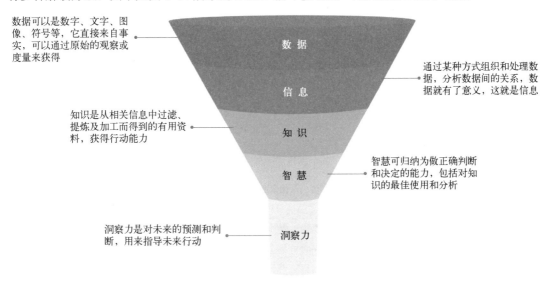

数据可以是数字、文字、图像、符号等，它直接来自事实，可以通过原始的观察或度量来获得

通过某种方式组织和处理数据，分析数据间的关系，数据就有了意义，这就是信息

知识是从相关信息中过滤、提炼及加工而得到的有用资料，获得行动能力

智慧可归纳为做正确判断和决定的能力，包括对知识的最佳使用和分析

洞察力是对未来的预测和判断，用来指导未来行动

数据

信息

知识

智慧

洞察力

图 1-17　DIKW 漏斗模型

2. 数据管理框架的构建

数据管理涉及一系列相互依赖的功能领域，每个功能领域都有其特定的目标、职责、活动、方法与工具。完善的数据管理框架是数据价值和数据质量的保障，也是数据管理工作的系统性指导依据。一般来说，数据管理框架应围绕以下几个方面进行构建：

1）明确组织中数据价值的定位。

2）强化组织的数据管理和数据质量意识。

3）完善数据管理框架。

4）健全数据治理机制。

这些抽象的步骤，需要持续地跟踪管理，也需要数据管理的各个模型组件协同与关联。这些模型组件大多数是相互依赖的，需要协调一致才能充分发挥作用。围绕数据管理步骤的经验总结，对相关关系、因果关系和逻辑关系的理解形成数据管理知识，并对数据管理知识进行类比和简化，就形成了模型组件。各个模型组件进一步组成系统性、体系化的数据管理架构。这种体系化的数据管理架构就可以作为数据管理框架，用来指导实践、加深理解、探索新知识。

数据管理框架的价值还体现在，它能够把实现特定目标的条件用结构化方式表现出来。正是基于此，国际数据管理协会针对数据管理框架汇总了战略一致性模型、阿姆斯特丹信息模型、DAMA-DMBOK 框架、DMBOK 金字塔（Aiken）、DAMA 功能领域依赖关系图、DAMA 数据管理功能框架等多种框架，从不同角度和关系对数据管理框架进行多维度解读与介绍。

DAMA 数据管理功能框架以数据治理为监督和指导，以数据风险管理（安全、隐私、合规性）、元数据管理、数据质量管理等基础活动为支撑，以数据生命周期管理为主线，从规划和设计（数据架构、数据建模和设计）、实现和维护（数据存储和运营、数据仓库、数据集成和互操作、大数据存储、主数据管理、参考数据管理）以及使用和增强（商业智能、数据科学、主数据应用、数据货币化、文件和内容管理、预测性分析）等角度，阐述了数据管理的内容和要求，如图 1-18 所示。

图 1-18　DAMA 数据管理功能框架

3. 数据管理战略

大多数组织在开始管理数据之前都没有定义完整的数据管理战略。相反，通常都是在不太理想的条件下朝着这种战略发展。大数据处理、大数据分析、大数据管理的相关任务和工作，均应该符合组织战略一致性标准的数据管理战略。虽然大多数企业在某种程度上已在战略层面认识到数据是有价值的公司资产，但只有少数企业指定了首席数据官（CDO）来帮助弥合技术和业务之间的差距，并在企业高层建立企业级的数据管理战略。

战略是一组选择和决策，它们共同构成了实现高水平目标的行动过程。组织的数据管理战略应该包括使用信息以获得竞争优势和支持企业目标的业务计划。通常，数据管理战略是一种旨在维护和改进数据质量、数据完整性、访问和安全性、降低已知和隐含风险、解决与数据管理相关的已知挑战等目标的规划。数据管理战略的组成应包括：数据管理愿景、指导原则、使命和长期目标、成功的建议措施、数据管理计划、对数据管理角色和组织的描述、数据管理程序组件和初始化任务、具体明确范围的优先工作计划以及实施路线图草案。

一份具有实践指导意义的数据管理战略规划报告应包括以下内容：

1）数据管理章程：包括总体愿景、业务案例、目标、指导原则、成功衡量标准、关键成功因素、可识别的风险、运营模式等。

2）数据管理范围声明：包括规划目的和目标（通常为 3 年），以及负责实现这些目标的角色、组织和领导。

3）数据管理实施路线图：确定特定计划、项目、任务分配和交付里程碑。

1.5.3　数据管理与数据治理的关系

数据管理和数据治理这两个概念比较容易混淆，要想正确理解数据治理，必须厘清二者的关系。

数据管理是指对数据资源进行管理和控制的一系列活动和过程。它包括数据的收集、存储、处理、传输和使用等方面的操作。数据管理更加侧重于数据管理各个活动的职能，包括数据的操作和处理，以确保数据的可靠性、一致性和可用性。数据管理更关注各个数据管理活动职能的实现。

数据治理则是在数据管理的基础上，将数据管理活动系统性地组织起来，以服务于企业业务目标的实现。数据治理是一种组织级别的活动，旨在确保数据的质量、合规性和价值。它涉及定义数据的所有权、责任和权限，制定数据管理的策略和规则，以及监督和执行这些规则的过程。数据治理更加注重对数据的策略性管理和控制，以确保数据的整体性、准确性和安全性，以及数据的合规性和隐私保护。

数据管理和数据治理之间存在着相互联系和互相支持的关系。数据管理提供了数据的基础设施和操作流程，为数据治理提供了数据的基础。数据治理通过制定数据管理的策略和规则，确保数据的质量和合规性，并推动数据管理的实施和持续改进。数据管理和数据治理共同努力，可以帮助组织更好地管理和利用数据资源，实现数据驱动的业务决策和创新。

数据治理主要聚焦于宏观层面，它通过明确战略方针、组织架构、政策和治理过程，并制定相关规则和规范，来指导、监督和评估数据管理活动的执行（见图 1-19）。相对而言，数据管理会显得更加微观和具体，它负责采取相应的行动，即通过计划、建设、运营和监控相关方针、活动和项目，来实现数据治理所做的决策，并把执行结果反馈给数据治理。

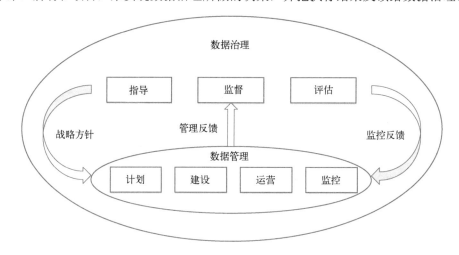

图 1-19　数据管理与数据治理的关系

　　总之，数据管理更加侧重于数据管理各个活动的职能，而数据治理则是将数据管理活动系统性地组织起来，服务于企业业务目标的实现。数据管理提供了数据的基础设施和操作流程，为数据治理提供支持；数据治理通过制定策略和规则，确保数据的质量和合规性，并推动数据管理的实施和持续改进。数据管理和数据治理共同努力，可以帮助组织更好地管理和利用数据资源，实现数据驱动的业务决策和创新。

本章小结

　　数据作为数字经济时代的新型生产要素，是企业的重要资产。"无治理，不数据。"没有高效的数据治理，就不会产生有价值的生产要素。毋庸置疑，数据治理变得越来越重要，已成为推动数字化转型的重要基石。数据治理能为企业实现降本增效、业务精细化运营、重要决策制定、产品优化迭代等多方面的收益。近年来，在国家政策的引导下，很多企业都在探寻数字化转型的道路，而在数字化转型的过程中，数据治理可谓重中之重。因此，学习数据治理知识很必要。本章内容旨在明确概念，帮助读者形成对数据治理的基础认知。后续章节将对数据治理各个领域的知识进行详细介绍。

本章习题

　　1. 数据治理的基本概念是什么？
　　2. 数据治理的目的是什么？

3．数据治理的发展历程及趋势有哪些？

4．数据治理在现代组织中的定位是什么？

5．数据治理的误区有哪些？

6．数据治理与数据管理有什么关系？

7．为什么数据治理对于组织的决策和业务需求很重要？

8．数据治理的实施需要哪些政策和流程？

9．数据治理如何确保数据的质量、一致性、安全性和可用性？

10．数据治理为什么受到政府、企业和个人的高度关注？

第 2 章

数据治理框架

　　数据治理框架是一种指导和规范组织如何构建、维护和利用数据资源的全面架构。它是一种将数据视为资产并对其进行有效管理和利用的策略和方法集合。数据治理框架旨在有效地开展企业数据管理工作，提升数据质量、确保数据安全、使得数据被有效利用，发挥数据价值。

　　本章介绍了业界主流的数据治理框架及其侧重点，同时介绍了本书所采用的数据治理框架，并阐述了数据治理框架在整个数据治理体系中的作用，后续的章节都将围绕该框架相关的数据治理活动进行阐述。

本章内容

2.1 主流数据治理框架介绍
2.2 本书数据治理框架
2.3 数据治理框架的作用
本章小结
本章习题

2.1　主流数据治理框架介绍

数据治理框架是指为了实现数据治理的总体战略和目标，将数据治理包含的原则、组织架构、过程和规则有机组织起来的一种框架结构。主流的数据治理框架有 ISO/IEC 38505 的数据治理框架、DGI 数据治理框架、DAMA 数据管理框架、GB/T 34960.5—2018 的数据治理框架、DCMM 数据管理框架、数据资产管理框架。

通过定义数据治理框架，从全局视角指导组织开展数据治理工作，确保组织中各部门人员遵循相应的要求，按照数据治理实施路径全面参与数据治理相关活动，实现数据治理目标，支撑组织业务目标、战略、愿景达成。

2.1.1　ISO/IEC 38505 的数据治理框架

2008 年，国际标准化组织（ISO）推出第一个数据治理国际标准——ISO/IEC 38500。随后，ISO 在 2015 年发布 ISO/IEC 38505，该标准阐述了数据治理的目标、6 项基本原则和数据治理模型，是一套完整的数据治理方法论。

ISO/IEC 38505 跳出了 PDCA 等生命周期的概念，提出数据治理的"E（评估）-D（指导）-M（监督）"方法论，通过评估现状和未来的数据利用情况，编制和执行数据战略和政策，以确保数据的使用服务于业务目标，指导数据治理的准备及实施，并监督数据治理实施的符合性等。ISO/IEC 38505 的数据治理框架如图 2-1 所示。

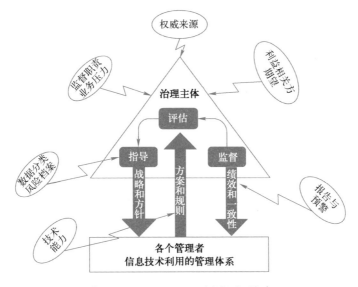

图 2-1　ISO/IEC 38505 的数据治理框架

该框架关注企业的内外部因素，并将其作为企业数据管理的输入。该框架强调监督、评估、指导，将各个利益相关者打造成配合与循环的体系，确保企业的数据管理水平提升。

ISO/IEC 38505 的数据治理框架的优势在于，确保所有的 IT 风险和活动都有明确的责任分配，尤其是分配和监控 IT 安全责任、策略和行为，以便采取适当的措施和机制，对当前和计划的 IT 治理建立报告和响应机制。但该标准聚焦于更广泛层次上的 IT 治理，缺乏针对性，与真正的实施还有距离，需要其他的标准和框架的补充。

2.1.2 DGI 数据治理框架

DGI 是业内较早、较知名的研究数据治理的专业机构，于 2004 年推出 DGI 数据治理框架（见图 2-2），为企业根据数据做出决策和采取行动的复杂活动提供新方法。该框架认为，企业决策层、数据治理专业人员、数据利益相关者和 IT 领导者可以共同制定决策和管理数据，从而实现数据的价值，最小化成本和复杂性，管理风险并确保数据的管理和使用遵守法律法规与其他要求。

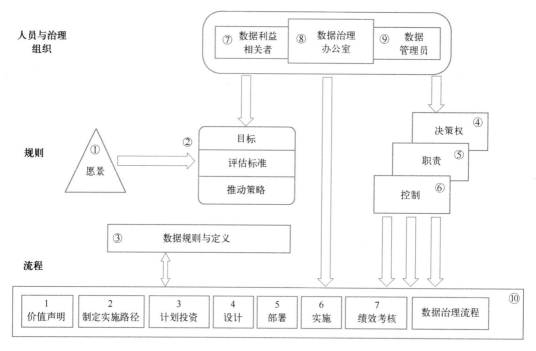

图 2-2 DGI 数据治理框架

DGI 数据治理框架将数据治理分为人员与治理组织、规则、流程 3 个层次，共 10 个组件，是一个强调主动性、持续化的数据治理模型，对实际数据治理实施的指导性很强。通过数据治理框架回答组织为什么要做数据治理、数据治理是什么、谁参与数据治理、如何开展数据治理、什么时候开展数据治理、数据治理位于何处 6 个问题。3 个层次内容具体如下：

1）人员与治理组织：数据利益相关者、数据治理办公室和数据管理员。

2）规则：愿景，目标、评估标准和推动策略，数据规则与定义，决策权，职责，控制。

3）流程：数据治理流程。

2.1.3　DAMA 数据管理框架

DAMA 是一个由全球性数据管理和业务专业的志愿人士组成的非营利协会,致力于数据管理的研究和实践。DAMA 出版的《DAMA 数据管理知识体系指南》一书被业界奉为"数据管理的圣经",目前已出版第 2 版,即 *DAMA-DMBOK 2*。

DAMA-DMBOK 2 中介绍的数据治理框架如图 2-3 所示,以一个"车轮图"定义了数据管理的 11 个职能领域,即数据治理、数据架构、数据建模和设计、数据存储和操作、元数据、数据质量、参考数据和主数据、数据安全、数据集成和互操作、文件和内容、数据仓库和商业智能。其中,数据治理位于"车轮图"中央,在数据管理的 11 个职能领域中,是数据资产管理的权威性和控制性活动(规划、监视和强制执行),是对数据管理的高层计划与控制,其他 10 个职能领域是在数据治理这个高层战略框架下执行的数据管理流程。

DAMA 数据治理框架还总结了目标和原则、活动、交付成果、角色和职责、方法、工具、组织和文化七大环境要素,并建立了 11 个职能领域和七大环境要素之间的对应关系。环境六边形图如图 2-4 所示,显示了人员、技术、过程之间的关系,将目标和原则放在中心,为人们如何执行数据管理活动及有效地使用工具成功进行数据管理提供了指导。

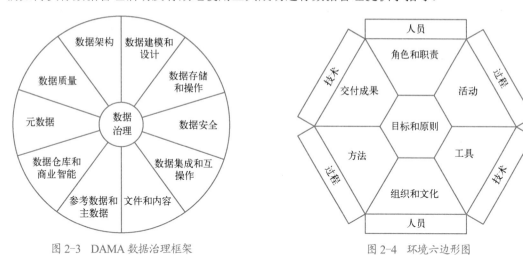

图 2-3　DAMA 数据治理框架　　　　　　　　图 2-4　环境六边形图

总之,DAMA 数据治理框架以数据治理为主导,强调数据管理的核心是数据治理,充分考虑到功能与环境要素对数据本身的影响,并建立对应的关系,解决了二者之间的匹配问题。但 11 个职能领域的复杂度较高,要想全面实施企业级数据治理,难度较高。

2.1.4　GB/T 34960.5—2018 的数据治理框架

《信息技术服务　治理　第 5 部分:数据治理规范》(GB/T 34960.5—2018)是我国信息技术服务标准(ITSS)体系中的服务管控领域标准,该标准根据《信息技术服务　治理　第 1 部分:通用要求》(GB/T 34960.1—2017)中的治理理念,在数据治理领域进行了细化,提出了数据治理的总则、框架,明确了数据治理的顶层设计、数据治理环境、数据治理域及数据治理过程，可对组织数据治理现状进行评估，指导组织建立数据治理体系，并监督其运行和完善。该标准给出的数据治理框架如图 2-5 所示。

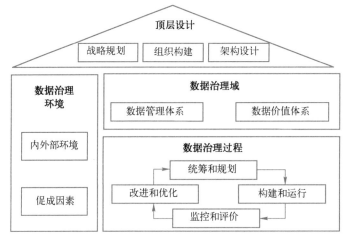

图 2-5 GB/T 34960.5—2018 的数据治理框架

该框架共分四个部分：

1）顶层设计包括制定数据战略规划、构建组织机构和机制、设计数据架构等，是数据治理实施的基础。

2）数据治理环境包括分析业务、市场和利益相关方需求，适应内外部环境变化，营造企业内部数据治理文化，评估自身数据治理能力及驱动因素等，是数据治理实施的保障。

3）数据治理域包括数据管理体系和数据价值体系，是数据治理实施的对象。

4）数据治理过程包括统筹和规划、构建和运行、监控和评价、改进和优化，是数据治理实施的方法。

该标准解决了国际数据治理标准不易落地的问题，开创性地增加了数据价值体系，提出了面向数据价值实现的治理目标，同时也对数据治理体系的实施路径提出了要求，解决了治理与管理脱节的问题。该标准虽然指出了数据治理体系应该包含的内容和落地实施的路径，但是缺乏具体实施办法，在实践中仍需要大量细化的工作。

2.1.5 DCMM 数据管理框架

《数据管理能力成熟度评估模型》（GB/T 36073—2018）是我国首个数据管理领域国家标准，于 2018 年发布并实施。

DCMM 借鉴了国内外数据管理的相关理论思想，并充分结合了我国大数据行业的发展趋势，创造性地提出了适合我国企业的数据管理框架，如图 2-6 所示。该框架按照组织、制度、流程、技术对数据管理能力进行了分析和总结，提炼出组织数据管理的 8 个能力域：数据战略、数据治理、数据架构、数据应用、数据安全、数据质量、数据标准和数据生命周期。这8 个能力域、28 个能力子域如下：

1）数据战略：数据战略规划、数据战略实施、数据战略评估。

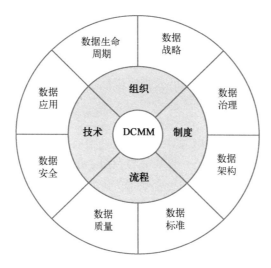

图 2-6　DCMM 数据管理框架

2）数据治理：数据治理组织、数据制度建设、数据治理沟通。

3）数据架构：数据模型、数据分布、数据集成与共享、元数据管理。

4）数据应用：数据分析、数据开放共享、数据服务。

5）数据安全：数据安全策略、数据安全管理、数据安全审计。

6）数据质量：数据质量需求、数据质量检查、数据质量分析、数据质量提升。

7）数据标准：业务术语、参考数据和主数据、数据元、指标数据。

8）数据生命周期：数据需求、数据设计和开发、数据运维、数据退役。

DCMM 数据管理框架将组织的数据管理能力成熟度划分为初始级、受管理级、稳健级、量化管理级和优化级共 5 个发展等级，以帮助组织进行数据管理能力成熟度的评价，如图 2-7 所示。

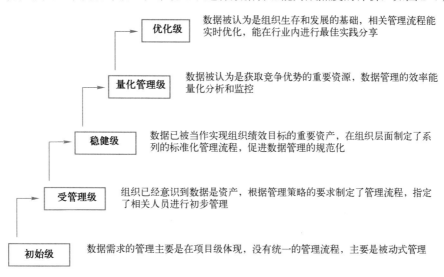

图 2-7　DCMM 数据管理能力成熟度评估等级

DCMM 数据管理框架的优点在于它不只是理论和知识体系，而是可以直接应用的。企业通过量化评估数据管理能力水平，能够清楚地发现企业数据管理能力存在的缺陷，并以模型为标准确定组织内数据管理能力的改进方向。虽然 DCMM 数据管理框架的通用性较高，提出了数据管理应该具备什么能力，但是并未指明应该怎么做，落地效果不明显。

2.1.6　数据资产管理框架

为了落实国家大数据战略，2019 年，中国信息通信研究院联合相关知名企业共同编写了《数据资产管理实践白皮书（4.0 版）》。它基于 *DAMA-DBMOK* 中定义的数据管理理论框架弥补了数据资产管理特有功能的缺失，并结合数据资产管理在各行业中的实践经验，形成了包含数据资产管理的 8 个管理职能和 5 个保障措施的数据资产管理框架（4.0），如图 2-8 所示。

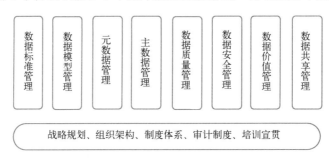

图 2-8　数据资产管理框架（4.0）

其中：管理职能是指落实数据资产管理的一系列具体行为，包括数据标准管理、数据模型管理、元数据管理、主数据管理、数据质量管理、数据安全管理、数据价值管理、数据共享管理；保障措施是为了支持管理职能实现的一些辅助的组织架构和制度体系，包括战略规划、组织架构、制度体系、审计制度、培训宣贯。DAMA 数据管理框架并没有把数据标准单独作为一项重要的数据管理功能，而《数据资产管理实践白皮书（4.0 版）》则将数据标准管理放在第一位，体现了"标准先行"的管理思想，同时还增加了数据价值管理和数据共享管理两项内容。

在《数据资产管理实践白皮书（4.0 版）》基础上，中国信息通信研究院结合业界数据资产管理前沿问题、先进理念和关注焦点，总结实践案例，进一步完善数据资产管理框架、明确数据资产管理路径，相继于 2021 年、2023 年发布《数据资产管理实践白皮书（5.0 版本）》及《数据资产管理实践白皮书（6.0 版本）》，其中，《数据资产管理实践白皮书（6.0 版本）》的数据资产管理框架（6.0）如图 2-9 所示。相较于之前的框架，这两个版本增加了数据开发管理、数据运营管理两个管理职能，保障措施也增加了平台工具和长效机制，注重"治"的贯彻和执行。

数据资源化通过将原始数据转变为数据资源，使数据具备一定的潜在价值，是数据资产化的必要前提。数据资源化以提升数据质量、保障数据安全为工作目标，确保数据的准确性、一致性、时效性和完整性，推动数据内外部流通。数据资源化包括数据模型管理、数据标准管理、数据质量管理、主数据管理、数据安全管理、元数据管理、数据开发管理 7 个活动职能。

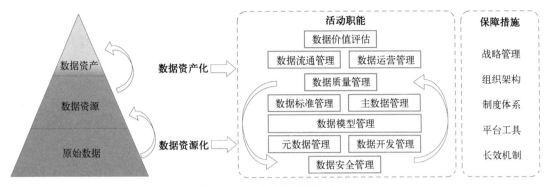

图 2-9　数据资产管理框架（6.0）

数据资产化通过将数据资源转变为数据资产，使数据资源的潜在价值得以充分释放。数据资产化以扩大数据资产的应用范围、厘清数据资产的成本与效益为工作重点，并使数据供给端与数据消费端之间形成良性反馈闭环。数据资产化主要包括数据资产流通、数据资产运营、数据价值评估 3 个活动职能。

《数据资产管理实践白皮书》是一套针对数据资产的管理体系，引入了数据资产价值管理和运营等内容，并囊括了数据资产管理在过程当中的一些管理工具，与数据资产管理方面的国家标准相比，实践案例丰富，参考价值较高，但理论指导性稍弱，需要在实践中完善及优化。

2.2　本书数据治理框架

本书参考了以上框架，充分考虑了数据治理的整体解决方案和数据管理的相关职能活动，提出了如图 2-10 所示的数据治理框架。

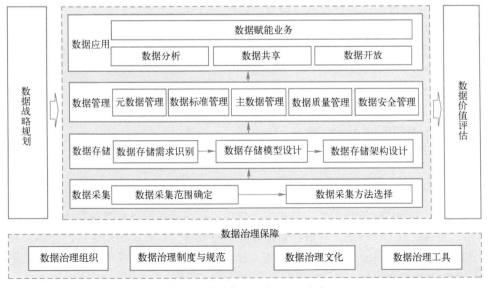

图 2-10　本书提倡的数据治理框架

该框架分为数据治理体系和数据治理保障两大部分，数据治理体系包括数据战略规划、数据采集、数据存储、数据管理、数据应用、数据价值评估六大部分，数据治理保障包括数据治理组织、数据治理制度与规范、数据治理文化、数据治理工具四大部分。

数据治理体系阐述了从数据战略规划、"采—存—管—用"到数据价值评估的实践落地过程。

1）数据战略规划：介绍数据战略规划的意义和原则，对数据战略规划的实施策略和方法进行了重点阐述，包括数据战略规划的制定、实施、评估、管理等。

2）数据采集：介绍数据采集的概念、数据采集的范围确定，以及针对不同类型的数据采集方法如何选择及确定。

3）数据存储：介绍数据存储的概念及实施过程中如何识别数据存储需求，在此基础上介绍了数据存储模型设计的方法以及数据存储的架构。

4）数据管理：介绍数据管理活动的内容，包括元数据管理、数据标准管理、主数据管理、数据质量管理、数据安全管理的实施路径及步骤等。

5）数据应用：在数据管理的基础上开展数据应用活动，介绍数据分析、数据共享、数据开发、数据赋能业务的实施路径及步骤等。

6）数据价值评估：对开展的数据战略规划、数据采集、数据存储、数据管理、数据应用工作的监控与价值评估，介绍数据价值评估的原则、过程及方式等。

数据治理保障阐述了支撑数据管理工作开展的保障活动，包括数据治理组织建设、数据治理制度与规范建设、数据治理文化建设、数据治理工具。

1）数据治理组织建设：介绍数据治理组织的作用、认责机制以及组织机构如何设置、岗位职责等。

2）数据治理制度与规范建设：介绍数据治理制度及规范建设的必要性，明确各项数据治理活动的相关管理办法、实施细则等，保障各项职能活动分工明确、协作顺利。

3）数据治理文化建设：介绍数据治理文化建设的必要性及开展措施等，为数据治理活动开展提供文化氛围及认知保障。

4）数据治理工具：介绍数据治理各项职能活动执行过程的支撑工具。

2.3　数据治理框架的作用

2.3.1　形成数据治理的闭环

数据治理框架为数据治理工作实施提供了指导，按照数据治理框架各组成内容开展数据治理规划、实施数据治理活动、对数据治理过程进行监督及对数据治理成果进行评价，形成数据治理战略目标的闭环。数据治理框架的首要作用是确保数据治理工作的全面性、连续性和可持续性。具体包括以下内容：

1）统一的数据治理目标。数据治理框架可以确保数据治理工作与组织的整体战略目标保持一致。通过明确数据治理目标，可指导数据治理工作的方向和重点，避免工作的分散和碎片化。

2）全面开展数据管理活动。数据治理框架从数据目标出发，对需要开展的数据管理活动做了规定，包括从数据收集、存储、管理、应用全过程，也能确保数据在整个过程中得到全面管理。

3）完整的数据治理流程。依托数据治理框架可以建立起一套完整的数据治理流程，确保数据治理活动不是一次性的项目，而是一个持续改进的过程。通过过程的监测和成效的评估，可及时指导数据管理人员调整和改进数据治理策略和措施。

4）明确的角色和责任分工。数据治理框架明确了从事数据治理工作的角色的岗位职责，确保数据治理工作得到有效的组织和协调。通过明确各个角色的职责，可激励和推动组织中的各个部门和个人积极参与到数据治理工作中。

5）可持续的文化环境建设。数据治理框架可以帮助组织建立一个可持续的数据文化环境，通过宣传和培训，可以提高组织成员对数据治理工作重要性的认识，促使他们主动参与和支持数据治理工作，逐步形成数据赋能业务的文化氛围。

总之，数据治理框架可以确保数据治理工作的全面性、连续性和可持续性等，形成数据治理闭环，帮助组织建立数据文化，达到数据赋能业务的目标。

2.3.2　聚焦业务价值的发现

数据治理工作的主要目的是实现组织业务目标，通过定义数据治理框架，聚焦业务对数据的需求，并通过数据治理制度及各项活动，构建数据价值实现体系，促进数据资产化和数据价值实现。

1）确定业务优先级。数据治理框架中明确数据战略规划工作，将帮助组织明确业务问题解决的优先级，确定哪些业务问题的解决对组织的价值最大。通过对业务的评估和分类，可以将有限的资源和精力集中在对业务价值最高的数据治理工作上，从而提高数据治理的效果。

2）识别数据需求。数据治理框架中数据治理活动的开展，是从数据架构的梳理入手，可以帮助组织识别和理解业务对数据的需求，分析和识别当前阶段的重要数据，有针对地开展数据标准及质量提升工作，使得数据治理工作有理有节地开展。

3）支持数据驱动决策。数据治理框架可以为组织提供高质量、一致性和可信赖的数据，从而保证基于数据分析的决策的准确性，逐个击破聚焦的业务问题，发挥数据价值。

本章小结

本章介绍了业界主流的数据治理框架要点及侧重点，引出了本书确定的数据治理框架及数据治理开展的思路，明确了本书的数据治理开展聚焦业务价值发现为目标，在此基础上阐明了数据治理框架的作用。

本章习题

1. 数据治理框架的基本概念是什么？
2. 有哪些主流的数据治理框架？
3. 数据治理框架在数据治理体系中的作用是什么？

体 系 篇

第 3 章

数据战略规划

数据战略规划是指组织在数据治理过程中，制定和实施的一种长期、全面的战略规划。该规划旨在确保组织的数据治理活动与组织的战略目标保持一致，同时为组织的数据治理体系提供指导和方向。

数据战略规划的提出，源于组织对数据治理重要性的认识和需求。随着信息化程度的提高和数据量的爆炸式增长，组织需要更加有效地管理和利用其数据资源，以支持业务决策和创新。而数据战略规划正是为了满足这一需求，通过制定明确的数据治理目标和策略，指导组织的数据治理活动，提高数据的质量、安全性和利用效率。

在数据治理体系中，数据战略规划起着至关重要的作用。它是数据治理体系的基础和灵魂，为整个数据治理活动提供战略指导和方向。

本章介绍数据战略规划的基本概念和主要活动，并重点介绍在数据战略规划中所使用的工具，以便大家对数据战略规划有一个全面的认识。

本章内容

3.1 数据战略规划的概念

3.2 数据战略从规划到执行

3.3 数据战略规划工具

本章小结

本章习题

3.1　数据战略规划的概念

数据战略规划是指组织在数字化转型过程中，制订的一系列计划和方法，旨在有效地收集、管理、分析和应用组织内部和外部的数据资源，以支持组织的业务决策和创新发展。数据战略规划需要考虑数据的质量、安全、隐私、合规等方面，以及如何利用人工智能、机器学习等技术来提高数据分析与应用的效率和准确性。

首先，数据战略规划有助于组织认识到数据是一种重要的资产和资源。在当今数字化的环境中，数据已经成为组织的核心资产，可以为组织提供洞察力、创新和竞争优势。通过数据战略规划，组织能够全面了解数据的价值，并将其纳入组织的战略规划和业务决策中，从而更好地利用数据来推动业务发展。

其次，数据战略规划可以帮助组织建立数据驱动的文化和决策机制。数据驱动的文化意味着组织中的决策和行动都基于数据的分析和洞察，而不是主观的猜测或经验。通过数据战略规划，组织可以明确数据在决策过程中的重要性，并建立相应的决策机制和流程，以确保数据的有效使用和决策的科学性。

再次，数据战略规划还可以帮助组织建立数据治理的框架和流程。数据治理是指组织对数据资产进行管理和保护的一系列活动和规范。通过数据战略规划，组织可以明确数据治理的目标和原则，并制定相应的策略和措施，以确保数据的质量、安全和合规性。数据治理的有效实施可以提高数据的可信度和可用性，为组织的决策和业务需求提供可靠的数据支持。

最后，数据战略规划还可以帮助组织建立数据分析和洞察能力。在大数据时代，数据分析和洞察能力是组织获取竞争优势的重要因素。通过数据战略规划，组织可以明确数据分析和洞察的目标和需求，并投资于相应的技术和人才培养，以提高组织的数据分析和洞察能力。

数据战略规划是企业数字化战略的组成部分，是企业战略落地的承接和延伸，如图 3-1 所示。当数据成为企业的生产资料时，数字化战略开始凸显出来，这也是数字化转型企业与传统企业最大的不同之处。传统企业的数据战略规划更多的是从企业信息化角度进行规划，而数字化企业则需要考虑更多的新数字化技术、创新业务模式等的引入。

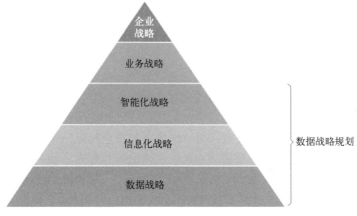

图 3-1　数据战略规划

3.2 数据战略从规划到执行

数据战略从规划到执行的步骤主要包括数据战略规划的制定、实施、评估三个部分。

3.2.1 数据战略规划的制定

数据战略是企业数字化战略的一部分，同时数据是企业业务战略中的核心资源部分。为了更好地支撑企业业务战略的达成，数据战略首先考虑的是企业业务战略对于数据的需求，其次考虑企业当前的数字化和信息化成熟度，最终确定企业的数据战略内容。

1. 输入

（1）企业业务战略

企业业务战略主要包括业务提升目标和新的经营规划、组织调整等方面的信息，以及这些战略目标的量化信息。

（2）企业信息化、数字化成熟度

以服务于业务为导向，逆向分析企业信息化、数字化支撑业务系统的成熟度。

2. 活动

（1）数据需求分析

数据需求分析包括以下内容：

1）优先从业务战略目标中的量化指标入手，从企业总体指标向相关业务指标进行梳理分解，主要是确定所需数据的业务范围，而不是具体的指标数据（作为战略规划，主要是确定方向和目标，而非具体的措施）。

2）从业务战略中的提升方向中分析管理需求和决策需求，根据这些需求确定所需要的数据范围，对企业外部的数据需求范围尤其关注。

（2）数据管理需求分析

数据管理需求分析包括以下内容：

1）数据采集需求。

- 业务需求：数据采集应该与企业的业务需求相匹配，需要明确数据采集的目的和用途，以确保采集到的数据能够为业务决策和创新发展提供支持。
- 数据质量：数据采集需要考虑数据的质量，包括数据的准确性、完整性、一致性等，以确保采集到的数据能够为业务决策提供可靠的支持。
- 数据来源：数据采集需要明确数据的来源，包括内部数据和外部数据，以及数据的格式和数据频度等，以确保在合规、合法的情况下顺利获取相关数据。
- 数据安全和隐私保护：数据采集需要考虑数据的安全和隐私保护，确保采集到的数据不会被泄露或滥用，同时需要遵守相关的法律法规和行业标准。
- 技术支持：数据采集需要考虑采集技术的支持能力，尤其需要关注新技术的引入。

2）数据存储需求。

- 数据量：数据存储需要考虑存储的数据量，包括当前数据量和未来的增长趋势，以确保存储系统能够满足企业的需求。

- 数据类型：数据存储需要考虑存储的数据类型，包括结构化数据、半结构化数据和非结构化数据等，以确保存储系统能够支持不同类型的数据存储和管理。
- 数据访问和处理需求：数据存储需要考虑数据的访问和处理需求，包括数据的读取和写入速度、数据的查询和分析能力等，以确保存储系统能够支持企业的业务需求。
- 数据安全：数据存储需要考虑数据存储的安全性，确保存储的数据不会被泄露或遗失。
- 技术支持：数据存储需要考虑存储技术的支持能力，包括存储系统的可靠性、可扩展性、备份和恢复能力等，以确保存储系统能够满足企业的需求。

3）数据应用需求。

- 业务需求：数据应用应该与企业的业务需求相匹配，需要明确数据应用的目的和用途，以确保数据应用能够为业务决策和创新发展提供支持。
- 数据质量：数据应用需要考虑数据的质量，包括数据的准确性、完整性、一致性等，以确保数据应用能够为业务决策提供可靠的支持。
- 数据来源：数据应用需要明确数据的来源，包括内部数据和外部数据，以及数据的格式和存储方式等，以确保数据应用能够获取需要的数据。
- 数据分析和挖掘需求：数据应用需要考虑数据分析和挖掘的需求，包括数据的可视化、数据的分析和挖掘能力等，以确保数据应用能够为业务决策提供有价值的信息。
- 数据共享和协作：数据应用需要考虑数据共享和协作的需求，包括数据的共享方式和权限控制、数据协作的方式和流程等，以确保数据的共享和协作效率。
- 数据安全和隐私保护：数据应用需要考虑数据的安全和隐私保护，确保数据应用不会泄露或滥用数据，同时需要遵守相关的法律法规和行业标准。
- 技术支持：数据应用需要考虑应用技术的支持和能力，包括数据分析和挖掘技术、数据可视化技术、应用开发和部署技术等，以确保数据应用能够满足企业的需求。

4）数据资产管理需求。

- 数据标准化和分类：数据资产管理需要考虑数据标准化和分类的需求，包括数据的命名规范、数据的分类和归档方式等，以确保数据的管理和使用效率。
- 数据安全和隐私保护：数据资产管理需要考虑数据的安全和隐私保护，确保数据不会泄露或滥用，同时需要遵守相关的法律法规和行业标准。
- 数据治理和监管：数据资产管理需要考虑数据治理和监管的需求，包括数据的管理和监管流程、数据的质量和完整性监控等，以确保数据的管理和使用符合法规和标准。
- 技术支持：数据资产管理需要考虑数据管理技术的支持能力，包括数据管理软件和工具、数据管理流程和方法等，以确保数据管理能够满足企业业务对数据的应用要求。

3. 输出

企业数据战略规划是指企业为了实现业务目标和战略目标，制定的数据管理和应用规划，其内容主要包括以下几个方面：

（1）业务需求分析

企业需要分析业务需求，明确数据在业务中的作用和价值，以确定数据管理和应用的方向及目标。

（2）企业现有数据能力评估及差距分析

通过对企业现有信息化和数字化能力的评估，结合业务战略对业务目标的需求进行差距分析，对企业数据能力的提升目标和发展方向进行完整的规划。

（3）企业数据能力规划

1）数据采集需求：企业需要结合业务目标确定数据采集能力的提升目标和新技术的引入目标。

2）数据存储需求：企业需要根据未来的数据应用类型和数据增量进行数据存储容量和技术架构的选择。

3）数据分析和挖掘：企业需要对数据进行分析和挖掘，以获取有价值的信息，为业务决策提供支持和指导。

4）数据应用开发：企业需要开发数据应用，包括数据可视化、数据报表、数据模型等应用，以提高数据的应用价值和效率。

5）数据共享和协作：企业需要建立数据共享和协作机制，以促进数据的共享和协作，提高数据的利用效率和价值。

6）数据安全和隐私保护：企业需要建立数据安全和隐私保护机制，包括数据的权限控制、数据的备份和恢复、数据的加密和脱敏等，以确保数据的安全和隐私。

7）数据治理和监管：企业需要建立数据治理和监管机制，包括数据的管理和监管流程、数据的质量和完整性监控等，以确保数据的管理和使用符合法规和标准，具体内容为：以数据资产管理的思路对采集、存储、清洗、标准化、分类、备份、盘点等管理工作进行标准化、流程化。

8）技术支持和人才培养：企业需要建立数据管理和应用的技术支持体系，包括数据管理软件和工具、数据管理和分析方法等，同时需要培养数据管理和应用的专业人才，以提高数据管理和应用的能力和水平。

以上是数据战略规划的主要内容，企业可以根据自身的业务需求和战略目标，进行相应的规划和实施。

3.2.2 数据战略规划的实施

企业在确定了数据战略规划后需要开始考虑数据战略规划的实施工作，在战略落地之前首先要做的是将数据战略规划变成可执行的计划，然后按照计划推动具体的工作执行。

1. 从总体规划到整体计划

从数据战略规划到计划需要考虑以下方面的内容：

1）工作目标：企业需要遵循企业数据战略规划的总体目标，包括重点工作方向、工作目标。

2）工作任务与计划：企业需要结合业务目标的阶段计划来确定数据能力建设的工作任务与计划。在企业进行数据战略规划落地过程中，一般将工作任务与计划分成四个层面的内容：

- 基础技术平台建设。
- 数据应用建设。
- 数据管理能力建设。
- 技术支持及人才队伍建设。

3）资源评估和分配：企业需要评估自身的资源，包括人力、财力、物力等资源，确定资源的分配和利用方式，以支持企业数据能力建设。

4）组织架构和人员配置：企业需要建立适合自身发展的数据组织架构和人员配置方案，以支持企业的数据战略规划的实施和业务战略目标的达成。

5）财务规划和预算：企业需要进行财务规划和预算，主要包括数据能力建设的软硬件、项目服务、人才队伍、日常运营等方面的预算，以确保企业数据能力建设能够顺利按计划、质量要求推进。

6）项目管理和执行计划：企业需要将数据战略规划划分成不同专项任务，通过项目的方式进行组织、管理和执行计划，包括项目的目标、任务、进度、成本、质量等方面的管理和监控，以确保项目的顺利实施和达成目标。

7）风险管理和应急预案：企业需要建立风险管理和应急预案，识别和评估潜在的风险和危机，制定应对措施，以确保企业数据能力成熟度与企业业务实际发展过程相匹配。

8）绩效评估和调整：企业需要建立绩效评估和调整机制，对企业的战略和计划进行定期评估和调整，以确保企业的战略目标和业务运营的一致性和有效性。

以上是企业总体规划到整体计划需要考虑的主要方面，企业可以根据自身的情况和需求，进行相应的规划和实施。

2．从整体计划到项目执行

企业在确定了整体计划后，需要将企业数据能力建设拆解成各个专项任务进行分项的建设工作。在保证各个专项任务达成的基础上，还充分考虑各专项任务之间的依赖关系以及与业务目标达成之间的依赖关系。因为不同的企业有各自的实际情况，标准的建设过程是不存在的，所以这里给出一些任务拆解及任务之间依赖关系的参考依据：

1）企业需要构建统一的数据基础技术平台和规划统一的技术架构，包括数据采集平台、数据存储平台、数据分析应用平台等，这项工作是企业进行数据能力建设的基础工作。

2）企业可以规划统一的数据管理能力，例如统一的参考数据标准、主数据标准、元数据标准、数据模型等。

3）企业需要以业务目标为导向进行数据应用能力的构建，同样以业务目标为导向进行数据管理能力具体内容的落地，避免没有业务目标的"大规划、大建设"情况出现。

4）企业建设数据基础技术平台、规划数据管理能力需要根据数据应用需求采取"阶梯式小步快跑"方式进行建设，避免出现投资大、见效慢、风险难控制的情况。

3.2.3　数据战略规划的评估

数据战略规划的执行最终需要通过评估来衡量其成效，同时更关键的是需要为下一步企业战略规划提供企业数据能力评价。数据战略规划的评估主要分为五个层面：

1）业绩评估。业绩评估是从企业内部的视角以数据战略规划的内容为评估依据，主要涵盖以下几个方面的内容：

- 目标评估：评估数据战略规划建设的目标是否达成，包括数字化转型的效果、业务指标的提升、成本效益等方面。
- 投入产出评估：评估数据战略规划建设的投入和产出是否平衡，包括数字化规划建设的成本、收益、投资回报率（ROI）等方面。
- 技术评估：评估数据战略规划建设的技术是否满足业务需求，包括数据规划建设的技术选型、技术实现、技术安全等。

2）业务评估：评估数据战略规划建设对业务的影响和促进作用，包括数字化规划建设对业务流程、业务模式、业务增长等方面的影响。

3）风险评估：评估数据战略建设的风险和隐患，包括数据安全、业务风险、合规风险等。

4）用户评估：评估数据能力建设对企业用户的满意度和体验的效果，包括用户体验、用户反馈、用户参与等。

5）数据能力效果影响评估：企业随着数据能力成熟度的提升会同时触发在已有业务模式上的创新，例如新的运营模式的出现等，这些因为企业数据能力提升给企业带来的业务影响并不是提前规划好的，往往是"灵光一现"所引发的模式创新。

通过以上评估策略，可以对数字化规划建设的效果和成果进行全面的评估和优化，提高数据战略规划建设的效率和效果。

3.3 数据战略规划工具

企业在进行数据战略规划前及过程中不仅需要掌握一些通用的战略规划工具，同时还要对数据战略规划工具进行全面了解和掌握。以下是一些在企业战略规划和数据战略规划中常用的工具。

3.3.1 企业战略规划中使用的工具介绍

1. SWOT 分析

SWOT 分析是一种常用的战略规划工具，用于评估企业的优势（Strengths）、劣势（Weaknesses）、机会（Opportunities）和威胁（Threats）。它基于对内部和外部环境的评估，帮助企业了解自身的竞争优势和面临的挑战，以制定战略和决策。以下是对 SWOT 分析的四个要素的详细说明：

1）优势（Strengths）：指企业在内部环境中具备的有利条件和竞争优势。这些可以是企业的核心能力、独特的资源、优秀的品牌声誉、高效的供应链等。通过识别和利用自身的优势，企业可以在市场中获得竞争优势。

2）劣势（Weaknesses）：指企业在内部环境中存在的不利条件和竞争劣势。这些可以是企业的管理弱点、技术短板、产品质量问题等。通过识别和改善劣势，企业可以提升自身的竞争力。

3）机会（Opportunities）：指企业在外部环境中存在的有利条件和潜在的商机。这些可以是市场增长、新兴技术、法规变化、市场需求变化等。通过抓住机会，企业可以扩大市场份额、推出新产品、进入新市场等。

4）威胁（Threats）：指企业在外部环境中存在的不利条件和潜在的风险。这些可以是竞争加剧、市场饱和、技术变革、供应链中断等。通过识别和应对威胁，企业可以降低风险并保持竞争力。

SWOT 分析的关键是全面、客观地评估企业的内部和外部环境。通过识别和利用优势、改善劣势、抓住机会、应对威胁，企业可以制定出更具竞争力和可持续发展的战略，以应对不断变化的商业环境。

SWOT 分析可以按照以下步骤进行：

1）收集信息：收集与企业相关的内部和外部信息。内部信息包括企业的资源、能力、业绩等，外部信息包括市场竞争情况、行业趋势、政策法规等。可以通过市场调研、竞争分析、内部数据分析等方式获取信息。

2）划定分析范围：根据分析目的和需求，确定需要进行 SWOT 分析的具体领域或项目，可以是整个企业、某个业务部门、某个产品线等。

3）进行内部分析：评估企业的优势和劣势。通过对企业资源、能力、运营状况等方面的评估，识别企业的核心竞争力和存在的问题。可以使用问卷调查、访谈、数据分析等方法收集和分析内部信息。

4）进行外部分析：评估企业面临的机会和威胁。通过对市场、行业、经济、政策等方面的评估，识别潜在的商机和风险。可以使用市场调研、竞争分析、PESTEL 分析等方法收集和分析外部信息。

5）归纳总结：将内部分析和外部分析的结果进行归纳总结，整理出企业的优势、劣势、机会和威胁的清单。

6）关联关系：分析优势、劣势、机会和威胁之间的关联关系。例如，优势如何可以利用机会，劣势可能受到怎样的威胁等。这有助于确定企业的战略选择和优先级。

7）制定战略和行动计划：基于 SWOT 分析的结果，制定战略和行动计划。根据优势来利用机会，通过改善劣势来应对威胁，确保战略和行动计划与企业的愿景和目标相一致。

8）实施和监控：将制定的战略和行动计划付诸实施，并进行监控和评估。定期检查战略的执行情况，并根据需要进行调整和优化。

SWOT 分析是一个循环的过程，随着环境的变化和企业的发展，企业需要定期对战略进行更新和调整，以保持战略的有效性和适应性。

下面是一个关于一家零售企业的 SWOT 分析示例：

1）优势（Strengths）。

● 强大的供应链管理和物流能力，确保产品及时交付。

- 优质的客户服务和良好的客户关系，建立了一定的忠诚度。
- 多年来积累的品牌知名度和良好的口碑。
- 高效的库存管理系统，减少了滞销和过期产品的风险。

2）劣势（Weaknesses）。

- 有限的线下销售渠道，与电商竞争相对劣势。
- 对新兴技术和数字化转型的适应能力较弱。
- 产品线相对单一，缺乏多样化的产品组合。
- 高昂的运营成本影响了利润率。

3）机会（Opportunities）。

- 电子商务的快速增长提供了在线销售的机会。
- 市场需求转向可持续和环保产品，可以推出相应的产品线。
- 城市化进程加速，可以考虑扩大门店覆盖范围。
- 与供应商建立更紧密的合作关系，确保稳定的供应和更有竞争力的价格。

4）威胁（Threats）。

- 激烈的市场竞争，包括其他零售企业和电商平台。
- 经济不确定性和消费者购买力下降的风险。
- 政策和法规变化可能对企业经营产生不利影响。
- 新兴技术的快速发展可能使现有的商业模式面临淘汰的风险。

基于 SWOT 分析的结果，该零售企业可以制定以下战略和行动计划：

- 加强电子商务的发展，提升在线销售渠道的竞争力。
- 加大对新兴技术的研究和应用，推动数字化转型。
- 扩大产品线，引入更多多样化和环保的产品。
- 寻找合适的合作伙伴，优化供应链管理和降低成本。
- 提升客户体验，加强客户关系管理和忠诚度。

通过实施这些战略和行动计划，该零售企业可以更好地利用自身优势，抓住机会，应对威胁，提升竞争力，并实现可持续发展。

2. PESTEL 分析

PESTEL 分析是一种用于评估宏观环境因素对企业或组织的影响的分析工具。它包括以下几个方面的因素：

1）政治因素（Political）：涉及政府对企业经营环境的影响。这包括政府政策、法律法规、政治稳定性和政府干预等方面的因素。政治因素可能对企业市场准入、税收政策、贸易政策、劳动力法规等产生重要影响。

2）经济因素（Economic）：涉及经济环境对企业的影响。这包括经济增长率、通货膨胀率、汇率波动、利率水平、就业率等方面的因素。经济因素可能影响企业的销售额、成本、投资决策等。

3）社会文化因素（Sociocultural）：涉及社会文化和人口变化对企业的影响。这包括人口结构、消费习惯、教育水平、价值观念等方面的因素。社会因素可能影响企业的市场需求、产品定位、品牌形象等。

4）技术因素（Technological）：涉及科技发展对企业的影响。这包括新技术的出现、技术创新的速度、信息技术的应用等方面的因素。技术因素可能对企业的生产效率、产品研发、市场营销等产生重要影响。

5）环境因素（Environmental）：涉及环境保护和可持续发展对企业的影响。这包括环境法规、自然资源的可持续利用、气候变化等方面的因素。环境因素可能对企业的生产过程、产品设计、企业形象等产生重要影响。

6）法律因素（Legal）：涉及法律制度对企业的影响。这包括《中华人民共和国劳动法》《中华人民共和国反不正当竞争法》《中华人民共和国消费者权益保护法》等方面的因素。法律因素可能对企业的合规性、合同管理、知识产权保护等产生重要影响。

通过对这些因素进行分析，企业可以更好地了解外部环境的变化和趋势，为战略决策提供参考。

PESTEL 分析可以帮助企业识别机会和威胁，制定相应的应对策略，以保持竞争优势和可持续发展。

PESTEL 分析可以按照以下步骤开展：

1）收集信息：收集与政治、经济、社会、技术、环境和法律因素相关的信息。这可以通过查阅政府报告、行业研究、市场调查、新闻报道、专家访谈等途径获取。

2）确定关键因素：从收集到的信息中，确定对企业产生影响的关键因素。这些因素可能是那些对企业所在的行业、市场和企业自身的业务模式具有重要影响的因素。

3）分析每个因素：对每个关键因素进行分析，了解其对企业的影响。考虑因素的变化趋势和潜在影响，以及它们对企业的机会和威胁。

4）评估影响：评估每个因素对企业的具体影响程度和重要性。这可以通过定量分析和定性评估来完成，以便更好地理解其对企业战略和运营的影响。

5）制定应对策略：基于对每个因素的分析和评估，制定相应的应对策略。这些策略可以包括利用机会、减轻威胁、调整业务模式、改进产品或服务等方面。

6）监测和更新：PESTEL 分析是一个动态的过程，外部环境因素会不断变化。因此，持续监测和更新分析结果是非常重要的，以确保企业能够及时应对外部环境的变化。

按照这个流程进行 PESTEL 分析，企业可以更好地了解外部环境的变化趋势，为战略决策提供参考，并制定相应的应对策略，以保持竞争优势和可持续发展。

下面是一个关于 PESTEL 分析的详细示例：

假设你是一家国际化的电子消费品公司的领导者，计划进入一个新的市场，比如印度市场。你可以使用 PESTEL 分析来评估印度市场的宏观环境因素对公司业务的影响。

1）政治因素：了解印度政府对外国企业的政策和法规。例如，印度是否鼓励外国直接投资，是否有特殊的贸易限制，以及政府是否稳定。

2）经济因素：分析印度的经济状况和趋势。考虑印度的 GDP 增长率、通货膨胀水平、汇率波动以及消费者购买力等因素。这些因素将直接影响你的公司的销售额和市场份额。

3）社会文化因素：了解印度社会的文化、价值观和消费习惯。考虑印度人口结构、教育水平、技术接受度以及对产品和品牌的偏好，这将有助于你确定公司的产品定位和市场推广策略。

4）技术因素：评估印度的科技发展水平和创新能力。考虑印度的信息技术基础设施、互联网普及率以及电子商务的发展情况，这将影响你的公司的产品设计和市场渠道选择。

5）环境因素：关注印度的环境法规和可持续发展问题。考虑印度对环境保护的重视程度、可再生能源的发展和环境税收政策等因素，这将对你的公司的生产过程和企业形象产生影响。

6）法律因素：了解印度的法律制度和商业法规。考虑印度的有关劳动权益、知识产权保护、商业竞争以及消费者权益保护等方面的法律制度和商业法规因素，这将影响你的公司的合规性和合同管理。

通过对这些因素进行分析，你可以更好地了解印度市场的机会和威胁，并制定相应的市场进入策略。例如：如果印度政府鼓励外国直接投资，你可以考虑在印度设立生产基地；如果印度的消费者对环保产品有较高的需求，你可以开发符合这一需求的产品。

需要注意的是，这只是一个示例，实际的 PESTEL 分析可能需要进行细化和深入研究，以确保对市场环境的全面了解。

3. 五力模型

五力模型是由迈克尔·波特（Michael Porter）提出的一种竞争分析框架，用于评估一个行业的竞争力和利润潜力。该模型将竞争力分为五个方面，具体如下：

1）新进入者的威胁（Threat of New Entrants）：这个方面评估了新竞争对手进入行业对现有企业的威胁程度。如果进入门槛低，新竞争对手容易进入市场，将增加现有企业的竞争压力，降低行业的利润潜力。

2）供应商的议价能力（Bargaining Power of Suppliers）：这个方面评估了供应商对企业的议价能力。如果供应商集中度高、供应商独特资源稀缺或供应商与企业之间存在长期合作关系，供应商将有更大的议价能力，从而对企业施加更大的压力。

3）买家的议价能力（Bargaining Power of Buyers）：这个方面评估了买家对企业的议价能力。如果买家集中度高、企业的产品或服务可替代性高、买家对企业的依赖度低，买家将有更大的议价能力，从而降低企业的定价能力和利润率。

4）替代品的威胁（Threat of Substitutes）：这个方面评估了替代品对企业产品或服务的威胁程度。如果存在大量的替代品或替代品的性能和价格更具吸引力，消费者更容易转向替代品，从而减少企业的市场份额和利润。

5）现有竞争对手之间的竞争程度（Intensity of Competitive Rivalry）：这个方面评估了现有竞争对手之间的竞争程度。如果行业中存在许多竞争对手、市场增长缓慢、产品或服务差异化程度低，竞争将更加激烈，企业将面临更大的竞争压力。

通过对这五个方面进行分析，企业可以更好地了解行业的竞争环境和利润潜力，制定相应的竞争策略。例如：如果供应商的议价能力较强，企业可以考虑通过使供应商多样化或与供应商建立长期合作关系来降低供应链风险；如果买家的议价能力较强，企业可以通过提供独特的价值或差异化产品来增强买家的忠诚度。需要注意的是，五力模型只是竞争分析的一个框架，实际情况可能更加复杂，因此在应用五力模型时，还需要结合具体行业和市场的特点进行深入分析。

使用五力模型进行分析的具体步骤如下：

1）确定目标行业：需要明确你要分析的目标行业，可以是你所在的行业或者你感兴趣的行业。

2）识别竞争对手：确定目标行业中的竞争对手，并了解它们的规模、市场份额和竞争策略。这可以通过市场调研、行业报告和竞争对手的公开信息来获取。

3）评估新竞争对手的威胁：分析新竞争对手进入目标行业的难易程度。考虑进入门槛、资金需求、技术要求以及已有竞争对手的反应能力。如果新竞争对手进入门槛低，可能会增加现有企业的竞争压力。

4）评估供应商的议价能力：分析供应商对企业的议价能力。考虑供应商的集中度、供应商独特资源的稀缺性以及与供应商之间的合作关系。如果供应商的议价能力较强，企业可能面临更高的成本压力。

5）评估买家的议价能力：分析买家对企业的议价能力。考虑买家的集中度、产品或服务的可替代性以及买家对企业的依赖程度。如果买家的议价能力较强，企业可能需要通过降低价格或提供更多价值来满足买家需求。

6）评估替代品的威胁：分析替代品对企业产品或服务的威胁程度。考虑替代品的性能、价格以及消费者转向替代品的难易程度。如果替代品的威胁较高，企业可能需要实现产品或服务的差异化，以保持竞争优势。

7）评估现有竞争对手之间的竞争程度：分析目标行业中现有竞争对手之间的竞争程度。考虑竞争对手的数量、市场增长率以及产品或服务的差异化程度。如果竞争程度较高，企业可能需要制定更具竞争力的定价策略或加强市场营销活动。

通过对这五个方面进行分析，可以更全面地了解目标行业的竞争环境和利润潜力，为制定相应的竞争策略提供指导。需要注意的是，具体的分析步骤可能因行业和市场的不同而有所差异，因此在实际应用中，可以根据具体情况进行调整和补充。

以下是五力模型的具体示例，以电子零售行业为例：

1）竞争对手：确定电子零售行业中的竞争对手，如亚马逊、沃尔玛、苹果等。评估它们的市场份额、规模和竞争策略，以及它们对市场的影响力。

2）新竞争对手的威胁：考虑新竞争对手进入电子零售行业的难易程度。随着电子商务的发展，新的在线零售商可以相对容易地进入市场，增大现有企业的竞争压力。

3）供应商的议价能力：分析电子零售企业与供应商的关系。如果供应商集中度高、供应商独特资源稀缺或者企业与供应商之间的合作关系强大，那么供应商可能具有较高的议价能力，从而对企业造成成本压力。

4）买家的议价能力：考虑消费者在电子零售行业中的议价能力。如果消费者有多个购买选项、产品或服务可替代性高或者消费者对企业的依赖程度较低，那么他们可能具有较高的议价能力，从而迫使企业降低价格或提供更多价值。

5）替代品的威胁：分析电子零售行业中替代产品或服务的威胁程度。例如，实体零售店、社交媒体购物或二手市场平台等都可以作为替代品。如果替代品的性能好、价格低或消费者易于转向替代品，那么企业可能面临较高的竞争压力。

6）现有竞争对手之间的竞争程度：评估电子零售行业中现有竞争对手之间的竞争程度。考虑竞争对手的数量、市场增长率以及产品或服务的差异化程度。如果竞争程度较高，企业可能需要制定更具竞争力的定价策略或加强市场营销活动。

通过对这五个方面进行分析，可以更好地了解电子零售行业的竞争环境和利润潜力，为企业制定相应的竞争策略提供指导。需要注意的是，实际应用中，具体的五力模型分析结果可能因行业和市场的不同而有所差异。

4. 价值链模型

价值链模型是由迈克尔·波特（Michael Porter）提出的一种管理工具，用于评估企业内部活动对企业增值的贡献。它将企业的主要活动划分为一系列有序的环节，以便识别和分析企业在每个环节中创造价值的方式。通过运用价值链模型进行分析，企业可以更好地了解自身的竞争优势，并找到提高效率和降低成本的机会。价值链模型由两个主要部分组成：主要活动和支持活动。

（1）主要活动

1）采购：涉及企业获取原材料、设备和服务的活动，包括供应商选择、采购谈判和供应链管理等。

2）生产与运营：涉及企业将原材料转化为最终产品或提供服务的活动，包括生产、装配、包装、物流等。

3）销售与市场营销：涉及企业将产品或服务推向市场并吸引客户的活动，包括市场营销策略、广告、销售渠道管理等。

4）服务：涉及企业为客户提供售后支持和服务的活动，包括维修、保养、客户支持等。

（2）支持活动

1）公司基础设施：涉及企业内部管理和支持的活动，如财务、人力资源、法律和信息技术等。

2）人力资源管理：涉及企业招聘、培训、员工激励和绩效管理等活动。

3）技术开发：涉及企业研发新产品、工艺改进、创新和知识管理等活动。

4）采购：涉及企业与供应商之间的关系管理和供应链优化等活动。

在进行价值链模型分析时，企业需要评估每个环节的成本和价值创造能力，从而确定其核心竞争优势，并找到提高效率、增加附加值的机会。例如，企业可以通过优化供应链管理来降低采购成本，通过提高产品质量和售后服务来增加客户满意度。

总之，价值链模型能帮助企业了解自身在价值创造过程中的强项和薄弱环节，从而制定战略，并采取相应的措施来提高竞争力和盈利能力。

价值链模型分析的步骤如下：

1）确定业务活动：确定组成企业价值链的各项业务活动。这些活动可以根据企业的特定情况进行调整，但通常包括采购、生产与运营、销售与市场营销、服务等主要活动，以及企业基础设施、人力资源管理、技术开发和采购等支持活动。

2）识别价值创造环节：识别出每个业务活动在价值创造中的贡献。这可以通过分析成本结构、市场需求和竞争优势等因素来确定。重点关注那些对企业价值创造贡献最大的环节。

3）分析成本和价值：评估每个业务活动成本和价值。成本可以包括直接成本（如原材料和劳动力成本）和间接成本（如设备折旧和管理费用）等。价值可以包括产品或服务的功能、品质、创新性和品牌价值等。通过比较成本和价值，可以确定哪些环节需要改进以提高效率和降低成本，以及哪些环节可以增加附加值。

4）识别竞争优势：基于分析结果，确定企业的竞争优势所在。这可能是通过成本领先、差异化产品或服务、创新能力或客户关系等方面实现的。了解竞争优势有助于企业确定战略方向和资源分配。

5）寻找改进机会：根据分析结果，寻找改进机会以提高价值链的效率和附加值。这可能包括改进供应链管理、优化生产流程、提高产品质量、加强市场营销策略、提供更好的售后服务等。重点关注那些对竞争优势和客户价值产生最大影响的环节。

6）实施改进措施：根据确定的改进机会，制定并实施相应的改进措施。这可能涉及组织结构调整、流程优化、技术投资、人力资源培训等方面的改变。确保改进措施与企业整体战略和目标一致。

7）监测和评估：定期监测和评估改进措施的效果。这可以通过关键绩效指标（KPI）的跟踪和绩效评估来实现。根据评估结果，及时调整和改进策略与措施。

通过以上步骤，企业可以更好地了解自身的价值创造过程，并找到提高效率和降低成本的机会，从而增强竞争力和盈利能力。

以下是一个电子产品制造企业的价值链模型分析示例：

1）采购：企业从供应商处采购原材料、零部件和设备。通过与供应商的合作，以获得高质量、低成本的物料。

2）生产与运营：企业将采购的原材料和零部件进行组装和生产，制造出最终的电子产品，包括生产线的操作、质量控制和物流管理等。

3）销售与市场营销：企业通过渠道销售和市场营销活动将产品推向市场，包括制定销售策略、开展广告宣传、与经销商合作等。

4）服务：企业提供售后服务，包括维修、保养和技术支持等，有助于保持客户满意度和忠诚度。

5）企业基础设施：企业的管理和运营支持包括财务、人力资源、法务和信息技术等，这些活动提供了企业正常运作所需要的支持。

6）人力资源管理：企业招聘、培训和管理员工，确保企业拥有高素质的员工团队，并提供必要的技能和知识。

7）技术开发：企业进行研发和创新，以推出新产品和技术，有助于企业保持竞争优势，并满足市场需求。

8）采购：企业采购设备、软件和其他资源，以支持生产和运营活动，包括生产设备、办公设备和 IT 系统等。

通过对以上各个环节进行分析，企业可以识别出哪些环节对产品的价值创造最为重要，哪些环节可能存在成本高、效率低的问题，以及如何通过改进措施来提高整体价值链的效率和附加值。例如，企业可以通过优化供应链管理来降低采购成本，通过改进生产流程来提高生产效率，通过加强市场营销策略来提升产品销售和品牌价值等。

5. 核心竞争力模型

核心竞争力模型是一种分析企业竞争优势的工具，它帮助企业确定其在市场上获得持续竞争优势的关键要素。以下是核心竞争力模型的详细说明：

1）市场定位：核心竞争力模型的第一步是确定企业在市场中的定位，包括确定目标市场、目标客户和企业在市场中的定位策略。市场定位决定了企业在市场中与竞争对手的差异化程度。

2）关键成功因素：核心竞争力模型的第二步是确定关键成功因素（CSF）。关键成功因素是指对企业在市场中取得成功至关重要的因素，这些因素可以是产品质量、技术创新、供应链管理、品牌声誉等。通过识别关键成功因素，企业可以集中资源和力量来改进这些因素，从而获得竞争优势。

3）核心竞争力要素：核心竞争力模型的第三步是确定核心竞争力要素。核心竞争力要素是企业在关键成功因素上具备竞争优势的特殊能力或资源。这可以是专有技术、独特的知识产权、高效的生产流程、优秀的人力资源等。核心竞争力要素是企业在市场中脱颖而出的关键。

4）竞争优势：核心竞争力模型的最终目标是确定企业的竞争优势。竞争优势是指企业相对于竞争对手在市场中的优势地位，可以是低成本优势、差异化优势或专注优势。通过利用核心竞争力要素，企业可以实现竞争优势，并在市场中取得长期的成功。

总之，核心竞争力模型通过分析企业的市场定位、关键成功因素、核心竞争力要素和竞争优势，帮助企业了解自身的优势和劣势，并帮助企业确定其在市场中的竞争优势，进而制定相应的战略来保持和增强这种优势。

核心竞争力模型分析通常包括以下步骤：

1）确定市场定位：确定企业的目标市场和目标客户，涉及确定企业希望在哪个市场中竞争，并明确所针对的客户群体。这一步骤有助于确定企业的定位和目标。

2）确定关键成功因素：识别关键成功因素是核心竞争力模型的关键步骤。关键成功因素是影响企业在目标市场中成功的因素。这些因素可以是产品质量、技术创新、供应链管理、品牌声誉等。通过分析市场和竞争对手，识别出对目标市场成功至关重要的因素。

3）确定核心竞争力要素：在识别关键成功因素后，需要确定企业在这些因素上具备的核心竞争力要素。核心竞争力要素是企业在关键成功因素上具有竞争优势的特殊能力或资源。这可以是专有技术、独特的知识产权、高效的生产流程、优秀的人力资源等。通过分析企业内部资源和能力，确定企业的核心竞争力要素。

4）评估竞争优势：根据核心竞争力要素，评估企业相对于竞争对手的竞争优势。竞争优势可以是低成本优势、差异化优势或专注优势。通过比较企业与竞争对手在核心竞争力要素上的表现，评估企业的竞争优势及其潜力。

5）制定战略：根据核心竞争力模型的分析结果，制定相应的战略。这包括确定如何利用核心竞争力要素来增强竞争优势，如何满足目标市场和客户的需求，以及如何应对竞争对手的挑战。

通过这些步骤，企业可以深入了解自身的竞争优势和劣势，并制定相应的战略来提高竞争力。核心竞争力模型分析有助于企业明确自身在市场中的定位和竞争策略，以实现长期的成功。

以下是一个关于核心竞争力模型的具体示例：

假设有一家电子消费品公司，希望在智能手机市场中获得竞争优势。可以按照以下步骤进行核心竞争力模型的分析：

1）确定市场定位：该公司的目标市场是全球智能手机市场，目标客户是年轻的消费者，他们对高品质、创新和时尚的产品有较高的需求。

2）确定关键成功因素：通过市场调研和竞争对手分析，确定关键成功因素包括产品质量、技术创新、品牌知名度、用户体验和售后服务。

3）确定核心竞争力要素：基于关键成功因素确定核心竞争力要素。

- 专有技术：该公司拥有自主研发的先进技术，包括高分辨率的显示屏、强大的处理器和先进的摄像头技术。
- 设计和创新：该公司注重产品的外观设计和创新功能，以吸引年轻消费者的注意力。
- 品牌声誉：该公司致力于建立强大的品牌声誉，以提升消费者对产品的信任和认可。
- 用户体验：该公司注重用户体验，包括易用性、界面设计和个性化定制等方面。
- 售后服务：该公司提供全面的售后服务，包括保修、技术支持和配件供应等。

4）评估竞争优势：通过比较该公司与竞争对手在关键成功因素上的表现，发现该公司在以下方面具有竞争优势：

- 技术先进性：该公司的专有技术使其产品在性能和功能方面具有竞争优势。
- 设计和创新：该公司的产品设计和创新功能使产品在外观和功能上与竞争对手区别开来。
- 品牌知名度：该公司的品牌声誉和市场认可度使其在目标市场中具有竞争优势。
- 用户体验：该公司注重用户体验，提供流畅、直观和个性化的用户界面，用户满意度较高。
- 售后服务：该公司提供及时、高效的售后服务，为用户提供额外的价值。

5）制定战略：基于核心竞争力要素和竞争优势的评估，该公司制定以下战略：

- 投资研发：继续投资研发，不断推出具有领先技术和创新功能的产品。
- 品牌建设：加大品牌推广力度，提升品牌知名度和市场认可度。
- 用户体验优化：持续改进用户界面和用户体验，提供个性化定制选项。
- 售后服务加强：提供全面的售后服务，包括快速维修、技术支持和配件供应。

通过核心竞争力模型的分析，可以明确该公司在智能手机市场中的竞争优势，并制定相应的战略来提高竞争力和市场份额。

3.3.2   企业数据战略规划中使用的工具介绍

1. 数据成熟度模型

数据管理能力成熟度评估模型是一个用于评估和提升数据管理能力的成熟度模型。它提供了一个框架,帮助组织了解当前的数据能力水平,并指导其朝着更高的成熟度等级发展。数据管理能力成熟度评估模型定义了五个成熟度等级,具体如下:

1)初始级:组织的数据管理能力尚未建立或不成熟;数据管理过程不规范,缺乏明确的策略和流程;数据收集和存储可能不一致,缺乏标准化和质量控制。

2)受管理级:组织开始建立一些基本的数据管理能力;数据收集和存储过程开始规范化,并且有一些标准和流程来确保数据的质量。然而,这些实践可能还不太一致和可重复。

3)稳健级:组织的数据管理能力已经定义并且可重复;数据管理过程被正式记录和文档化,包括数据收集、存储、清洗、分析和共享等方面的流程和策略;组织开始建立数据管理的标准和指导方针。

4)量化管理级:组织的数据管理过程得到了有效的监控;组织建立了数据管理的度量和指标,以评估数据管理的效果和质量;数据管理过程得到持续改进,并且有相应的培训和资源支持。

5)优化级:组织的数据管理过程达到了最高的成熟度;组织通过持续的监测和改进,不断优化数据管理实践和流程;数据管理能力已经成为组织的核心竞争力,能够支持战略决策和业务创新。

数据管理能力成熟度评估模型的成熟度等级提供了一个逐步提升数据管理能力的路径,帮助组织建立规范的数据管理实践,提高数据质量和价值,从而更好地应对业务挑战和机遇。

数据成熟度模型分析的步骤可以概括为以下几个方面:

1)确定数据成熟度模型:选择适合组织的数据成熟度模型,例如"数据管理能力成熟度评估模型"或者其他行业标准的数据成熟度模型。这些模型通常包含一系列成熟度级别和相应的评估指标。

2)收集数据:收集组织内部的数据管理实践和相关数据。这可以通过问卷调查、面谈、文档分析、系统审查等方式进行,确保收集到的数据能够全面反映组织的数据管理情况。

3)评估数据管理能力:根据选择的数据成熟度模型中定义的评估指标对组织的数据管理能力进行评估。这可以通过对收集到的数据进行分析和比较,来确定组织在每个数据管理能力方面的成熟度水平。

4)识别关键数据管理能力:根据评估结果,确定对于组织来说最重要的关键数据管理能力。这些能力通常与组织的战略目标和业务需求密切相关。通过对关键数据管理能力的识别,可以更有针对性地制订改进计划。

5)制订改进计划:基于评估结果和关键数据管理能力的识别,制订改进计划来提升组织的数据管理能力。这可能包括培训和教育、技术投资、流程改进和组织文化变革等,确保改进计划与组织的战略目标和业务需求一致。

6）实施改进计划：根据制订的改进计划，逐步实施改进措施。这可能需要跨部门协作和资源调配，以确保改进计划的有效执行。确保改进计划的执行与监督，以及及时解决可能出现的问题和障碍。

7）监测和评估：定期监测和评估改进计划的实施效果。这可以通过指标追踪、绩效评估和反馈机制来完成。根据监测和评估的结果，进行持续改进和调整。

8）持续改进：根据监测和评估的结果，进行持续改进。这可以包括修订和更新改进计划，以适应不断变化的业务需求和技术环境，确保数据管理能力的持续提升和优化。

通过以上步骤，组织可以系统地评估和提升数据管理能力，从而实现更好的数据驱动决策和业务成果。

2. 数据价值链模型

数据价值链模型是描述数据在组织内或组织间产生和转化的过程，以及数据在这个过程中创造和提供价值的模型。它是一个用于理解和管理数据价值的框架，帮助组织识别数据价值的来源、转化和实现路径。数据价值链模型通常包括以下几个关键要素：

1）数据收集：数据价值链的起点是数据的收集，包括从内部和外部来源获取数据，如传感器、用户输入、第三方数据等。

2）数据存储和处理：收集到的数据需要进行存储和处理，以便后续的分析和应用，包括数据的清洗、整合、转换、存储和管理等过程。

3）数据分析：在数据存储和处理之后，数据需要进行分析，以提取有价值的信息和洞察，包括统计分析、机器学习、数据挖掘等技术和方法。

4）数据应用：数据分析的结果可以被应用于不同的领域和业务场景，包括数据驱动的决策、产品和服务的优化、市场营销、客户关系管理等。

5）数据共享：数据价值链中的数据还可以通过共享来创造更大的价值。数据共享可以是内部的，比如不同部门之间的数据共享；数据共享也可以是外部的，比如与合作伙伴或客户共享数据。

6）数据价值实现：数据价值链的最终目标是实现数据的价值，可以通过提高业务效率、增加收入、降低成本、创造新的商业模式等方式来实现。

数据价值链模型提供了一个全面的视角来理解数据的产生和转化过程，并帮助组织识别数据带来的机会和挑战。通过有效地管理数据价值链，组织可以使数据的潜力最大化，提升业务绩效和创新能力。

3. 数据湖和数据仓库

数据湖（Data Lake）和数据仓库（Data Warehouse）是两种常见的数据存储和管理模型，它们在数据处理和分析的方式上有所不同。

数据湖是一种存储大量原始和未加工数据的集中式存储系统。数据湖接收来自各种数据源的数据，包括结构化数据、半结构化数据和非结构化数据，而不需要对数据进行预处理或转换。数据湖通常使用分布式文件系统（如 HDFS）或对象存储（如 Amazon S3）来存储数据。数据湖的优势在于它可以容纳各种类型和格式的数据，提供了更大的灵活性和可扩展性，同时还支持更多的数据分析和挖掘技术。

数据仓库是一种用于存储和管理结构化数据的集中式存储系统。数据仓库通常将数据从不同的操作性数据源中"抽取、转换和加载"（ETL）到一个专门设计的数据模式中，以支持复杂的查询和需求分析。数据仓库的数据通常经过预定义的模式和结构化的转换过程，以确保数据的一致性和可靠性。数据仓库的优势在于它提供了高度优化的查询性能和数据一致性，适用于复杂的分析和报告需求。

数据湖和数据仓库在数据处理的方式上存在一些区别。数据湖更加灵活，可以容纳各种类型和格式的数据，并支持更多的数据分析技术。数据仓库则更加关注结构化数据的管理和查询性能的优化。在实际应用中，组织可以根据自身的需求和数据特点选择合适的数据存储和管理模型，或者将数据湖和数据仓库结合起来，构建一个综合的数据架构。

数据仓库是一种用于存储和管理企业数据的架构模式，它的设计目标是支持数据集成、数据存储、数据处理和数据分析等功能。下面是数据仓库构建过程的详细阐述：

1）数据抽取：数据仓库构建的第一步是从各个数据源中抽取数据。这些数据源可以包括企业的内部系统（如 ERP、CRM）、外部数据提供商、第三方数据服务等。数据抽取可以使用批处理方式或实时流式传输方式，以保证数据的即时性和准确性。

2）数据清洗和转换：抽取的数据通常需要进行清洗和转换，以确保数据的质量和一致性。数据清洗包括去除重复数据、处理缺失值、纠正错误数据等。数据转换包括数据格式转换、数据标准化、数据合并等。清洗和转换的过程可以使用 ETL 工具来实现。

3）数据存储：数据仓库使用关系型数据存储架构（如 Oracle Database、MySQL）或列式数据存储架构（如 Vertica、Redshift）来存储数据。这些数据库提供了高性能和可扩展性，可以容纳大规模的数据，并支持复杂的查询和分析操作。此外，还可以使用数据存储技术（如 HDFS、Amazon S3）来存储大规模的非结构化数据。

4）数据集成：数据仓库支持数据集成的功能，即将来自不同数据源的数据进行整合和统一。数据集成可以通过 ETL 工具或数据集成平台来实现，它可以处理不同数据源的数据格式、数据结构和数据语义的差异，以确保数据的一致性和完整性。

5）数据处理：数据仓库提供了数据处理的能力，以支持数据的计算、聚合和转换等操作。数据处理可以使用 SQL（Structured Query Language，结构化查询语言）来进行，也可以使用编程语言（如 Python、Java）和数据处理框架（如 Spark、Hadoop）来实现。数据处理的结果可以存储到数据仓库，也可以用于数据分析和报表生成等。

6）数据分析和报表：数据仓库支持数据分析和报表生成的功能，以帮助企业获取有价值的业务洞察。可以使用 BI 工具（如 Tableau、Power BI）来进行数据分析和可视化，也可以使用报表工具（如 Crystal Reports、JasperReports）来生成定制化的报表和仪表盘。

总之，数据仓库提供了一种结构化和集中化的方式来存储和管理企业数据。它支持数据抽取、清洗、转换、存储、集成、处理和分析等，以满足企业对数据的需求，并帮助企业做出更好的决策和优化业务流程。

数据湖是一种用于存储和管理大规模数据的架构模式，它的设计目标是容纳各种类型和格式的原始数据，并提供灵活的数据访问和分析能力。下面是数据湖的构建过程。

1）数据采集：数据湖构建的第一步是采集各种数据源的数据。这些数据源可以包括结构化数据（如关系数据库、日志文件）、半结构化数据（如 XML、JSON）和非结构化数据（如文本、图像、音频等）。数据采集的方式可以是批量导入或实时流式传输，以满足不同的数据需求。

2）数据存储：数据湖使用分布式文件系统（如 HDFS）或对象存储（如 Amazon S3）来存储数据。这些存储系统具有高度可扩展性和容错性，可以容纳大规模的数据，并提供数据的持久性和可靠性。

3）数据组织：数据湖不要求对数据进行预定义的模式或结构化转换，而是保留数据的原始格式和结构。数据可以以原始文件的形式存储，也可以使用列式存储或分区存储的方式进行组织。此外，数据湖还可以使用元数据管理工具来记录和管理数据的描述信息，以便更好地理解和使用数据。

4）数据访问：数据湖提供了多种方式来访问和使用数据。首先，数据湖可以使用查询引擎（如 Apache Hive、Presto）进行交互式查询和分析。其次，数据湖可以使用编程接口（如 Apache Spark、Apache Flink）进行数据处理和分析。最后，数据湖可以使用数据可视化工具和报表工具来展示和共享数据分析结果。

5）数据安全和隐私：数据湖关注数据的安全性和隐私保护。数据湖可以使用访问控制机制（如角色和权限管理）来限制对数据的访问，并使用加密技术来保护数据的传输和存储。此外，数据湖还可以采用数据脱敏和匿名化技术来保护敏感数据的隐私。

6）数据治理：数据湖强调数据治理的重要性，以确保数据的质量和一致性。数据湖可以通过数据质量检测、数据清洗、数据标准化等手段来提高数据的质量。同时，数据湖还可以建立数据目录和元数据管理机制，以便更好地理解和使用数据。

总之，数据湖提供了一种灵活和可扩展的方式来存储和管理大规模数据。它可以容纳各种类型和格式的数据，并提供灵活的数据访问和分析能力，从而帮助组织更好地利用数据资源，获取有价值的业务洞察。

4. 数据中台

数据中台是一种数据管理和服务架构，旨在集中组织和管理组织内部的数据资源，以支持数据驱动的决策和创新。数据中台包括以下几个方面的内容：

1）数据集成和整合：数据中台致力于将组织内部的分散数据源进行集成和整合，以建立一个统一的数据视图。这涉及数据的抽取、转换和加载过程，将数据从不同的系统和应用中整合到数据中台中。

2）数据质量管理：数据中台关注数据的质量和准确性，通过数据清洗、去重、校验等手段来提高数据的质量。这有助于确保数据中台的数据是可靠和一致的，提供准确的决策依据。

3）数据存储和管理：数据中台提供一个集中的数据存储和管理平台，用于存储和管理组织内部的数据资源。这包括数据湖、数据仓库、数据库等不同的数据存储技术和平台。

4）数据标准化和元数据管理：数据中台推动数据的标准化和元数据管理，以提高数据的可理解性和可发现性。通过定义和应用统一的数据标准和元数据，可以使数据更易于理解和使用。

5）数据服务和共享：数据中台提供数据服务和共享机制，使组织内的各个部门和业务能够方便地访问和使用数据资源。这包括数据 API、数据目录、数据访问控制等。

6）数据分析和洞察：数据中台支持数据的分析和洞察，以提供有价值的业务洞察和决策支持。这包括数据可视化、数据挖掘、机器学习等技术和工具。

7）数据治理和合规性：数据中台关注数据的治理和合规性，以确保数据的安全和隐私保护。这包括数据安全控制、数据隐私保护、数据合规性管理等。

通过建立数据中台，组织可以更好地管理和利用数据资源，提高数据的价值和利用效率，促进组织的创新和竞争力。

本章小结

数据战略规划是企业在数字化转型过程中制订的一系列计划和方法，旨在有效地收集、管理、分析和应用企业内部和外部的数据资源，以支持企业的业务决策和创新发展。数据战略规划需要考虑数据的质量、安全、隐私、合规等方面，并利用人工智能、机器学习等技术来提高数据分析与应用的效率和准确性。数据战略规划包括数据战略规划的制定、实施、评估三个部分。在制定数据战略规划时，需要考虑企业业务战略对数据的需求，以及企业当前的数字化和信息化成熟度。数据战略规划的制定的输入包括企业业务战略和企业信息化、数字化成熟度，活动包括数据需求分析、数据管理需求分析，输出包括业务需求分析、企业现有数据能力评估及差距分析、企业数据能力规划。

本章习题

1. 什么是数据战略规划？
2. 数据战略规划需要考虑哪些方面？
3. 数据战略与企业数字化战略有什么关系？
4. 数据战略规划的步骤有哪些？

第4章

数据采集

在数据治理体系中，数据采集作为基础和核心环节，发挥着至关重要的作用。通过明确采集范围并选择合适的工具和方法，组织可以有效地管理和利用其海量数据资源，提高组织的竞争力和创新能力。本章重点介绍数据采集的概念、范围和主要的数据采集方法，以便大家全面地掌握数据采集关键技术并具备基础的操作能力。

4.1　数据采集的概念

数据采集是指在数据处理和分析过程中，从不同来源收集和获取数据的过程。广义的数据采集可以理解为人类为了传递和分享信息所采取的记录方式。从最早的岩画、甲骨文到现在我们用纸张做笔记以及拍照、录像，再到通过各种传感器进行信号收集都属于广义的数据采集。狭义的数据采集特指通过各种电子设备将信息转化成计算机能够存储和传递的数据的过程，包括电子照片、文件扫描件、人们通过键盘输入的信息、传感器采集的各种信号等。

数据采集是数据治理的重要组成部分，涉及数据采集范围的确定和数据采集方法的选择这两个主要活动。

数据采集范围的确定是指确定数据采集的目标和范围。在数据采集之前，组织需要明确数据采集对象以及这些数据的来源和覆盖范围。通过确定数据采集范围，组织可以确保采集到的数据与业务需求和决策目标一致，避免采集过多或无关的数据，从而提高数据采集的效率和质量。此外，确定数据采集范围还有助于组织合规性，确保数据采集过程符合相关规定。

数据采集方法的选择是指选择适合的方法和工具来收集和获取数据。数据采集方法的选择需要综合考虑数据的类型、来源、规模和采集成本等因素。数据采集方法包括手工录入、自动化采集、传感器监测等。选择合适的数据采集方法可以提高数据采集的效率和准确性，减少人工错误和数据丢失的风险。此外，选择合适的数据采集方法还可以提高数据的一致性和可比性，使得数据在不同系统和应用之间的集成与共享更加方便和可靠。

数据采集通常包括以下几个步骤：

1）数据采集范围的确定：明确需要收集哪些数据，包括数据类型、数据格式、数据来源等。

2）数据采集方法的选择：根据数据需求，选择合适的数据采集工具，包括手动采集和自动采集两种方式。

3）收集数据：通过数据采集工具，从不同来源收集和获取数据，包括数据源、数据库、文件、API 等。

数据采集是数据交换、共享、分析和应用的基础，数据的质量和准确性直接影响着后续的数据处理和分析结果。因此，在进行数据采集时需要注意数据的来源和质量，以确保采集到的数据能够满足后续的数据分析和应用需求。

4.2　数据采集的范围

4.2.1　业务范围的确定

企业在进行数据能力建设时经常陷入数据采集范围的认知误区，认为只要是企业产生的数据都要纳入数据采集的范围。数据作为企业的资产和生产资料需要统一纳入管理，因此在企业进行统一数据中心建设时是需要将已有的企业数据都纳入统一管理的范畴的，从这点上讲，只要是企业产生的数据都要纳入数据采集的范围。但是数据统一纳入管理只是从管理的范畴来看数据采集范围，并未从业务范围的角度来考虑数据采集范围，这也就是为什么很多企业在建立了企业级的数据中心后发现这些数据并不能很好地支撑业务目标的达成。所以，企业在考虑将企业数据统一纳入管理的同时还需要进一步考虑业务范围对于数据采集的需求。

可以从以下几个方面确定企业的业务范围：

1）确定业务重点：确定企业的业务重点可以帮助企业更好地规划数字化转型的方向。可以通过分析企业的核心竞争力、市场需求、行业趋势等方面来确定企业的业务重点。

2）了解企业业务模式：企业业务模式是企业数字化转型的基础，了解企业的业务模式可以帮助企业确定业务范围。可以通过了解企业的产品和服务、客户群体、销售渠道等方面来了解企业的业务模式。在此基础上进一步了解对应的业务痛点和业务能力提升需求以及业务模式的创新要求等相关信息，以此确定企业业务范围。

3）分析业务流程：对企业的业务流程进行分析。通过梳理业务流程图来详细了解企业的业务流程，确定业务流程中存在的效率瓶颈。

4）考虑数字化技术应用：在确定企业业务范围时，需要考虑数字化技术的应用。可以通过分析企业的业务流程、业务需求等方面，确定哪些业务可以通过数字化技术进行改进和优化，从而进一步确定企业的业务范围。

5）考虑未来发展：在确定企业业务范围时，需要考虑未来的发展方向。可以通过分析行业趋势、市场需求等方面，确定企业未来的发展方向，从而进一步确定企业的业务范围。

4.2.2　数据采集范围的确定

在明确了业务范围的基础上进一步确定数据采集范围，数据采集范围的确定采用从总体数据采集范围确定到支撑业务目标的精准数据采集范围确定两步反复迭代的方式开展。总体数据采集范围确定的目标是助力企业进行统一数据管理，精准数据采集范围确定的目标是具体的业务目标提升。

（1）总体数据采集范围确定

1）以组织划分为依据确定各组织单元的信息支撑系统。

2）以组织划分为依据确定各组织单元的线下数据范围。

3）以企业总体视角关注跨业务流程所涉及的系统范围。

（2）精准数据采集范围确定

1）明确业务目标和提升点。

2）采用业务分析建模方法将业务目标拆分成关键影响因素。

3）将关键影响因素作为新的业务目标再继续向下拆分，分析该目标的影响因素。

4）迭代至具体的业务活动或终端数据采集点为止。

5）最终的业务活动或终端数据采集点所形成的数据以及分解链路上各个环节所形成的数据就构成了精准数据采集范围。

（3）精准数据采集范围与总体数据采集范围之间的迭代

1）将精准数据采集范围与总体数据采集范围进行比对，会发现未统一纳入管理的总体数据采集范围内的数据采集需求。

2）将未统一纳入管理的数据采集需求归入总体数据采集范围中，以完善总体数据采集范围。

3）该过程一直伴随着企业整个数字化转型过程，并不是一次确定后就不再变化，而是随着企业数字化转型过程中业务阶段工作目标的变化而不断变化。

4.2.3　数据采集范围的管理

企业不同业务对于数据的要求是不同的，对于满足现场作业的及时性、经营管控，知识沉淀、提供决策依据，应急响应而言，不同的业务应用目标对于数据的时效性、质量、更新周期都有着不同的要求。所以，在进行数据采集前需要明确业务目标，才能进一步确定数据采集范围和采集方式。同时，因为数据采集范围会根据企业的业务目标、业务模式、经营模式的变化而随时发生变化，所以需要根据企业变化进行数据采集范围的动态管理。数据采集范围管理主要涉及以下几个方面的内容：

1）业务流程管理：动态管理企业的业务流程，明确每个业务流程所涉及的数据类型、数据来源、数据格式等。

2）业务需求管理：动态管理企业的业务需求，确定需要收集哪些数据来支持业务需求。

3）数据源管理：以业务为总牵引确定数据来源，包括内部数据源和外部数据源，例如企业内部数据、第三方数据、开放数据等。

4）数据类型管理：以业务为总牵引确定需要收集的数据类型，包括结构化数据、半结构化数据和非结构化数据。

5）数据格式管理：以业务为总牵引确定需要收集的数据格式，例如文本、图像、音频、视频等。

6）数据质量需求管理：从业务视角考虑数据质量问题，需要根据业务实际情况明确数据准确性、完整性、一致性的实际含义，即从真实的业务需求出发来确定数据质量需求。例如：一些系统中的表字段在设计之初就是冗余的，并没有实际含义，这就不能对其进行非空约束的质量要求；有些设备的参数集是按照最完整类型设计的，但是在实际工作中很多参数并没有实际作用，这部分内容就不能进行硬性质量要求。

7）数据安全需求管理：从业务视角考虑数据安全问题，包括数据的机密性、完整性和可用性等。数据安全需求管理直接决定了数据采集方式方法是否具有合法性和合规性。

数据采集范围的确定方法如下：

1）采访法：通过采访业务部门的负责人、数据分析师等，了解业务需求和数据需求，从而确定数据采集范围。

2）文件分析法：通过分析企业的业务流程图、业务需求文档等，确定需要收集的数据类型、数据格式等，从而确定数据采集范围。

3）数据字典法：通过建立数据字典，明确每个数据元素的定义、数据类型、数据格式等信息，从而确定数据采集范围。

4）会议法：通过组织业务部门、数据分析师等开会讨论，确定业务需求和数据需求，从而确定数据范围。

综上所述，从业务范围到数据采集范围的确定需要综合考虑业务流程、业务需求、数据源、数据类型、数据格式、数据质量需求和数据安全需求等因素，采用采访法、文件分析法、数据字典法和会议法等方法来确定数据采集范围。

4.3　数据采集的方法

4.3.1　数据获取的典型技术手段

数据采集的方法有以下几种：

1）手工录入。手工录入是最基本的数据采集方法，它通过人工输入数据来采集数据。手工录入的优点是简单易行，但是速度慢、易出错。

2）自动化采集。自动化采集是通过计算机程序自动从数据源中获取数据。自动化采集的优点是速度快、准确性高，但需要一定的技术和资源支持。

3）网络爬虫。网络爬虫是一种自动化采集的方法，它通过模拟浏览器行为从网页中获取数据。网络爬虫的优点是可以采集大量的数据，但需要注意法律法规和伦理道德问题。

4）传感器采集。传感器采集是通过传感器获取物理世界中的数据。传感器采集的优点是可以获取实时的物理数据，但需要一定的硬件和技术支持。

5）问卷调查。问卷调查是一种主动采集的方法，它通过设计调查问卷来获取数据。问卷调查的优点是可以获取人的主观意见和感受，但需要注意问卷设计和样本选择的问题。

6）数据交换。数据交换是指通过数据接口或数据格式来获取数据。数据交换的优点是可以获取第三方数据，但需要注意数据安全和合法性的问题。

以上是常见的数据采集方法，可根据不同的数据源和需求选择不同的采集方法，以便获取准确、完整的数据。

4.3.2　数据获取手段的选择

1. 手工录入数据的应用场景

手工录入数据的应用场景如下：

1）数据源较少：当需要采集的数据源较少且数据量不大时，手工录入数据是一种简单易行的方法。

2）数据格式不规范：当数据源的格式不规范，无法通过自动化采集或网络爬虫等方式获取数据时，手工录入数据是一种有效的方法。

3）数据内容需要人为分析和处理：很多现场工作以及管理工作需要人员进行分析、判断和总结，此类数据只能通过手工录入。

4）数据采集成本低：当自动化采集数据的成本较高，而手工录入数据的成本较低时，可以选择手工录入数据作为数据采集方法。

选择手工录入数据作为数据采集方法主要是根据实际情况进行综合考虑，包括数据源的数量、数据质量要求、数据格式规范程度、采集成本等因素。需要注意的是，手工录入数据容易出现人为错误，因此在使用这种方法时，需要进行数据验证和清洗，以确保数据的准确性和完整性。

随着企业数字化程度越来越高，越来越多的手工录入数据的应用场景被自动化采集数据的应用场景取代，例如，通过语音识别、图像识别自动进行信息采集。

2. 自动化采集数据的应用场景

自动化采集数据的应用场景如下：

1）数据量较大：当需要采集的数据量较大时，手工录入数据的效率会很低，而自动化采集数据可以大大提高数据采集的效率。

2）数据源格式规范：当数据源的格式规范，可以通过计算机程序进行自动化采集数据时，自动化采集数据是一种高效的方法。

3）数据无须进行人工二次处理和加工：当数据质量已经稳定，只需要进行简单的数据清洗和验证时，以及大批量的采集，自动化采集数据是一种快速、高效的方法。

4）数据采集成本高：当手工录入数据的成本较高，而自动化采集数据的成本较低时，可以选择自动化采集数据作为数据采集方法。

5）数据采集频度要求较高：在业务要求数据采集频度较高，人力无法满足的情况下，可考虑采用自动化采集数据方法。

选择自动化采集数据作为数据采集方法主要是根据实际情况进行综合考虑，包括数据源的数量、业务对数据的需求、数据格式规范程度、采集成本等因素。需要注意的是，自动化采集数据需要一定的技术和资源支持，同时需要对数据源进行分析和处理，以确保数据的准确性和完整性。

3. 网络爬虫的应用场景

网络爬虫的应用场景如下：

1）外部开放数据源：当企业需要通过外部数据辅助企业进行管理决策时，手工录入数据的采集方式效率非常低，则可以考虑采用网络爬虫。

2）数据源较多：当需要采集的数据源较多时，手工录入数据的效率会很低，而网络爬虫可以自动从网页中获取数据，提高数据采集的效率。

3）数据源格式规范：当数据源的格式规范，可以通过网络爬虫进行自动化采集数据时，网络爬虫是一种高效的方法。

4）数据量较大：当需要采集的数据量较大时，手工录入数据或自动化采集数据可能无法满足需求，而网络爬虫可以采集大量的数据。

5）数据质量要求不高：当数据质量要求不高，只需要进行简单的数据清洗和验证，特别是采集大量的非结构化文本数据时，网络爬虫可以是一种快速、高效的方法。

选择网络爬虫作为数据采集方法主要是根据实际情况进行综合考虑，首选外部公开数据源（比如网站信息），还要看数据源的数量、数据格式规范程度、采集成本等因素。需要注意的是，网络爬虫需要一定的技术和资源支持，同时需要考虑法律法规和伦理道德问题，以确保数据采集的合法性和安全性。

4．传感器采集数据的应用场景

传感器采集数据的应用场景如下：

1）数据需要实时采集：当需要实时获取数据时，传感器采集数据是一种高效的方法，可以在短时间内获取大量数据。

2）数据需要高精度采集：传感器可以高精度地采集数据，可以满足对数据精度要求较高的场景。

3）数据源难以接触：当数据源难以接触或需要采集的数据难以通过其他数据采集方法获取时，传感器采集数据是一种有效的方法。

4）数据需要自动化采集：传感器可以通过自动化的方式进行数据采集，可以大大提高数据采集的效率。

选择传感器采集数据作为数据采集方法主要是根据实际情况进行综合考虑，包括数据需要实时采集还是离线采集、数据精度要求、数据源是否难以接触、采集成本等因素。需要注意的是，传感器采集数据需要相应的硬件设备和技术支持，同时需要对数据隐私和安全进行保护，以确保数据采集的合法性和安全性。

5．通过调查问卷收集数据的应用场景

通过调查问卷收集数据的应用场景如下：

1）需要获取人们的主观意见：当需要获取人们的主观意见、看法或态度时，调查问卷是一种有效的方法。

2）数据需要深度挖掘：调查问卷可以通过开放式问题和深度访谈等方式，深度挖掘受访者的需求和心理，获取更全面的数据。

3）数据来源广泛：调查问卷可以通过网络、电话、邮寄等方式进行，可以获取各种来源的数据。

4）数据需要量化分析：调查问卷可以通过量化分析的方式对数据进行统计和分析，得出具有代表性的结论。

选择调查问卷作为数据采集方法主要是根据实际情况进行综合考虑，包括数据需要获取的内容、受访者的数量和分布、调查问卷的设计和实施成本等因素。需要注意的是，通过调查问卷收集数据时，需要对样本的选择、问卷的设计和数据的分析进行科学处理，以确保数据的准确性和可靠性。

6．通过数据交换采集数据的应用场景

通过数据交换采集数据的应用场景如下：

1）数据源来自多个系统：当需要从多个系统或数据源中获取数据时，数据交换是一种有效的方法，可以将数据从不同的系统中汇总到一个系统中。

2）数据需要实时同步：当需要实时同步数据时，数据交换是一种高效的方法，可以在数据更新时自动同步数据。

3）数据需要进行加工处理：数据交换可以将数据从一个系统中提取出来，进行加工处理后再导入另一个系统中，可以满足数据加工处理的需求。

4）数据需要进行共享和共用：当多个系统需要共享或共用同一份数据时，数据交换可以实现数据的共享和共用。

选择数据交换作为数据采集方法主要是根据实际情况进行综合考虑，包括数据源的数量、数据同步的实时性要求、数据加工处理的复杂度、系统之间的接口和兼容性等因素。需要注意的是，通过数据交换采集数据时需要对数据的格式、结构和内容进行规范化处理，以确保数据的准确性和一致性。同时，通过数据交换采集数据时需要考虑数据隐私和安全问题，以确保数据的保密性和安全性。

4.4　数据采集关键技术

从数据类型的角度来看，数据采集关键技术（即数据接入技术）可以分为以下几类：

1）结构化数据接入技术。结构化数据是按照预定义的模式和格式组织的数据，如关系数据库中的表格数据。结构化数据接入技术包括使用 SQL、ODBC/JDBC 驱动程序等与关系数据库进行交互。

2）半结构化数据接入技术。半结构化数据是没有严格的预定义模式和格式的数据，如 XML、JSON 等格式的数据。半结构化数据接入技术包括 XPath、JSONPath 等查询语言和解析器。

3）非结构化数据接入技术。非结构化数据是没有明确结构和格式的数据，如文本文档、图像、音频、视频等。非结构化数据接入技术包括文本分析、图像处理、语音识别等技术。

4）流式数据接入技术。流式数据是以连续的、实时的方式产生的数据，如传感器数据、日志数据等。流式数据接入技术包括流处理框架和流处理算法等。

5）多模态数据接入技术。多模态数据是包含多种数据类型的复合数据，如同时包含文本、图像和音频的数据。多模态数据接入技术包括多模态处理和分析技术。

这些分类可以帮助我们理解和选择适合不同类型数据的接入技术，以便有效地处理和分析数据。同时，随着数据类型的多样化和复杂化，也会涌现出更多的数据接入技术和方法。

从数据接入环节来看，涉及以下几个关键技术点：

1）数据源连接与集成：建立与数据源的连接，并将不同数据源的数据进行集成。这包括使用适当的驱动程序和连接器来连接不同类型的数据源，如关系数据库、文件系统、API 等。

2）数据提取与抽取：从数据源中提取所需要的数据，并将其抽取到目标系统中。这可能涉及数据的查询、过滤、转换和清洗等操作，以确保数据的质量和准确性。

3）数据传输与传输协议：将数据从数据源传输到目标系统，可以使用不同的传输协议和技术。同时，需要考虑数据的安全性和稳定性，确保数据在传输过程中不丢失或损坏。

4）数据格式转换与映射：将数据从数据源的原始格式转换为目标系统所需要的格式。这可能涉及数据的编码、解码、压缩、加密等操作，以及数据字段的映射和转换，以确保数据在目标系统中能够正确解析和使用。

5）数据质量与验证：对数据进行质量检查和验证，以确保数据的完整性、准确性和一致性。这可能包括对数据进行校验、去重、去噪、补充缺失值等操作，以提高数据的质量和可信度。

6）数据安全与权限控制：确保数据在接入过程中的安全性和隐私性，包括对数据进行身份验证、权限控制、数据加密等操作，以防止未经授权的访问和数据泄露。

这些技术点对于数据接入环节的顺利进行和数据的可靠获取至关重要，同时也需要根据具体的应用场景和需求进行相应的技术选择和实施。

4.4.1　数据源连接技术

在数据接入中，数据源连接可以使用以下几种技术：

1）JDBC（Java Database Connectivity）。JDBC 是一种 Java 编程语言的 API，用于连接和操作关系数据库。通过使用 JDBC 驱动程序，可以建立与数据库的连接，并执行 SQL 查询、插入、更新和删除等操作。

2）ODBC（Open Database Connectivity）。ODBC 是一种开放的数据库连接标准，允许应用程序通过统一的接口连接和访问不同类型的数据库。ODBC 提供了一套 API 和驱动程序，使得应用程序可以通过 ODBC 接口与数据库进行通信。

3）数据库连接器/连接库。许多关系数据库提供了自己的连接器或连接库，用于与特定数据库进行连接和交互。这些连接器或连接库通常是针对特定数据库的，提供了一些特定的功能，并进行了一些优化，以提高数据库访问的性能和效率。

4）RESTful API。许多数据源提供了基于 RESTful 风格的 API，通过 HTTP 进行数据交互。使用 RESTful API 可以通过发送 HTTP 请求和接收响应来连接和访问数据源，可以执行查询、插入、更新和删除等操作。

5）Web 服务。一些数据源提供了基于 Web 服务的接口，通过 SOAP 或其他协议进行数据交互。通过调用 Web 服务的方法，可以连接和访问数据源，并进行数据操作。

6）文件导入。文件导入是将半结构化数据文件（如 CSV、JSON、XML 等）导入目标系统中。这种方式适用于数据规模较小、数据源文件相对简单的情况。

7）Web API 调用。通过调用数据源提供的 Web API 获取数据。这种方式适用于数据源提供了 Web API，并且具有权限和访问控制的情况。

这些技术可以根据具体的应用场景、数据源类型和性能要求等因素来选择和使用。同时，还需要考虑安全性、可靠性和扩展性等因素，以确保数据源连接的稳定和高效。

4.4.2　数据抽取技术

数据抽取技术主要有以下几种：

1）时间戳方式。时间戳方式是指增量抽取时，抽取进程通过比较系统时间与抽取源表的时间戳字段的值来决定抽取哪些数据。这种方式需要在源表上增加一个时间戳字段，系统中更新修改表数据的时候，同时修改时间戳字段的值。

2）日志表方式。在业务系统中添加系统日志表，当业务数据发生变化时，更新维护日志表内容。当增量抽取数据时，通过读日志表数据决定抽取哪些数据。

3）全表比对方式。全表比对方式是在增量抽取时，ETL 进程逐条比较源表和目标表的记录，将新增和修改的记录读取出来。如源表和目标表的记录不同，则进行 Update 操作；如目标表没有该主键值，表示该记录还不存在，则进行 Insert 操作。

4）触发器方式。触发器方式是普遍采取的一种增量抽取机制。该方式一般要在被抽取的源表上建立插入、修改、删除 3 个触发器，每当源表中的数据发生变化时，就被相应的触发器将变化的数据写入一个临时表。ETL 的增量抽取则是从临时表中而不是直接在源表中抽取数据，同时临时表中抽取过的数据被标记或删除。

5）系统日志分析方式。关系数据库系统都会将所有的 DML（数据操作语言）操作存储在日志文件中，以实现数据库的备份和还原功能。ETL 增量抽取进程通过对数据库的日志进行分析，提取对相关源表在特定时间后发生的 DML 操作信息，就可以得知自上次抽取时刻以来该表的数据变化情况，从而指导增量抽取动作。Oracle 的 LogMiner 就是一个数据库日志分析工具。

6）CDC（Change Data Capture）。CDC 特性是在 Oracle9i 数据库中引入的。CDC 能够识别从上次提取之后发生变化的数据。利用 CDC，在对源表进行增、改或删等操作的同时就可以提取数据，并且变化的数据被保存在数据库的变化表中，这样就可以捕获发生变化的数据。

7）RPA（Robotic Process Automation）。RPA 是指通过软件机器人实现业务流程自动化的一种技术，而爬虫则是指通过程序模拟浏览器行为，从网页中提取有用信息的过程。

8）邮件解析。通过解析电子邮件中的内容，提取其中的半结构化数据。这种方式适用于需要处理电子邮件中的数据的场景。

9）数据流处理。通过实时接收和处理数据流，从中提取半结构化数据。这种方式适用于需要实时处理的数据，如物联网设备数据、传感器数据等。

4.4.3 数据传输协议

在数据接入中，常见的数据传输协议有以下几种：

1）HTTP（Hypertext Transfer Protocol）。HTTP 是一种应用层协议，用于在客户端和服务器之间传输超文本。它是 Web 应用程序常用的协议，可以通过 HTTP 请求和响应来传输数据。

2）HTTPS（HTTP Secure）。HTTPS 是在 HTTP 基础上添加了安全性的协议，使用 SSL（Secure Sockets Layer）或 TLS（Transport Layer Security）进行加密和身份验证。HTTPS 在数据传输过程中对数据进行加密，提供了更高的安全性。

3）FTP（File Transfer Protocol）。FTP 是一种用于在客户端和服务器之间传输文件的协议。它提供了文件上传、下载和删除等功能，可以用于传输数据文件。

4）SFTP（SSH File Transfer Protocol）。SFTP 是在 SSH（Secure Shell）基础上添加了文件传输功能的协议。SFTP 通过加密和身份验证来保护数据传输的安全性，可以用于传输结构化数据文件。

5）SCP（Secure Copy）。SCP 是一种基于 SSH 的安全文件传输协议。它使用 SSH 进行加密和身份验证，可以在客户端和服务器之间进行安全的文件传输。

6）MQTT（Message Queuing Telemetry Transport）。MQTT 是一种轻量级的消息传输协议，用于在物联网和传感器网络中传输数据。它适用于低带宽和不稳定网络环境。

7）SMTP（Simple Mail Transfer Protocol）。SMTP 是一种用于在网络上传输电子邮件的协议。它使用 TCP 作为传输协议，支持将非结构化数据以邮件的形式进行传输。

8）AMQP（Advanced Message Queuing Protocol）。AMQP 是一种面向消息的中间件协议，用于在应用程序之间传输消息。它支持传输各种类型的非结构化数据，并提供高度可靠性和灵活性。

9）SFTP（SSH File Transfer Protocol）。SFTP 是一种通过 SSH 安全传输文件的协议。它使用 SSH 作为传输协议，支持将非结构化数据以文件的形式进行传输，并提供加密和身份验证等安全特性。

这些数据传输协议可以根据具体的应用场景、安全性要求和性能要求等因素来选择和使用。同时，还需要考虑协议的兼容性、可靠性和扩展性等因素，以确保数据传输的稳定和高效。

4.4.4 数据格式转换与映射技术

在数据接入中，常见的数据格式转换与映射技术有以下几种：

1）CSV（Comma-Separated Values）。CSV 是一种简单的文本格式，用逗号或其他分隔符来分隔不同字段的值。CSV 广泛用于电子表格和数据库中，易于阅读和编辑。

2）JSON（JavaScript Object Notation）。JSON 是一种轻量级的数据交换格式，易于阅读和编写。它使用键值对（Key-Value）的方式表示数据，支持复杂的嵌套结构和数组。

3）XML（eXtensible Markup Language）。XML 是一种可扩展的标记语言，用于描述和传输数据。XML 使用标签来标识数据的结构和属性，具有良好的可读性和灵活性。

4）Avro。Avro 是一种数据序列化系统，用于将数据结构化为二进制格式。它支持动态类型、架构演化和跨语言的数据传输，适用于大规模数据处理和存储。

5）Parquet。Parquet 是一种列式存储格式，用于高效地存储和处理大规模结构化数据。它使用压缩和列式存储优化技术，提供了高性能和高压缩比。

6）ORC（Optimized Row Columnar）。ORC 是一种优化的行列混合存储格式，用于高效地存储和处理大规模结构化数据。它支持列式存储和索引，提供了高性能和高压缩比。

7）YAML（YAML Ain't Markup Language）。YAML 是一种人类可读的数据序列化格式，常用于存储和传输非结构化数据。它以缩进和换行符来表示数据的层次结构，易于阅读和编写。

8）BSON（Binary JSON）。BSON 是一种二进制的 JSON 扩展格式，常用于存储和传输非结构化数据。它在 JSON 的基础上添加了更多的数据类型和功能，适用于处理大规模的非结构化数据。

9）图像格式。常见的图像格式包括 JPEG、PNG、GIF 等。这些格式适用于存储和传输非结构化的图像数据。

10）音频格式。常见的音频格式包括 MP3、WAV、AAC 等。这些格式适用于存储和传输非结构化的音频数据。

11）视频格式。常见的视频格式包括 MP4、AVI、MOV 等。这些格式适用于存储和传输非结构化的视频数据。

12）日志格式。日志数据通常以特定的格式进行存储和传输，如 Apache 日志格式、Syslog 格式等。这些格式适用于存储和传输非结构化的日志数据。

13）二进制格式。有些非结构化数据可能以二进制格式进行存储和传输，如图像文件、音频文件等。这些格式适用于存储和传输非结构化的二进制数据。

14）HTML（HyperText Markup Language）。HTML 是一种用于创建网页的标准标记语言，也可以用于存储和传输非结构化的文本和媒体数据。

这些数据格式转换和映射技术可以根据具体的数据需求、应用场景和系统要求等因素来选择和使用。同时，还需要考虑技术的可读性、存储效率和数据处理性能等因素，以确保数据在接入过程中的有效性和可靠性。

4.4.5　数据质量验证技术

在数据接入中，常见的数据质量验证技术包括以下几种：

1）数据完整性检查：检查数据是否完整，包括缺失值、空值、重复值等。可以通过统计计数、查找空值或缺失值、比较唯一性等方式进行检查。

2）数据准确性验证：验证数据的准确性，包括数据格式、数据范围、数据类型等。可以通过正则表达式、数据类型转换、范围检查等方式进行验证。

3）数据一致性检查：检查数据在不同数据源或不同表之间的一致性，包括数据值、数据关系等。可以通过数据比对、数据关联、数据合并等方式进行检查。

4）数据唯一性验证：验证数据的唯一性，确保没有重复的数据。可以通过唯一性约束、索引、数据比对等方式进行验证。

5）数据规则验证：验证数据是否符合预定义的规则和约束，包括业务规则、数据格式规则等。可以通过规则引擎、数据校验规则、数据转换规则等方式进行验证。

6）数据异常检测：检测数据中的异常数据，包括异常值、异常模式或异常行为、异常趋势、异常分布等。可以通过统计分析、机器学习算法、异常检测模型等方式进行检测。

7）数据质量度量：使用数据质量度量指标来评估数据的质量，包括数据完整性、准确性、一致性、唯一性等。可以通过定义和计算数据质量度量指标来进行度量。

在数据接入中，常见的数据异常值处理技术手段包括以下几种：

1）删除异常值：将包含异常值的数据记录从数据集中删除。这种方法适用于异常值数量较少且对整体数据分析影响较小的情况。

2）替换异常值：将异常值替换为合理的值。替换的方式可以是使用均值、中位数、众数等代表性统计量，或者通过插值方法进行填充。

3）离群值检测与处理：使用离群值检测算法（如 Z-score、箱线图等）来识别和处理离群值。可以将离群值替换为合理的值，或者将其视为缺失值进行处理。

4）数据平滑：通过平滑算法（如移动平均、指数平滑等）来减少数据中的噪声和波动，从而减少异常值的影响。

5）数据分箱：将数据分为多个箱子（Bin），对每个箱子内的数据进行统计分析，可以减少异常值的影响。

6）异常值修正：通过对异常值进行修正，使其符合合理的范围。修正的方式可以基于业务规则、数据分布特征等。

7）异常值标记：将异常值标记为特定的标识，以便在后续的数据分析和处理中进行特殊处理。

选择适当的数据异常值处理技术手段需要考虑数据的特点、异常值的类型和数量、业务需求等因素。同时，需要根据具体情况评估处理方法的效果和影响，以确保数据异常值处理的准确性和可靠性。

4.4.6　典型的数据采集工具

1. 管控数据采集工具

管控数据采集工具主要用于企业管理信息系统及管理决策系统的数据采集和监控。以下是一些常见的管控数据采集工具：

1）表单构建工具：如 Microsoft Forms、Google Forms、Wufoo 等，这些工具可以帮助用户快速构建各种类型的在线表单，用于收集数据。

2）数据调查工具：如 SurveyMonkey、Qualtrics、Typeform 等，这些工具提供了丰富的问卷设计功能和调查管理功能，用于进行数据调查和收集用户反馈。

3）移动数据采集工具：如 iFormBuilder、Fulcrum、Magpi 等，这些工具可以在移动设备上进行数据采集，支持离线采集、GPS 定位、照片上传等功能。

4）数据爬虫工具：如 Scrapy、Beautiful Soup、Octoparse 等，这些工具可以自动化地从网页或其他数据源中提取数据，用于大规模的数据采集。

5）数据集成工具：如 Talend、Informatica、Pentaho 等，这些工具提供了数据抽取、转换和加载功能，用于将数据从不同的数据源集成到目标系统中。

2. 工控数据采集工具

工控数据采集工具主要用于工业控制系统（ICS）和工控设备的数据采集与监控。以下是一些常见的工控数据采集工具：

1）SCADA（Supervisory Control and Data Acquisition）系统。SCADA 系统是一种常见的工控数据采集和监控系统，用于实时监控和控制工业过程。它可以采集来自传感器、仪表和控制设备的数据，并提供可视化界面和报警功能。

2）HMI（Human Machine Interface）。HMI 是一种用于人机交互的工控数据采集工具，通常运行在工控设备的触摸屏上。它可以作为操作界面显示实时数据、报警信息，方便操作人员进行数据采集和控制操作。

3）PLC（Programmable Logic Controller）。PLC 是一种专门用于工业自动化控制的设备，可以采集与处理传感器和执行器的数据，并根据预设的逻辑进行控制操作。PLC 通常与其他工控设备和系统配合使用，实现数据采集和控制功能。

4）DCS（Distributed Control System）。DCS 是一种分布式的工控数据采集和控制系统，用于监控和控制工业过程。它可以集成多个子系统和设备，采集和处理各种类型的数据，并提供分布式的控制和管理功能。

5）数据采集模块（Data Acquisition Module）。数据采集模块是一种硬件设备，用于采集和转换工控设备的模拟信号和数字信号。它可以将采集到的数据传输给上层系统进行处理和分析。

6）OPC（OLE for Process Control）。OPC 是一种用于实现工控设备数据采集和通信的软件工具。它可以与各种类型的工控设备通信，并提供标准化的接口和协议，方便数据采集和集成。

3. 大文件数据采集工具

大文件数据采集通常涉及大量数据处理和高速数据传输。以下是一些常见的大文件数据采集工具：

1）Apache Kafka。Apache Kafka 是一个高吞吐量的分布式消息队列系统，用于高速数据传输和实时数据流处理。它可以处理大量的数据流，并提供可靠的数据传输和持久化存储，适用于大文件数据采集和流式数据处理。

2）Apache NiFi。Apache NiFi 是一个开源的数据流处理工具，可以处理大规模数据流，并提供数据采集、转换、路由和存储等功能。它具有可视化的界面和易于配置的工作流程，适用于大文件数据采集和数据流处理。

3）AWS Snowball。AWS Snowball 是亚马逊提供的一种物理设备，用于大规模数据迁移和传输。它可以快速、安全地传输大量数据，适用于大文件数据采集和迁移。

4）Google Cloud Transfer Appliance。Google Cloud Transfer Appliance 是谷歌云提供的一种物理设备，用于大规模数据迁移和传输。它可以高速、可靠地传输大文件数据，并与 Google Cloud Storage 集成，适用于大文件数据采集和迁移。

5）FTP（File Transfer Protocol）。FTP 是一种用于文件传输的网络协议，可以用于大文件数据采集和传输。通过 FTP 客户端和 FTP 服务器之间的通信，可以实现高速、可靠的文件传输。

以上是一些常见的大文件数据采集工具，实际上市场上还有很多其他的工具，可以根据具体需求选择和使用。在选择工具时，需要考虑数据规模、传输速度、安全性和可靠性等因素，并结合具体需求进行评估和比较。

本章小结

数据采集是从不同来源获取和收集数据的过程，是数据治理的重要组成部分。数据采集的活动包括确定数据范围和选择合适的采集方法。数据采集的步骤包括确定数据范围、选择采集方法和收集数据，这些步骤有助于确保采集到的数据与业务需求相一致。数据采集的范围是在明确了业务范围的基础上进一步确定，采用从总体数据采集范围确定到支撑业务目标的精准数据采集范围确定两步反复迭代的方式开展。采集方法包括手工录入、自动化采集和传感器采集等，选择合适的数据采集方法可以提高采集效率和准确性，减少人工错误和数据丢失的风险。通过有效的数据采集，组织可以获得与业务需求一致的数据，提高决策的准确性和效率。

本章习题

1. 数据采集的步骤包括哪些？
2. 在进行数据采集之前，为什么需要确定数据需求和目标？
3. 数据采集范围的确定包括哪些要素？
4. 数据采集可以通过哪些方式进行？
5. 数据采集执行的过程中需要注意哪些问题？

第 5 章

数据存储

在数据治理体系中，数据存储是至关重要的环节之一。随着组织对数据资源的需求不断增加，如何有效地存储和管理这些数据，确保其安全性、可靠性和可用性，成为数据治理专家关注的焦点。本章介绍数据存储的设计与构建，以及典型的数据存储系统。

5.1 数据存储的概念

数据存储是指将数据保存在特定介质或系统中，以便后续访问、处理和分析。在数据交流过程中，临时数据和加工操作产生的信息需要进行存储，并在需要时进行查找。常见的存储介质包括磁盘和磁带。不同的存储介质使用不同的存储方法。例如，磁带上的数据通常按顺序存取，而磁盘上的数据可以根据需求使用顺序或直接的方式存取。存取数据的方法与数据文件的组织密切相关。其中，最重要的是建立记录的逻辑顺序和物理顺序之间的对应关系，并确定存储地址，以提高数据存取速度。

1. 数据存储对象

数据存储对象包括数据流在加工过程中产生的临时文件或加工过程中需要查找的信息。数据以某种格式记录在计算机内部或外部存储介质上。数据存储需要命名，这种命名要反映信息特征的组成含义。数据流反映了系统中流动的数据，表现出动态数据的特征。数据存储反映系统中静止的数据，表现出静态数据的特征。

在命名数据存储对象时，应考虑以下几个方面：

1）数据存储对象的内容：命名应准确地描述数据存储对象所包含的数据内容。可以使用术语、关键词或描述性的短语来命名，以便用户能够快速理解数据的含义。

2）数据存储对象的属性：如果数据存储对象具有特定的属性或特征，可以在命名中加以体现。例如，可以使用时间、地点、版本号等属性来区分不同的数据存储对象。

3）数据存储对象的层次结构：如果数据存储对象之间存在层次关系，可以使用层次结构来命名。层次结构可以使用点号、斜杠或其他符号来表示。这样的命名方式可以清晰地展示数据存储对象之间的层次关系。数据存储对象的命名应该简洁明了，具有一定的规范性和可读性。命名应该能够清楚地传达数据存储对象的含义，方便用户查找和使用数据。

此外，数据存储和数据流是数据治理中的两个重要概念。数据流反映了系统中流动的数据，表现出动态数据的特征，而数据存储反映了系统中静止的数据，表现出静态数据的特征。在数据治理中，除了关注数据存储的命名和组织方式，还需要考虑数据流的管理和控制，以确保数据在加工过程中的流动和转换的质量、安全和合规性。

2. 数据存储的三种方式

1）直接附加存储（Direct Attached Storage，DAS）。DAS 是一种传统的存储架构，其中外部存储设备直接连接到服务器的内部总线上。这种方式使得存储设备成为整个服务器结构的一部分。DAS 的优点是简单、易于管理和高性能，适用于小型企业或个人用户。然而，DAS的缺点是缺乏灵活性和可扩展性，且存储设备无法被多个服务器共享。

2）网络附加存储（Network Attached Storage，NAS）。NAS 通过使用独立于服务器的文件服务器来连接存储设备，实现了对网络数据存储的改进。NAS 作为一个独立的网络节点存在于网络中，可以被所有网络用户共享。NAS 的优点是易于管理、灵活性高、可扩展性好，并且提供了高度的数据共享和数据保护。然而，NAS 的缺点是性能受限于网络带宽，适用于小型到中型企业的存储需求。

3）存储区域网络（Storage Area Network，SAN）。SAN 创造了存储的网络化，它采用光纤通道（Fiber Channel）技术，将存储设备和服务器之间的通信协议与传输物理介质隔离开，实现了多种协议在同一物理连接上同时传输的能力。SAN 的优点是高性能、可扩展性强、灵活性高，并且支持多个服务器共享存储设备。SAN 适用于大型企业和数据中心，特别是对于需要高性能和高可靠性的应用场景。

5.2　数据存储需求

数字经济时代，数据作为关键生产要素，正在重塑企业或组织的运营、管理和决策，乃是一切创新的基础。随着千行百业数字化转型的深入，诞生了丰富应用的同时，亦产生了海量、多样化的数据，进而让数据存储需求多样化加剧，使得数据存储的技术、产品与需求之间的"矛盾"持续放大。总体来看，数据存储需求表现出以下特征：

1）**数据体量大。**大数据时代，数据以 PB 级的速度增长，因此，信息基础架构平台需要能够动态地支持多重数据，以满足人们对数字的不同性能要求、不同的容量要求。信息基础架构平台还需要有效地管理共享资源，使存储资源按需分配，同时通过配额管理功能提高利用率。

2）**数据类型繁多。**数据类别包括了半结构化数据和非结构化数据，从而促使客户借助智能工具，才能实现对所有类型数据的索引、搜索和发掘。这些大数据应用的需求都能够为企业带来价值。虽然很多企业都拥有可用的、高质量的海量数据，但如何保护这些海量、非结构化的数据，并时时进行信息挖掘，则对行业技术研究者的想象力提出了挑战。另外，数据是各个行业经营、管理和决策的重要基础，数据综合利用是近年来各行各业信息化建设的核心。使企业持续发展的数据业务建设提速，对各行业运营中心提出了更高的要求，这也成为各行业发展规划中的重要内容。

3）**大数据存储的安全需求。**数据存储的安全性一直是一个行业痛点。一是确保数据不丢失，即实现具有高可靠性的数据存储，即使发生自然灾害、人为损坏、系统错误等极端情况，企业应该也能保证核心数据可恢复，以确保企业可持续运营；二是数据不泄露，即保证数据只有授权人员能访问。它包括"访问控制""身份认证""解密脱敏""安全审计"等，牵涉到业务前端、网络、后台系统等多个方面。数据不泄露不仅受各种技术发展的影响，而且受业务规则的影响，甚至常常被新法规提出更高的要求。

5.2.1　不同业务需求的数据存储方式

不同业务需求的数据存储方式不同，常见的数据存储方式有四种：在线存储、近线存储、脱机存储和站外保护。不同的存储方式具有不同的获取便利性、安全性和成本开销等级。在大多数场景中，四种存储方式被混合使用以达到最有效的存储策略。

1）**在线存储（Online Storage）：**有时也称为二级存储。这种存储方式在数据获取便利性方面表现最好，大磁盘阵列是其中典型的代表之一。这种存储方式的优点是读写非常方便、迅捷，缺点是相对较贵且容易因为误操作或者防病毒软件的误删除而使数据受到损害。

2）近线存储（Near-Line Storage）：有时也称为三级存储。比起在线存储，近线存储提供的数据获取便利性相对差一些，但是价格更便宜，自动磁带库是其中的一个典型代表。近线存储由于读取速度相对较慢，主要用于将较不常用的数据归档。

3）脱机存储（Offline Storage）：这种存储方式指的是每次在读写数据时，必须人为地将存储介质放入存储系统。脱机存储用于永久或长期保存数据，不需要存储介质当前在线或连接到存储系统上。脱机存储的存储介质通常方便携带或转运，如磁带和移动硬盘。

4）站外保护（Off-Site Vault）：为了防止灾难或其他可能影响整个站点的问题，许多人选择将重要的数据发送到其他站点来作为灾难恢复计划的一部分。这种存储方式保证即使站内数据丢失，其他站点仍有数据副本。异站保护可防止由自然灾害、人为错误或系统崩溃造成的数据丢失。

5.2.2　几类典型的数据存储架构

过去的几十年中，数据大部分以结构化的形式存储在关系数据库中，常见的有 Oracle 和 MySQL 两种。随着数据越来越多样化，出现了各种类型的数据库，如图数据库、键值数据库、时序数据库、文档数据库等。除了传统的行存数据库外，还出现了列存数据库或者文件格式。

1. 分布式文件数据存储架构

典型的分布式文件数据存储系统是 HDFS（Hadoop Distribute File System）。HDFS 是一个适用于大数据集的、支持高吞吐和高容错的、运行在通用（廉价）机上的分布式文件系统。

HDFS 采用主从架构。一个 HDFS 集群包括一个 NameNode（主节点）、一个 Secondary NameNode（热备节点）（非必须）和多个 DataNode（数据节点）。HDFS 的数据存储架构如图 5-1 所示。HDFS 中一块副本（Blocks）被存储在不同的机架中。由 NameNode 管理着元数据，客户端（Client）对元数据的操作是指向 NameNode，对用户数据的读写是通过 DataNode，NameNode 向 DataNode 发送 Block 的操作命令。

2. 关系型数据存储架构

传统的数据库（如 MySQL、Oracle 等关系型数据库）采用的是行存储引擎，在基于行式存储的数据库中，数据是按照行数据为基础逻辑存储单元进行存储的，一行中的数据在存储介质以连续存储形式存在。常见的关系型数据存储架构如图 5-2 所示。常见的关系型数据存储架构首先由客户端请求连接器，以验证用户身份，并给予权限。其次查询缓存，如果存在缓存则直接返回，不存在则执行后续操作；查询缓存的同时进入分析器，对 SQL 进行词法分析和语法分析操作。再次，经过优化器对执行的 SQL 的最优执行方案进行优化选择。然后，经过执行器，在执行时会先看用户是否有执行权限，如果有，才使用这个引擎提供的接口。最后，去引擎层获取数据并返回，如果开启查询缓存则会缓存查询结果。

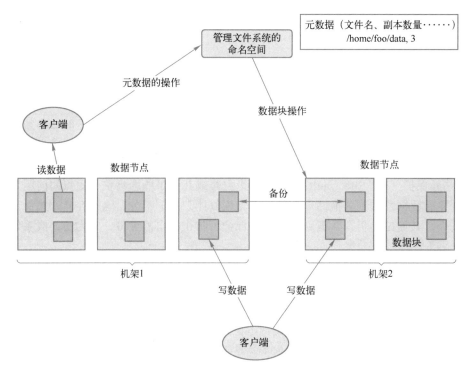

图 5-1 HDFS 的数据存储架构

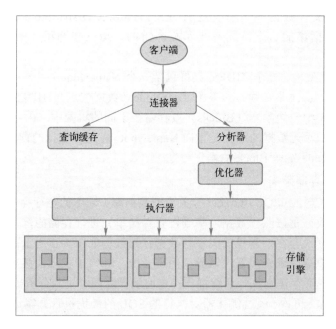

图 5-2 常见的关系型数据存储架构

3．列式数据存储架构

列式数据存储（Column-Based）架构是相对于行式数据存储架构来说的，新兴的 Hbase、HP Vertica 等分布式数据库均采用列式数据存储架构。在基于列式数据存储架构的数据库中，数据是按照列为基础的逻辑存储单元进行存储的，一列中的数据在存储介质中以连续存储形式存在。

行式数据存储架构下一张表的数据都是放在一起的，但列式数据存储架构下一张表的数据都被分开保存了。二者对比来看就有了如表 5-1 所示的这些优缺点。

表 5-1　列式数据存储架构与行式数据存储架构对比

对比项	列式数据存储架构	行式数据存储架构
优点	查询时只有涉及的列会被读取；投影（Projection）很高效；任何列都能作为索引；由于每一列数据类型都相同，因此列式数据存储架构的压缩效果更好	数据被保存在一起；增/改操作容易
缺点	选择完成时，被选择的列要重新组装；增/改操作比较麻烦	选择（Selection）时即使只涉及某几列数据，所有数据也都会被读取

列式数据存储架构如图 5-3 所示。存取策略整体分为两大类操作：读操作和写操作。读写操作可以大概总结为如下的步骤：

（1）读取元组

1）构建表信息和元组模式（每个进程的本地缓存 Cache 中）。

2）从共享缓冲池中读取元组。

● 有：根据模式信息解析属性值。

● 无：从文件块读取元组数据到共享缓冲池，再从共享缓冲池读取元组数据。文件块在磁盘存储，不同介质的磁盘由存储管理器来适配上层提供统一接口。

（2）写出元组

1）找到合适的有空闲空间的缓冲块。

2）空闲空间映射表，加快缓冲块空闲空间的查找。

3）将元组数据写入共享缓冲池中的缓冲块。

4）记录最近插入/使用的缓冲块块号（对于单个进程尽可能将数据写入一个缓冲块中）。

5）在合适时间将缓冲块写回存储管理器中。

4．多模型数据存储架构

随着数据多样性的发展，多种类型的数据大量涌出，相对应的 NoSQL（Not Only SQL）也出现了。例如：Neo4j 图存储用来存储社交网络、知识图谱等图数据；随着 IoT 智能制造的兴起，工业生产中出现大量的时序数据，进而出现了 InfluxDB 这种存储时序数据的系统；还有生产中常用的键值数据库 Redis 等。

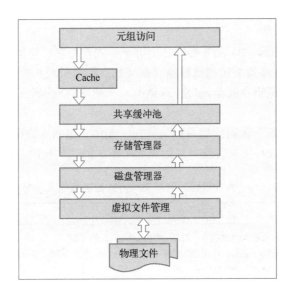

图 5-3 列式数据存储架构

（1）图存储

图存储分为原生图存储和非原生图存储（利用图模型加已有的存储引擎），不同的存储方案在读写图数据的时候也有不一样的策略。图数据存储架构如图 5-4 所示。

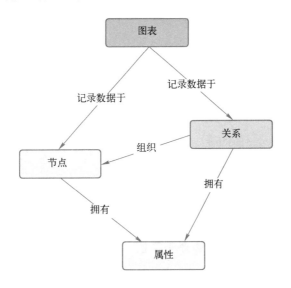

图 5-4 图数据存储架构

在图存储中主要包含两种数据类型：Nodes（节点）和 Relationships（关系）。它们内部各自包含 Key-Value 形式的属性，Nodes 之间通过关系相连，形成了关系型的网状结构。

原生图存储虽然是针对图数据自身特点而定制化开发的图存储策略，但是对分布式数据的支持较差。在大数据时代，很难有一个数据管理系统能够做到存储和查询双高效，因此，在现实的应用中，图相关的计算和存储往往是分离的，采用一些比较成熟的存储引擎。

（2）键值对存储

键值数据库因其在不涉及过多数据关联的数据上的高效读写能力得到了广泛的应用。下面以最基本的 LevelDB 存储模型为例，来讲解键值对存储。键值对数据存储架构如图 5-5 所示。

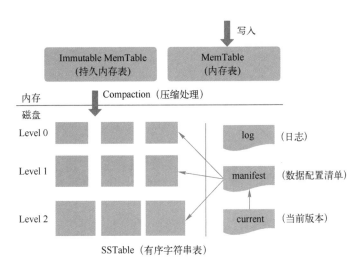

图 5-5　键值对数据存储架构

Key-Value 形式的数据存储的写入效率远高于读取效率。根据记录的 Key 值有序存储。数据库在存储数据时，相邻的 Key 值在存储文件中是依次存取的，可以自定义 Key 值大小比较函数，默认通过 SkipList 来实现。当应用写入一条 Key：Value 记录的时候，会先向 log 文件里写入，成功后将记录插进 MemTable 中，这样基本就算完成了写入操作，因为一次写入操作只涉及一次磁盘顺序写入和一次内存写入，因此写入速度极快。在每层压缩的时候进行合并或键值更新等操作。

读取数据的原则是读取最新的数据。先从 MemTable 中读取数据，如果 MemTable 中没有数据则从 Immutable MemTable 中读取，按 Level 0、Level 1、Level 2 的顺序依次读取。

5．内存数据存储架构

内存数据存储可以简单理解为缓存。缓存其实已经不是什么新概念了，无论在操作系统中还是在传统的数据管理系统中，都有缓冲区或者缓存，主要是为了平衡 CPU 和磁盘之间的速度差异，提高效率。在大数据的应用场景中，由于数据量比较大，数据的处理逻辑也比较复杂，因此一些中间过程结果可以复用的数据就可以通过分布式缓存来进行临时存储，其他任务就可以避免数据的二次加工，从而提高效率。

Alluxio（之前名为 Tachyon）是世界上第一个以内存为中心的虚拟的分布式存储系统。它统一了数据访问的方式，为上层计算框架和底层存储系统构建了桥梁。应用只需要连接 Alluxio 即可访问存储在底层任意存储系统中的数据。此外，Alluxio 的以内存为中心的架构使得数据的访问速度能比现有方案快几个数量级。Alluxio 的内存数据存储架构如图 5-6 所示。

图 5-6   Alluxio 的内存数据存储架构

Alluxio 的特点是数据存储与计算分离，两部分引擎可以进行独立的扩展。上层的计算引擎（如 Hadoop、Spark）可以通过 Alluxio 访问不同数据源（如 Amazon S3、HDFS）中的数据，并通过 Alluxio 屏蔽底层不同的数据源，做到数据的无感获取。

5.3   数据存储模型设计

比较常见的数据存储模型是按关系模型来组织、管理和存储数据。为了保证性能，工业界在关系模型上做了一定的妥协，即针对不同的场景采用不同的存储方式，并没有完全遵守数据存储模型的设计原则。比如：Redis 是非关系数据库，这类技术被称为 NoSQL；还有像 NewSQL 一样新出现的一类数据库，不仅具有 NoSQL 对海量数据的存储管理能力，还保持了传统数据库对 ACID 和 SQL 特性的支持。因此，在不同的场景下，使用的数据存储模型是不一样的，需要针对场景本身选择最合适的数据存储模型。

5.3.1   数据模型的定义

数据模型是对现实世界数据特征的抽象，用于描述一组数据的概念和定义，是数据库系统中数据的存储方式的基础。在数据库中，数据的物理结构也被称为数据的存储结构，它指的是数据元素在计算机存储器中的表示和配置方式。数据的逻辑结构是指数据元素之间的逻辑关系，它是数据在用户或程序员面前的表现形式。需要注意的是，数据的存储结构不一定与逻辑结构一致。数据模型也是数据架构的一部分，既要能满足对业务办理的诉求，也要能满足数据存储及处理需求。数据模型是在业务和技术实现之间建立起一座通畅的桥梁，其目的是描述数据应该如何组织、存储、处理及管理。

数据模型是使用结构化的语言将收集到的组织业务经营、管理和决策中使用的数据需求进行综合分析，按照模型设计规范将需求重新组织。从模型覆盖的内容粒度看，数据模型一般分为主题域模型、概念模型、逻辑模型和物理模型。

主题域模型是最高层级的、以主题概念及其之间的关系为基本构成单元的模型，主题是对数据表达事物本质概念的高度抽象。概念模型是以数据实体及其之间的关系为基本构成单元的模型，实体名称一般采用标准的业务术语命名。逻辑模型是在概念模型的基础上细化，以数据属性为基本构成单元。物理模型是逻辑模型在计算机信息系统中依托于特定实现工具的数据结构。一个典型的制造业数据模型示例如图 5-7 所示。

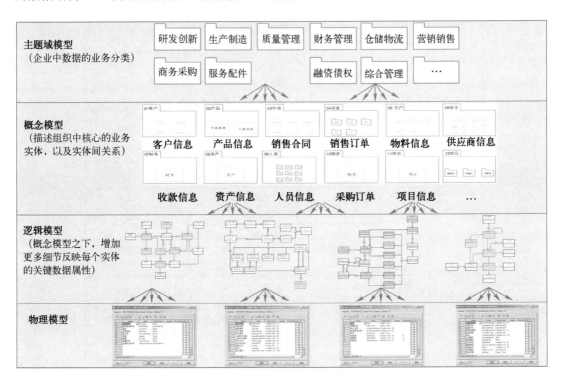

图 5-7　制造业典型数据模型示例

5.3.2 从概念模型到物理模型

数据模型是对现实世界进行分析、抽象，并从中找出内在联系，进而确定数据库的结构。数据模型的种类很多，目前被广泛使用的数据模型可分为两类：第一类是概念模型，第二类是逻辑模型和物理模型。

1. 概念模型

概念模型就是从现实世界到信息世界的第一层抽象，确定领域实体属性关系等，使用 E-R 图表示，E-R 图主要是由实体、属性和联系三个要素构成的。

实体是客观存在并可相互区别的事物。实体可以是具体的人、事、物，也可以是抽象的概念和联系。实体应包含描述性信息。如果一个数据元素有描述性信息，则该数据元素应被识别为实体；如果一个数据元素只有一个标识名，则其应被识别为属性。某企业研发管理域实体示例如图 5-8 所示。

一级域	二级域	三级域	核心实体
研发管理	产品设计管理	任务分解	产品设计计划 试验计划 任务包
		产品设计与仿真	EBOM（包括图纸、模型）、设计文件 设计仿真信息 调试大纲 试验大纲、试验结果信息
		审批与发布	EBOM及设计文件信息 采购需求 工装设计结果
		设计更改	设计更改通知
	工艺设计管理	工艺分解	工艺设计计划 PBOM结构
		工艺设计与仿真	PBOM及工艺文件信息（包括工艺路线、工艺卡片、工艺资源、工装工具、设备、辅料、NC程序等）、过程控制卡、工艺仿真信息
		审批与发布	PBOM 采购需求、外协技术要求、外协下料申请单、外协基准价格核算单 工装设计要求
		工艺更改	工艺更改通知

图 5-8　某企业研发管理域实体示例

某企业生产准备域概念模型示例如图 5-9 所示。

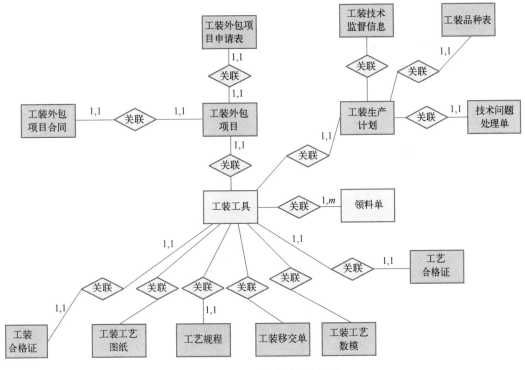

图 5-9 某企业生产准备域概念模型示例

2. 逻辑模型

逻辑模型是将概念模型转化为具体的数据模型的过程，即按照概念结构设计阶段建立的基本 E-R 图，按选定的管理系统软件支持的数据模型（层次、网状、关系、面向对象）转换成相应的逻辑模型，这种转换要符合关系数据模型的原则。目前流行的是关系数据模型（也就是对应的关系数据库）。E-R 图向关系数据模型的转换是要解决如何将实体和实体间的联系转换为关系，并确定这些关系的属性和码。这种转换一般按下面的原则进行：

1）一个实体转换为一个关系，实体的属性就是关系的属性，实体的码就是关系的码。

2）一个联系也转换为一个关系，联系的属性及联系所连接的实体的码都转换为关系的属性，但是关系的码会根据联系的类型变化，如果是：

● 1:1 联系，两端实体的码都成为关系的候选码。

● 1:n 联系，n 端实体的码成为关系的码。

● m:n 联系，两端实体码的组合成为关系的码。

逻辑模型是对概念模型的进一步分解和细化，需要通过关键数据属性描述更多的业务细节，包括实体、属性以及实体关系。逻辑模型通常包括关键的数据属性，而不是全部的实体和全部的属性。关键数据属性是指如果缺失它，企业业务将无法运转，它的识别和设计具有一定的主观性，需要依托企业运行的业务流程及业务活动判断。

某企业质量管理中的某子主题的逻辑模型如图 5-10 所示。

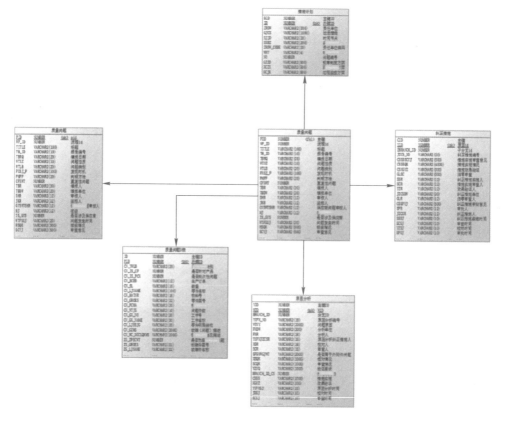

图 5-10　某企业质量管理中的某子主题的逻辑模型

3.物理模型

物理模型就是根据逻辑模型对应到具体的数据模型的机器实现，是对真实数据库的描述，如关系数据库中的一些对象为表、视图、字段、数据类型、长度、主键、外键、索引、约束、是否可为空、默认值等。

从概念模型到物理模型会经过概念设计、逻辑设计、物理设计三个阶段。概念设计就是设计 E-R 图，逻辑设计是将概念模型转换为等价的、并为特定 DBMS 所支持的数据模型（比如关系模型）。物理设计就是有效地实现数据模型，确定所采取的策略。

1）概念设计。概念设计是对用户要求描述的现实世界（可能是一个工厂、一个商场或者一个学校等），通过对其中诸处的分类、聚集和概括，建立抽象的概念模型。这个概念模型应反映现实世界各部门的信息结构、信息流动情况、信息间的互相制约关系以及各部门对信息储存、查询和加工的要求等。所建立的概念模型应避开数据库在计算机上的具体实现细节，用一种抽象的形式表示出来。以扩充的实体-联系模型（E-R 模型）方法为例：第一步，明确各部门实际所含的各种实体及其属性、实体间的联系以及对信息的制约条件等，从而给出各部门内所用信息的局部描述（在数据库中称为"用户的局部视图"）；第二步，将前面得到的多个用户的局部视图集成为一个全局视图，即用户要描述的现实世界的概念模型。

2）逻辑设计。逻辑设计的主要工作是将现实世界的概念模型设计成数据库的一种逻辑模型，即适应于某种特定数据库管理系统所支持的逻辑模型。与此同时，可能还需要为各种数据处理应用领域设计相应的逻辑子模型。逻辑设计的结果就是所谓"逻辑数据库"。

3）物理设计。物理设计是根据特定数据库管理系统所提供的多种存储结构和存取方法等依赖于具体计算机结构的各项物理设计措施，对具体的应用任务选定最合适的物理存储结构（包括文件类型、索引结构和数据的存放次序与位逻辑等）、存取方法和存取路径等。物理设计的结果就是所谓"物理数据库"。

4）三者关系是：首先进行概念设计，其次进行逻辑设计，最后进行物理设计，一级一级设计。

5.3.3 数据存储模型的选择依据

数据存储模型的选择是为了满足使用场景和用户服务，因此在选择前需要回答一些业务指标和技术指标方面的问题，以便了解数据存储模型的应用环境。通常会考虑如下指标：

- 用户量：用户量预估多少？
- 数据量：数据量预估多少？日均增量能有多少？
- 读写偏好：数据是读取多一些还是写入多一些？
- 数据场景：强事务型需求还是分析型需求？
- 运行性能要求：并发量是多少？高峰、平均、低谷的预估分别是多少？

抛开业务指标和技术指标方面的维度对比，选择数据存储模型时还需要考虑以下几个方面：

1）数据规模。当前的数据规模以及未来的数据规模，取决于对数据治理的定位及未来的发展预期。大数据时代，企业的数据生产方式越来越丰富，数据量越来越大，选择成本可控且容易扩展的数据存储模型是当前比较常见的选择。

2）数据生产方式。有些数据生产端没有数据存储模型，因此会通过实时推送的方式将生产数据按特定协议和方式进行推送，这类场景要求数据采集时，数据存储模型能够满足数据实时落地的需求。有些目标存储模型不具备这种高性能落地的能力，因此需要考虑在数据生产端和目标存储端中间加一个写性能较好的数据存储模型。

3）数据使用场景。数据使用场景决定了数据存储模型的选择，如离线的数据分析适合非人机交互的场景，搜索则需要能够快速检查并支持一些关键字和权重处理。这些能力也需要有特定的存储来支撑。针对这些复杂的场景，在大规模数据处理环境下，任何一个以前认为可能忽视的小问题都可能被无限放大，因此像以前一样靠一种存储能力解决所有问题是不太可能的。

基于以上三个方面，在数据治理时，需要结合企业自身情况选择合适的数据存储模型来满足企业的数据战略和数据应用需求。

5.3.4 典型的数据存储模型

数据存储模型分为列式数据存储模型、文档数据存储模型、键值数据存储模型和图式数据存储模型四种类型。

1. 列式数据存储模型

1）定义。列式数据存储模型是一种数据库存储方式，它将数据按列进行存储，每一列的数据都是连续存储的。相同类型的数据存储在一起，以提高数据的压缩率和查询性能。

2）存储特点。列式数据存储模型具有以下特点：

- 压缩率高：相同类型的数据被连续存储，可以利用数据的重复性和相似性进行压缩，从而减少存储空间的占用。
- 查询性能好：由于列式数据存储模型将相同类型的数据存储在一起，可以只读取需要的列数据，减少了不必要的数据读取，提高了查询性能。
- 灵活性强：列式数据存储模型可以根据需要选择读取的列，而不需要读取整个记录，从而提高了查询的灵活性和效率。

3）应用范围。列式数据存储模型适用于以下场景：

- 分析型应用：由于列式数据存储模型的查询性能好，特别适用于大规模数据分析和复杂查询的场景，如数据仓库、商业智能等。
- 大数据环境：列式数据存储模型可以充分利用数据的压缩率和查询性能优势，适用于大数据环境下的数据存储和处理。
- 高并发读取：列式数据存储模型可以只读取需要的列数据，因此适用于高并发读取的场景，如实时报表、数据分析等。

4）优缺点。列式数据存储模型具有以下优点和缺点：

- 优点：查询性能好，由于只读取需要的列数据，减少了不必要的数据读取，提高了查询性能；压缩率高，相同类型的数据连续存储，可以利用数据的重复性和相似性进行压缩，减少存储空间的占用；灵活性强。可以根据需要选择读取的列，提高了查询的灵活性和效率。
- 缺点：更新性能较低，由于数据的存储方式是按列存储的，更新操作需要修改多个列，导致更新性能较低；存储结构复杂，由于数据的存储方式是按列存储的，需要维护列与列之间的关系，存储结构相对复杂。

5）典型的产品：Hadoop、Hypertable。

2. 文档数据存储模型

1）定义。文档数据存储模型以文档为单位来组织和存储数据。每个文档都是一个独立的实体，可以包含不同类型的数据和结构。文档通常以 JSON 或 BSON 等格式进行存储。

2）存储特点。文档数据存储模型具有以下特点：

- 灵活的数据结构：文档数据存储模型可以包含不同类型的数据和结构，可以嵌套包含其他文档或数组等复杂数据类型，具有很高的灵活性。
- 高度可扩展：文档数据存储模型支持动态添加字段，可以轻松地扩展和修改数据结构，适应不断变化的业务需求。
- 快速查询：文档数据存储模型支持索引和查询优化，可以快速检索和查询文档中的数据，提高查询性能。

- 适应半结构化数据：文档数据存储模型适用于半结构化数据，如日志、文本文档等，可以存储和处理不同格式和类型的数据。

3）应用范围。文档数据存储模型适用于以下场景：

- Web 应用程序：文档数据存储模型适用于 Web 应用程序的数据存储和处理，如博客、社交媒体等。
- 大规模数据存储：文档数据存储模型可以应对大规模数据的存储和处理，适用于大数据环境下的数据管理和分析。
- 云计算和分布式系统：文档数据存储模型适用于云计算和分布式系统，可以方便地存储和处理分布在多个节点上的数据。

4）优缺点。文档数据存储模型具有以下优点和缺点：

- 优点：灵活性强，文档数据存储模型可以存储不同类型和结构的数据，具有很高的灵活性；可扩展性好，文档数据存储模型支持动态添加字段，可以轻松扩展和修改数据结构；查询性能高，文档数据存储模型支持索引和查询优化，可以快速检索和查询文档中的数据。
- 缺点：存储空间占用较大，由于文档数据存储模型的灵活性强，因此其存储空间占用相对较大；更新性能较低，由于文档数据存储模型的灵活性强，更新操作可能需要修改整个文档，导致更新性能较低；查询复杂度高：由于文档数据存储模型的灵活性强，复杂查询可能需要使用复杂的查询语句和索引。

5）典型的产品：MongoDB、ElasticSearch。

3. 键值数据存储模型

1）定义。键值数据存储模型以键值对的形式来组织和存储数据。每个数据项都由一个唯一的键和对应的值组成。键值对通常以散列表或类似的数据结构进行存储。

2）存储特点。键值数据存储模型具有以下特点：

- 简单的数据结构：键值数据存储模型使用简单的键值对数据结构，易于理解和使用。
- 高性能的读写操作：由于键值数据存储模型使用散列表等数据结构，读写操作具有很高的性能。
- 快速的键查找：键值数据存储模型使用散列表等索引结构，可以快速查找指定键对应的值。
- 可扩展的存储容量：键值数据存储模型可以根据需要扩展存储容量，适应不断增长的数据量。

3）应用范围。键值数据存储模型适用于以下场景：

- 缓存系统：键值数据存储模型常用于缓存系统，可以快速存储和检索经常访问的数据，提高系统性能。
- 分布式存储系统：键值数据存储模型适用于分布式存储系统，可以方便地存储和管理分布在多个节点上的数据。
- 会话管理：键值数据存储模型可以用于会话管理，即存储和维护用户的会话信息。

4）优缺点。键值数据存储模型具有以下优点和缺点：

● 优点：高性能，键值数据存储模型具有快速的读写操作和键查找能力，适用于对性能要求较高的场景；简单易用，键值数据存储模型使用简单的键值对结构，易于理解和使用；可扩展性好，键值数据存储模型可以根据需要扩展存储容量，适应不断增长的数据量。

● 缺点：查询灵活性差，键值数据存储模型的查询功能相对较弱，通常只能通过键进行查找，对于复杂查询需求不够灵活；数据关联较弱：键值数据存储模型通常不支持数据之间的关联和引用，不适用于复杂数据关系的场景；存储空间浪费：键值数据存储模型在存储数据时，可能会浪费一部分存储空间，特别是对于值较小的数据项。

5）典型的产品：Redis、DynamoDB、LevelDB。

4. 图式数据存储模型

1）定义。图式数据存储模型是以图的形式来组织和存储数据。图由节点和边组成，节点表示实体，边表示实体之间的关系。图式数据存储模型通过节点和边的关系来表示数据之间的连接和关联。

2）存储特点。图式数据存储模型具有以下特点：

● 强大的关联性：图式数据存储模型能够更好地表示数据之间的关系和连接，可以存储和查询复杂的数据关联。

● 灵活的数据模型：图式数据存储模型的数据模型相对灵活，可以根据需求定义节点和边的属性和关系。

● 高效的查询操作：图式数据存储模型使用索引和遍历算法来进行查询操作，具有较高的查询性能。

● 可扩展的存储容量：图式数据存储模型可以根据需要扩展存储容量，适应不断增长的数据量。

3）应用范围。图式数据存储模型适用于以下场景：

● 社交网络：图式数据存储模型可以用于存储和分析社交网络数据，表示用户之间的关系和连接。

● 知识图谱：图式数据存储模型可以用于构建和查询知识图谱，表示知识之间的关联和语义。

● 推荐系统：图式数据存储模型可以用于推荐系统，存储用户、商品和用户行为之间的关系。

4）优缺点。图式数据存储模型具有以下优点和缺点：

● 优点：强大的关联能力，图式数据存储模型能够更好地表示和查询数据之间的关联和连接；灵活的数据模型，图式数据存储模型的数据模型相对灵活，可以根据需求定义节点和边的属性和关系；高效的查询操作，图式数据存储模型使用索引和遍历算法进行查询，具有较高的查询性能。

● 缺点：学习曲线较陡，图式数据存储模型相对于传统的关系数据库，学习和使用的门槛较高；存储空间消耗较大，图式数据存储模型在存储数据时，可能会占用较大的存储空间，特别是对于复杂的关联关系；部分查询性能较低，对于某些特定的查询操作，图式数据存储模型的性能可能较低。

5）典型的产品：Neo4j。

5.3.5　数据模型管理

数据模型是数据资产管理的基础，一个完整、可扩展、稳定的数据模型对于数据资产管理的成功起着重要的作用。通过数据模型管理可以清楚地表达企业内部各种业务主体之间的数据相关性，使不同部门的业务人员、应用开发人员和系统管理人员获得关于企业内部业务数据的统一完整视图。

数据模型管理主要是为了解决架构设计和数据开发的不一致，而对数据开发中的表名、字段名的规范性进行约束。数据模型管理一般与数据标准相结合，通过数据模型管理维护各级模型的映射关系，通过关联数据标准来保证最终数据开发的规范性。理想的数据模型应该具有非冗余、稳定、一致和易用等特征。

数据模型管理是指在信息系统设计时，参考业务模型，使用标准化用语、单词等数据要素来设计企业数据模型，并在信息系统建设和运行维护过程中，严格按照数据模型管理制度，审核和管理新建数据模型。数据模型的标准化管理和统一管控，有利于指导企业数据整合，提高信息系统数据质量。数据模型管理包括数据模型的设计、数据模型和数据标准词典的同步、数据模型审核发布、数据模型和数据标准词典的同步、数据模型审核发布、数据模型差异对比、版本管理等。

5.4　数据存储架构设计

数据存储架构设计是一个关键的过程，它包括对数据的类型、结构、量级和访问模式等方面的了解。通过深入了解业务需求和数据特点，可以更好地设计合适的数据存储架构。

5.4.1　数据存储架构概述

数据存储架构是指为了满足数据管理和应用需求而设计和构建的系统化框架。它包含一系列的组件、技术和策略，旨在有效地存储、管理和访问数据，以支持业务运营和决策。数据存储架构主要包括以下内容：

1）数据存储组件：数据存储架构包含各种数据存储组件，如数据库、文件系统、缓存系统等。这些组件负责数据的实际存储和管理，根据业务需求选择适当的存储技术和工具。

2）数据模型和结构设计：数据存储架构涉及数据的模型和结构设计。这包括定义数据的实体、属性和关系，以及数据的层次结构、索引和约束等。通过合理的数据模型和结构设计，可以提高数据的存储效率和查询性能。

3）数据访问和查询：包括设计合适的数据访问接口、查询语言和索引策略，以支持快速的数据检索和分析。

4）数据安全和隐私：包括数据加密、访问控制、身份验证和审计等措施，以确保数据的机密性、完整性和可用性。

5）数据备份和恢复：数据存储架构需要设计合适的数据备份和恢复策略，以应对数据丢失或损坏的情况。这包括定期备份数据、建立冷备份和热备份等机制，以及实施数据恢复的流程和工具。

6）数据治理和合规性：数据治理包括对数据进行规范、管理和监控，确保数据的质量和安全性；合规性则是指数据存储架构需要符合相关法规和标准的要求，如数据隐私保护、数据安全性等。

7）可扩展性和性能：包括设计适合的数据分区和分片策略，以及优化数据存储和访问的性能，以应对数据量增长和高并发访问的需求。

通过综合考虑以上内容，数据存储架构可以提供高效、可靠和安全的数据存储和管理能力，支持企业的业务运营和决策。因此，在设计和构建数据存储架构时，需要综合考虑各个方面的因素，以满足业务需求和数据治理的要求。

5.4.2　数据存储架构设计步骤

1．数据需求分析

在设计数据存储架构之前，需要进行全面的数据需求分析，包括对数据的类型、结构、量级和访问模式等方面的了解。通过深入了解业务需求，可以更好地设计合适的数据存储架构。

1）收集业务需求：通过与业务相关的各个部门和利益相关者进行沟通，收集业务需求。这包括了解业务目标、业务流程、数据使用场景和数据处理要求等。通过与业务人员的交流，可以获得他们对数据存储架构的需求和期望的详细理解。

2）确定数据类型和规模：包括了解数据的结构化和非结构化特征，了解数据的大小、增长率和存储周期等。通过对数据类型和规模的分析，可以为后续的数据存储架构设计提供参考。

3）定义数据访问模式：包括了解数据的读写比例、并发访问量和访问频率等。通过对数据访问模式的分析，可以为后续的数据存储架构设计提供性能和扩展性的保障。

4）分析数据一致性和完整性要求：在数据需求分析中，需要考虑数据的一致性和完整性要求。这包括了解数据的一致性要求（如事务性数据和一致性副本的需求），以及数据的完整性要求（如数据验证和错误处理等）。通过对数据一致性和完整性要求的分析，可以为后续的数据存储架构设计提供数据保护和数据质量的参考。

5）考虑数据安全和隐私需求：包括了解数据的敏感性和保密性要求，以及数据的访问控制和加密需求等。通过对数据安全和隐私需求的分析，可以为后续的数据存储架构设计提供安全性和合规性的参考。

6）评估现有数据存储和管理系统：包括了解现有系统的优点和不足，以及现有系统对于业务需求的满足程度。通过对现有数据存储和管理系统的评估，可以为后续的数据存储架构设计提供改进和升级的建议。

7）提出数据存储架构设计方案：在数据需求分析的基础上，提出数据存储架构设计方案。这包括确定适当的数据存储组件、数据模型和结构，以及数据访问和查询机制等。通过综合考虑业务需求、数据特征和安全性要求等因素，为数据存储架构设计提供综合和可行的解决方案。

通过数据需求分析可以为数据存储架构设计提供详细的内容和步骤，确保设计的数据存储架构能够满足业务需求、数据管理需求和安全性要求。

2．确定数据类型和规模

1）收集数据源信息：包括确定数据源的种类和来源，例如数据库、文件系统、传感器等。通过收集数据源的信息，可以获得对数据类型和规模的初步了解。

2）分析数据结构：包括了解数据的组织方式，例如关系型数据表、文档型数据集、图形数据等。通过分析数据的结构，可以确定数据的类型和存储方式。

3）识别数据属性：包括了解数据的字段、属性和元数据等。通过识别数据的属性，可以确定数据的特征和存储需求。

4）评估数据大小：包括了解数据的容量、存储需求和增长趋势等。通过评估数据的大小，可以为后续的数据存储架构设计提供容量规划和扩展性的参考。

5）分析数据增长率：包括了解数据的增长速度和增长趋势等。通过分析数据的增长率，可以为后续的数据存储架构设计提供性能和扩展性的参考。

6）考虑数据存储周期：包括了解数据的保留期限和存储需求等。通过考虑数据的存储周期，可以为后续的数据存储架构设计提供存储管理和数据归档的参考。

7）综合分析数据需求：包括综合考虑业务需求、数据管理需求和存储需求等。通过综合分析数据需求，可以为数据存储架构设计提供综合和可行的解决方案。

通过确定数据类型和规模，可以帮助设计一个合适的数据存储架构，确保数据存储架构能够满足数据的类型、规模和存储需求。同时，这也有助于提高数据的访问性能、保证数据的完整性和安全性，并为后续的数据治理提供基础。

3．定义数据访问模式

定义数据访问模式是指在数据存储架构设计过程中，明确和规划数据的访问方式和模式，以确保数据能够被准确、高效地访问和利用。数据访问模式定义了数据的读取、写入和查询等操作的规则和方法，以满足业务需求、提高性能和保障数据的安全性。

1）确定数据访问需求：包括了解用户或应用程序对数据的访问方式、频率和性能要求等。通过了解数据访问需求，可以为后续的数据访问模式定义提供指导。

2）分析数据访问模式：包括了解数据的读取、写入、更新和删除操作的比例、并发性和时序性等。通过分析数据访问模式，可以确定数据的访问特征和访问模式的设计原则。

3）划分数据访问层级：包括将数据划分为热数据、温数据和冷数据等不同层级。通过划分数据访问层级，可以为后续的数据存储设计提供存储策略和数据迁移的依据。

4）设计数据缓存策略：包括确定数据缓存的大小、缓存算法和缓存更新机制等。通过设计数据缓存策略，可以提高数据的访问性能和响应速度。

5）定义数据分区方案：包括将数据按照某种规则进行分区，例如按照时间、地理位置或业务属性等。通过定义数据分区方案，可以提高数据的查询效率和分布式存储的可扩展性。

6）考虑数据备份和恢复：包括确定数据备份的频率、备份的存储位置和备份的恢复机制等。通过考虑数据备份和恢复，可以确保数据的可靠性和可恢复性。

7）综合分析数据访问需求：包括综合考虑数据访问的性能、安全性和可扩展性等。通过综合分析数据访问需求，可以为数据存储架构设计提供综合和可行的访问模式定义。

通过定义数据访问模式，可以帮助设计一个合适的数据存储架构，确保数据的访问方式和性能能够满足用户或应用程序的需求。同时，这也有助于提高数据的可用性，保证数据的一致性和安全性，并为后续的数据治理提供基础。

4. 分析数据一致性和完整性要求

分析数据一致性和完整性要求是指在数据存储架构设计过程中，对数据的一致性和完整性需求进行深入分析和理解，以确保数据在存储过程中得到正确的处理，保持一致性和完整性，并满足业务需求和法规合规要求。

1）数据一致性要求的分析：包括数据的更新频率、并发操作、数据同步和数据复制等因素。这包括了解业务对于数据一致性的要求，以及数据一致性级别的定义。同时，还需要考虑数据一致性的实现方式，如使用事务、复制技术或分布式协议等。

2）数据完整性要求的分析：包括数据的完整性规则、验证机制和异常处理等因素。这包括了解业务对于数据完整性的要求，以及数据的完整性验证规则的定义。同时，还需要考虑数据完整性的实现方式，如使用约束、触发器或数据验证工具等。

3）数据一致性策略的设计：包括确定数据一致性的实现方式，如强一致性、最终一致性或事件一致性等。同时，还需要考虑数据一致性的性能、可靠性和可扩展性等。

4）数据完整性策略的设计：包括确定数据的完整性验证规则、异常处理机制和数据修复策略等。同时，还需要考虑数据完整性的性能、可靠性和可扩展性等。

5）数据备份和恢复策略的制定：在设计数据一致性策略和完整性策略时，需要制定数据的备份和恢复策略。这包括确定数据备份的频率、备份的存储位置和备份的恢复机制等。同时，还需要考虑数据备份和恢复的性能、可靠性和可恢复性等。

5. 考虑数据安全和隐私需求

在数据存储架构设计中，考虑数据安全和隐私需求是指在设计数据存储架构时，明确并采取相应的措施以保护数据的安全性和隐私性。这包括确保数据的机密性、完整性和可用性，并遵循相关的法规和标准，以防止未经授权的访问、泄露或滥用。

1）数据安全需求的分析：在考虑数据安全和隐私需求时，需要分析数据的敏感性和重要性，并确定相应的安全级别。这包括识别和分类数据的敏感信息，如个人身份信息、财务数据或商业机密等，并了解数据的访问权限和使用约束。

2）数据安全和隐私保护措施的设计：在设计数据存储架构时，需要采取适当的安全保护措施来保护数据的安全性和隐私性。这包括使用加密技术对数据进行加密，确保数据在传输和存储过程中的机密性。同时，还需要采取访问控制措施，限制对敏感数据的访问，并记录和监控数据的访问行为。

3）合规性要求的考虑：在考虑数据安全和隐私需求时，需要遵守相关的法规和标准，如 GDPR、HIPAA、PCI DSS 等。这包括确保数据的合规性，如数据保留期限、数据使用目的和数据主体的权利等。同时，还需要制定相应的政策和流程，以确保数据的合规性和合法性。

4）数据安全和隐私风险评估：在设计数据存储架构时，需要进行数据安全和隐私风险评估，识别潜在的安全威胁和隐私风险，并采取相应的措施进行风险管理。这包括制订应急响应计划，以应对数据泄露、数据丢失或数据滥用等安全事件。

6．评估现有的数据存储和管理系统

评估现有的数据存储和管理系统是指对当前已存在的数据存储和管理系统进行全面的分析和评估，以了解其性能、安全性、可扩展性和适应性等方面的情况，为后续的数据存储架构设计和改进提供基础和指导。

1）收集现有系统信息：需要收集现有的数据存储和管理系统的相关信息，包括系统架构、数据存储方式、数据处理流程、性能指标、安全措施、扩展性等方面的信息。

2）分析系统性能：对现有系统的性能进行分析，包括数据读写速度、响应时间、并发处理能力等方面的指标。通过性能分析，可以确定系统的瓶颈和改进的方向。

3）评估数据安全性：对现有系统的数据安全性进行评估，包括数据的保密性、完整性和可用性等。通过分析系统的安全措施，如访问控制、加密技术、备份策略等，可以确定是否满足数据安全性的需求。

4）分析可扩展性：分析现有系统的可扩展性，包括数据容量的扩展、用户数量的增长等方面。通过评估系统的架构设计和技术选型，可以确定系统是否能够满足未来的业务需求和扩展计划。

5）评估适应性：对现有系统的适应性进行评估，包括是否能够适应新的技术和标准、是否能够与其他系统进行集成等。通过分析系统的灵活性和可定制性，可以确定是否需要进行改进或替换。

通过对现有的数据存储和管理系统的评估，可以全面了解系统的性能、安全性、可扩展性和适应性等方面的情况，并为后续的数据存储架构设计和改进提供参考和指导。评估的结果可以帮助决策者制订合理的改进计划，以提升数据存储架构的效率、安全性和可用性。数据治理的概念强调对数据的全面管理和优化，评估现有系统是数据治理过程中的重要环节之一。

7．估算性能需求

基于具体的业务场景来估算性能需求，包括存储量、读写性能等。从两个层面进行性能需求估算：基于用户行为建模，预估性能需求；通过规划、推算、对比的方式进行性能需求估算。从这两个层面进行估算的依据如下：

1）规划：根据成本、预算、目标等确定规划。

2）推算：基于已有数据进行推算。

3）对比：利用相关业务或者场景进行对比，了解类似业务情况下所需存储量的大小。

4）用户行为建模：可以从行为、数量、频率三个维度进行评估，行为是指用户的典型行为，数量是指采取某种行为的用户数量，频率是指用户某种行为的频率。

5）存储性能需求计算：可以通过数据量、请求量、预留量三个维度进行计算，存储量指需要存储的数据总量，请求量是指对数据的读写请求（QPS、TPS），预留量指的是需要预留出来的增长空间。

并不是所有的数据都要采用同样的存储方式，例如当前数据和历史数据需要分开存储。TPS 和 QPS 需要计算出以秒为单位的数值，并且要计算平均值和峰值。预留增长不能太大也不能太小，且太大太小没有固定标准，一般情况下，1.5 倍、2 倍都是可以的。

8．选择存储系统

选择合适的存储系统，需要结合企业自身技术储备，同时需要考虑如何运维。根据存储方案的优缺点综合考虑，选择合适的存储系统。确定好数据存储架构之后，再进行存储系统的选择。常用的数据存储架构选择模式如图 5-11 所示，基于图中描述的方法即可选择合适的数据存储架构。

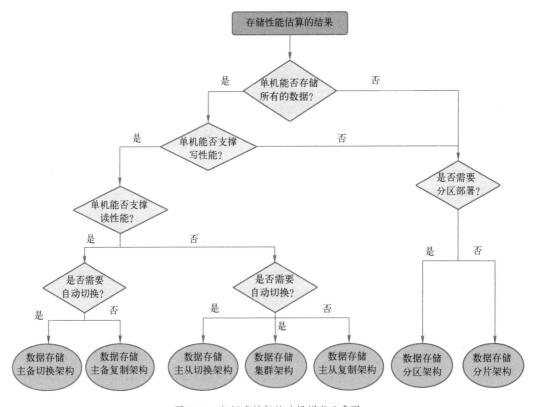

图 5-11　数据存储架构选择模式示意图

数据存储系统的选择方法如下：

1）看技术本质：挑选应用场景和系统本质切合的系统，比如，MongoDB 是文档数据库，MySQL 是关系型数据库，Redis 是内存型数据库，ElasticSearch 是倒排索引搜索引擎，HBase 是列式存储数据库等。

2）看技术储备：挑选熟悉的、符合企业技术储备的系统。

3）从可维护性、成本、成熟度等方面综合考虑。

9．设计存储方案

基于选择的数据存储系统，设计其具体的存储方案。存储方案的设计要具体到数据结构的设计，例如，如何设计具体的表，选择 Redis 的哪个数据结构。设计存储方案的步骤如下：

1）设计数据结构：根据数据存储系统提供的数据结构，选择或设计具体的数据结构来满足企业的业务需求。例如，如果选择 Redis 作为数据存储系统，可以考虑使用 Redis 的散列表、有序集合、列表等数据结构来存储数据。

2）验证读写场景：将设计好的数据结构应用到具体的场景中进行验证。通过模拟实际的读写操作，验证数据结构的读写效果和正确性。这个步骤可以帮助确定数据结构的适用性和性能。

3）评估读写性能：对于验证过的场景，评估数据结构设计是否满足性能需求。通过测试读写性能（包括响应时间、吞吐量等指标），来判断设计的数据结构是否满足预期的性能要求。如果性能不满足需求，可能需要重新设计数据结构或调整存储方案。

需要注意的是，设计存储方案是一个迭代的过程。在实际应用中，可能需要多次进行验证和评估，并根据实际情况进行调整和优化。同时，也要考虑数据治理的概念，确保数据的质量、安全和合规性。

5.4.3 典型的数据存储系统

数据存储系统是指用于存储和管理数据的软件和硬件组件的集合。它提供了数据存储、访问和操作的功能，是整个数据存储架构的核心组成部分。

数据存储系统可以根据其存储结构和数据模型的不同进行分类。下面是对数据存储系统的常见分类：

1）关系数据库系统。关系数据库系统采用表格形式来组织和存储数据，使用 SQL 进行数据查询和操作。它具有良好的数据一致性和完整性，并支持复杂的数据关系和事务处理。

2）非关系数据库系统。非关系数据库系统也被称为 NoSQL，采用非结构化或半结构化的数据模型来存储数据。它可以根据数据的特点选择适合的数据模型，如文档型、键值对、列族等，以满足不同的业务需求。

3）分布式文件系统。分布式文件系统将数据分布存储在多个节点上，通过网络进行数据的访问和传输。它具有高可扩展性和容错性，适用于大规模的数据存储和处理。

4）内存数据库系统。内存数据库系统将数据存储在内存中，以提供极高的读写性能。它适用于对读写性能要求较高的场景，如实时分析、缓存等。

5）对象存储系统。对象存储系统以对象为基本存储单元，将数据以二进制形式存储，并提供元数据来描述对象的属性和关系。它适用于海量数据的存储和分析，如云存储、大数据分析等。

此外，还有其他一些特定领域的存储系统，如时序数据库、图数据库等，可以根据实际需求选择合适的存储系统。

常见的数据存储系统如图 5-12 所示。

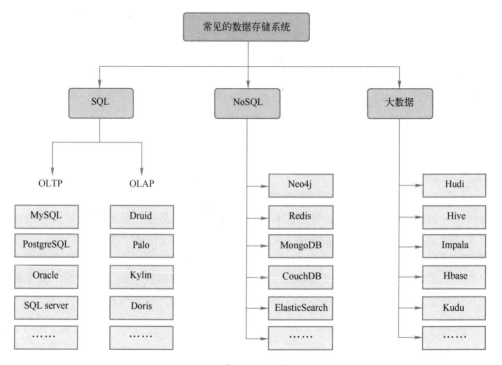

图 5-12　常见的数据存储系统

1. 关系数据库系统

关系数据库系统是指以关系模型为基础的数据库管理系统。它使用表格形式来组织和存储数据，每个表都由行和列组成，行表示记录，列表示字段。关系数据库系统使用 SQL 来进行数据查询和操作。

关系数据库系统具有以下特点：

1）数据一致性。关系数据库系统通过定义数据的结构和约束条件，保证数据的一致性和完整性。它支持主键、外键、唯一约束等机制，确保数据的准确性和有效性。

2）ACID 事务支持。关系数据库系统支持 ACID（原子性、一致性、隔离性、持久性）事务，保证数据的原子性和一致性。它提供了事务的提交和回滚机制，确保数据操作的可靠性。

3）灵活的查询能力。关系数据库系统通过 SQL 提供了强大的查询能力，可以进行复杂的数据查询和分析。它支持多表连接、聚合函数、子查询等功能，满足不同查询需求。

4）数据安全性。关系数据库系统提供了访问控制和权限管理机制，确保数据的安全性。它支持用户和角色的定义，可以限制用户对数据的访问权限，防止非授权访问和数据泄露。

典型的关系数据库系统包括以下几种：

1）Oracle Database。Oracle Database 是一款功能强大、可扩展性高的商业关系数据库系统。它具有丰富的特性和工具，广泛应用于大型企业级和大型数据处理场景。

2）MySQL。MySQL 是一款开源的关系数据库系统，具有高性能、可靠性和易用性。它广泛应用于 Web 服务和中小型企业的数据存储和管理。

3）Microsoft SQL Server。Microsoft SQL Server 是微软开发的关系数据库系统，适用于 Windows 环境。它具有良好的集成性和易用性，广泛应用于 Microsoft 技术栈中。

4）PostgreSQL。PostgreSQL 是一款功能强大、可扩展性好的开源关系数据库系统。它具有高级特性和丰富的扩展插件，广泛应用于各种应用场景。

5）IBM DB2。IBM DB2 是 IBM 开发的关系数据库系统，适用于多种平台。它具有高可靠性和可扩展性，广泛应用于大型企业和大型数据处理场景。

2. 非关系数据库系统

非关系数据库系统也被称为 NoSQL，是一种用于存储和管理大规模非结构化或半结构化数据的数据库管理系统。与关系数据库系统不同，非关系数据库系统采用了不同的数据模型和存储方式，以满足对大数据量、高并发性和灵活性的需求。

非关系数据库系统的特点如下：

1）数据模型多样性：非关系数据库系统支持多种数据模型，如键值对、文档型（Document）、列族型（Column Family）、图（Graph）等。这些数据模型能够更好地适应不同类型和结构的数据存储需求。

2）分布式存储和横向扩展：非关系数据库系统具有良好的分布式存储能力，可以将数据分散存储在多个节点上，实现数据的高可用性和横向扩展。它们通常采用分布式架构和自动分片技术，支持大规模数据处理和高并发访问。

3）高性能和低延迟：非关系数据库系统通过优化存储和查询算法，提供了高性能和低延迟的数据访问能力。它们通常采用内存计算、索引和并行处理等技术，以加快数据的读写和查询速度。

4）弹性和灵活性：非关系数据库系统具有较高的弹性和灵活性，能够处理半结构化和不规则的数据。它们通常不需要事先定义数据模式和结构，可以根据实际需求动态调整数据的格式和模式。

典型的非关系数据库系统包括以下几种：

1）MongoDB。MongoDB 是一款流行的文档型非关系数据库系统，适用于存储和查询复杂的半结构化数据。它具有高性能、可扩展性和灵活性，广泛应用于 Web 服务和大数据分析等场景。

2）Redis。Redis 是一款高性能的键值对非关系数据库系统，适用于缓存、消息队列和实时数据处理等场景。它支持多种数据结构和丰富的操作命令，具有快速的读写速度和低延迟等特点。

3）Cassandra。Cassandra 是一款列族型非关系数据库系统，适用于大规模的分布式数据存储和处理。它具有高可用性、可扩展性和容错性，广泛应用于分布式系统和云计算环境。

4）Neo4j。Neo4j 是一款非关系型图数据库系统，适用于存储和查询复杂的关联数据。它使用图结构来表示数据之间的关系，具有高效的图遍历和查询能力，广泛应用于社交网络分析和推荐系统等领域。

5）HBase。HBase 是一款列族型非关系数据库系统，基于 HDFS 构建。它适用于大规模数据存储和分析，具有高可靠性和可扩展性。

3．分布式文件系统

分布式文件系统是一种用于存储和管理大规模数据的文件系统，它将数据分散存储在多个节点上，以实现高可用性、可扩展性和容错性。与传统的单机文件系统不同，分布式文件系统通过分布式架构和数据冗余机制，确保数据的可靠性和持久性。

分布式文件系统的特点如下：

1）分布式存储：分布式文件系统将数据分散存储在多个节点上，每个节点都可以独立地存储和访问数据。这种分布式存储方式可以提高数据的可用性和可靠性，降低单点故障的风险。

2）数据冗余和备份：为了确保数据的可靠性和持久性，分布式文件系统通常采用数据冗余和备份机制。它会将数据复制到多个节点上，并定期进行数据同步和备份，以防止数据丢失或损坏。

3）可扩展性：分布式文件系统具有良好的可扩展性，可以根据数据量和访问需求的增长来扩展存储容量和处理能力。它们通常采用分布式架构和自动分片技术，支持大规模数据存储和高并发访问。

4）高性能和低延迟：分布式文件系统通过优化存储和访问算法，提供了高性能和低延迟的数据访问能力。它们通常采用并行处理、缓存和负载均衡等技术，以加快数据的读写和访问速度。

典型的分布式文件系统包括以下几种：

1）HDFS。HDFS 是一种开源的分布式文件系统，用于存储和处理大规模数据集。它是 Apache Hadoop 生态系统的核心组件之一，具有高可用性、可扩展性和容错性。

2）Google File System（GFS）。GFS 是谷歌开发的分布式文件系统，用于存储和管理谷歌的海量数据。它采用了和 Hadoop 类似的设计思想和架构原理，广泛应用于大规模数据存储和处理领域。

3）Ceph。Ceph 是一种分布式对象存储系统，也可以作为分布式文件系统使用。它具有高可靠性、可扩展性和性能优势，广泛应用于云计算和存储领域。

4）GlusterFS。GlusterFS 是一种开源的分布式文件系统，用于存储和管理大规模的文件和对象数据。它采用了横向扩展和冗余备份等技术，具有高可用性和可靠性。

综上所述，分布式文件系统是一种用于存储和管理大规模数据的文件系统，具有分布式存储、数据冗余和备份、可扩展性、高性能和低延迟等特点。典型的分布式文件系统包括 HDFS、GFS、Ceph 和 GlusterFS 等。在设计和实施分布式文件系统时，需要考虑数据治理的概念，以确保数据的质量、安全性和合规性。

4．内存数据库系统

内存数据库系统是一种基于内存存储和处理数据的数据库系统，它将数据存储在内存中，以实现高速的数据访问和处理。与传统的磁盘数据库系统相比，内存数据库系统具有更低的访问延迟和更高的吞吐量，适用于对实时性和性能要求较高的应用场景。

内存数据库系统的特点如下：

1）内存存储：内存数据库系统将数据直接存储在主内存中，而非磁盘上。这种存储方式使得数据的读写操作更加快速，可以实现亚毫秒级的响应时间。同时，内存数据库系统通常采用数据压缩和索引等技术，以提高内存利用率和数据访问效率。

2）实时性和高性能：由于数据存储在内存中，因此内存数据库系统具有极低的读写延迟和高速的数据处理能力。它通常采用并发处理、多线程和缓存等技术，以实现高并发访问和高吞吐量。

3）数据一致性：内存数据库系统通过事务管理和数据复制机制，确保数据的一致性和持久性。它支持 ACID 事务，可以保证数据的完整性和可靠性。

4）可扩展性：内存数据库系统具有良好的可扩展性，可以根据数据量和访问需求的增长来扩展存储容量和处理能力。它通常采用分布式架构和自动分片技术，支持大规模数据存储和高并发访问。

典型的内存数据库系统包括以下几种：

1）Redis。Redis 是一种开源的内存数据库系统，用于存储和处理大规模数据。它支持多种数据结构（如字符串、散列表、列表、集合和有序集合），并提供了丰富的数据操作和查询功能。

2）Memcached。Memcached 是一种分布式内存对象缓存系统，也可以作为内存数据库系统使用。它具有高速的数据读写和访问性能，广泛应用于 Web 服务和缓存加速领域。

3）VoltDB。VoltDB 是一种内存数据库系统，专注于实时数据处理和分析。它采用了基于事件驱动的架构和分布式存储技术，支持高速的数据处理和实时决策。

4）SAP HANA。SAP HANA 是一种内存计算平台和数据库系统，用于处理大规模数据和实时分析。它具有高速的数据读写和计算能力，广泛应用于企业级应用和数据分析领域。

5．对象存储系统

对象存储系统是一种用于存储和管理大规模、分散的非结构化数据的存储系统。与传统的关系数据库系统相比，对象存储系统更适用于存储海量的多媒体文件、日志数据、备份数据等非结构化数据。它们将对象作为基本的数据单元，通过唯一的标识符对数据进行访问和管理。

对象存储系统的特点如下：

1）对象存储模型：对象存储系统采用对象作为基本的数据单元，每个对象包含数据本身、元数据和唯一的标识符。对象可以是任意大小的数据块，不需要事先定义数据结构。这种存储模型使得对象存储系统能够存储和管理各种类型和格式的非结构化数据。

2）分布式存储：对象存储系统通常采用分布式存储架构，将数据分散存储在多个节点上。这种分布式存储方式提供了高可用性和容错能力，可以防止单点故障和数据丢失。同时，分布式存储还可以实现数据的并行读写和负载均衡，提高数据访问的性能和吞吐量。

3）扩展性：对象存储系统具有良好的可扩展性，可以根据数据量和访问需求的增长来扩展存储容量和处理能力。它们通常采用分布式文件系统和自动分片技术，支持大规模数据存储和高并发访问。

4）数据一致性：对象存储系统通过数据复制和冗余机制，确保数据的一致性和持久性。它们通常采用数据副本和纠删码等技术，以防止数据丢失和损坏。

典型的对象存储系统包括以下几种：

1）Amazon S3。Amazon S3 是一种由亚马逊提供的对象存储服务，用于存储和管理大规模的非结构化数据。它具有高可用性、耐久性和扩展性，广泛应用于云存储和数据备份领域。

2）Google Cloud Storage。Google Cloud Storage 是一种由谷歌提供的对象存储服务，用于存储和管理大规模的非结构化数据。它具有高可用性、安全性和性能，广泛应用于云计算和大数据分析领域。

3）Alibaba Cloud OSS。Alibaba Cloud OSS 是一种由阿里巴巴提供的对象存储服务，用于存储和管理大规模的非结构化数据。它具有高可用性、可扩展性和安全性，广泛应用于云存储和视频存储领域。

4）OpenStack Swift。OpenStack Swift 是一种开源的对象存储系统，用于构建私有云和公有云的存储服务。它具有高可用性、可扩展性和灵活性，广泛应用于云存储和备份恢复领域。

5.4.4 数据存储架构的设计

数据存储架构是指用于存储和管理数据的系统架构，它通常采用分层的方式来组织和管理数据。下面是数据存储架构中典型的分层架构：

1）数据源层。数据源层是数据存储架构的最底层，负责从各种数据源（如数据库、文件系统、传感器等）中采集和提取数据。在这一层，可以使用不同的数据采集工具和技术来获取数据，并将其转化为可用的格式。

2）数据存储层。数据存储层是数据存储架构的核心层，用于存储和管理采集到的数据。在这一层，可以使用不同的存储系统和技术来满足不同的需求。常见的数据存储技术包括关系数据库、非关系数据库、分布式文件系统、对象存储系统等。这些存储系统可以根据数据的类型、规模和访问需求进行选择和配置。

3）数据处理层。数据处理层是数据存储架构的中间层，用于对存储的数据进行处理和分析。在这一层，可以使用不同的数据处理技术和工具来提取、转换和加载数据，以满足特定的业务需求。常见的数据处理技术包括 ETL 工具、数据挖掘技术、流数据处理等。

4）数据应用层。数据应用层是数据存储架构的最上层，用于将处理后的数据提供给应用程序和最终用户使用。在这一层，可以使用不同的应用程序和工具来展示、分析和可视化数据。常见的数据应用技术包括数据可视化工具、报表系统、数据分析平台等。

5）数据治理层。数据治理层是数据存储架构的横向层，用于确保数据的质量、安全性和合规性。在这一层，可以使用不同的数据治理技术和策略来管理数据的生命周期、数据质量、数据安全、数据隐私等方面的问题。数据治理层包括数据分类、数据保护、数据访问控制、数据备份和恢复等。

1. 数据仓库

数据仓库是指用于存储和管理数据仓库中的数据的系统架构，它通常采用分层的方式来组织和管理数据仓库的存储。

数据仓库存储架构中典型的分层存储方式如下：

（1）原始数据层

原始数据层是数据仓库的基础层，用于存储从各个数据源采集的原始数据。在这一层，可以使用 ETL 工具将原始数据从不同的数据源提取出来，并以原始的、未经处理的方式存储在数据仓库中。该层又叫操作数据存储（ODS），是数据中心中的一个关键概念和组件。它是一个集成的、实时的数据存储系统，用于支持数据中心的日常运营和业务需求。ODS 通过将来自多个业务系统和数据源的数据集中存储，并进行数据清洗、整合和转换，提供了一个统一的数据视图和访问接口，以满足数据中心的实时数据需求和分析需求。

ODS 的主要目标是提供一个高度可靠、高性能的数据存储平台，用于支持数据中心的实时业务操作和决策。它可以存储各种类型的数据，包括结构化数据、半结构化数据和非结构化数据，如交易数据、日志数据、传感器数据等。ODS 通过对这些数据进行清洗和转换，确保数据的准确性和一致性，以便后续的数据分析和报告。

在数据治理的角度来看，ODS 在数据中心中扮演着重要的角色。它作为一个数据集成和管理的中间层，帮助数据中心实现数据的一致性、可靠性和可用性。ODS 通过对数据进行规范化、标准化和整合，提供了一个单一的数据源，减少了数据冗余和数据不一致的问题。同时，ODS 还支持数据质量控制和数据安全性的管理，确保数据中心的数据符合规范和法规要求。

此外，ODS 还为数据中心的其他系统和应用提供了一个统一的数据访问接口。通过 ODS，数据中心的各个业务系统可以方便地获取和共享数据，避免了数据孤岛和数据集成的问题。ODS 还可以与数据分析和报告工具集成，为数据中心提供实时的数据分析和决策支持。

（2）维度模型层

维度模型层是数据仓库的核心层，用于存储经过清洗、集成和转换后的数据。在这一层，可以使用关系数据库系统（如 Oracle Database、Microsoft SQL Server）或列式数据库系统（如 Vertica、Greenplum）来存储数据，以支持数据仓库的高性能查询和分析。

维度模型层的主要目标是提供一个集中的、一致的、易于访问的数据存储环境，以支持数据仓库的数据集成、数据清洗、数据整合和数据查询。维度模型层通常采用关系数据库管理系统作为底层存储引擎，但也可以采用其他类型的存储技术，如列式数据存储架构、内存数据库系统等，以满足不同的数据仓库需求。

维度模型层的设计和实现需要考虑数据仓库的数据模型和数据结构。它通常采用星型模型或雪花模型来组织数据，其中事实表和维度表是维度模型层的核心组件。事实表存储了数据仓库中的事实数据，如销售金额、订单数量等；维度表存储了与事实数据相关的维度信息，如时间、地理位置、产品等。通过将事实表和维度表进行关联，维度模型层可以支持复杂的数据查询和分析操作。

从数据治理的角度看，维度模型层在数据仓库中扮演着重要的角色。它通过数据清洗、数据整合和数据转换，确保数据仓库中的数据质量和一致性。维度模型层还支持数据安全性和数据权限的管理，以保护数据仓库中的敏感信息。此外，维度模型层还可以与 ETL 工具集成，实现数据的自动抽取、转换和加载，提高数据仓库的效率和可靠性。

（3）聚合层（集市层）

聚合层是数据仓库存储架构的性能优化层，用于存储预计算的聚合数据。在这一层，可以使用预先计算的聚合表或使用联机分析处理（OLAP）技术来存储和管理聚合数据，以加速数据仓库的查询和分析。

聚合层的主要目标是提供快速、可靠的汇总数据，以满足用户对高层次、概要信息的需求。它通过对数据仓库中的原始数据进行聚合和汇总，生成更高级别的数据视图，如报表、仪表盘和分析图表。聚合层可以根据不同的业务需求和数据粒度提供不同层次的聚合数据，即从整体到细节，以满足用户对数据的不同层次和角度的需求。

聚合层的设计和实现需要考虑数据仓库的业务需求和数据特点。它通常采用多维数据模型（如星型模型或雪花模型）来组织和表示聚合数据。聚合层包含多个聚合表，每个聚合表对应一个特定的业务指标或数据维度。聚合表中的数据是通过对原始数据进行聚合计算和汇总计算得到的，以提供更高效的数据查询和分析性能。

从数据治理的角度看，聚合层在数据仓库中起着重要的作用。它通过数据清洗、数据整合和数据转换，确保聚合数据的准确性和一致性。聚合层还支持数据质量和数据安全的管理，以保护聚合数据的完整性和保密性。此外，聚合层还可以与 ETL 工具集成，实现聚合数据的自动抽取、转换和加载，提高数据仓库的效率和可靠性。

（4）元数据层

元数据层是数据仓库的管理和控制层，用于存储数据仓库的元数据信息。在这一层，可以使用元数据管理工具来记录和管理数据仓库中各个数据表、字段、关系等的元数据信息，以支持数据仓库的数据治理和数据管理。

2．数据湖

数据湖是一种用于存储和管理大规模数据的架构模式，它采用扁平化的、无结构化的数据存储方式，允许将各种类型和格式的数据以原始形式存储在一个集中的存储系统中。数据湖的设计目标是应对大规模数据存储和管理的需求，提供更大的灵活性和自由度，以支持各种数据分析和处理任务。

数据湖与数据仓库的差异：尽管数据湖和数据仓库都是用于存储和管理数据的架构模

式，但它们在设计理念、数据存储方式和数据处理方式等方面存在一些差异。

1）设计理念：数据湖的设计理念是将各种类型和格式的数据以原始形式存储，保留数据的完整性和原始特征，以满足快速变化的数据需求和多样化的数据来源；数据仓库的设计理念是将数据进行结构化和预处理，以满足特定的分析和报表需求。

2）数据存储方式：数据湖采用扁平化的数据存储方式，即将数据以原始形式存储，不对数据进行预处理或格式转换；数据仓库采用规范化的数据存储方式，将数据按照特定的结构和模式进行存储，以提高数据的查询和分析效率。

3）数据处理方式：数据湖支持灵活的数据处理方式，可以根据需求进行 ETL 操作，以满足各种数据分析和处理任务；数据仓库通常采用事先定义好的数据模型和预先设计好的 ETL 流程，以支持特定的分析和报表需求。

4）数据质量和数据治理：数据湖在数据质量和数据治理方面相对较弱，因为它接收各种类型和格式的数据，包括不经过严格验证和清洗的原始数据；数据仓库通常有更严格的数据质量和数据治理要求，需要经过严格的数据验证、清洗和转换，以确保数据的准确性和一致性。

与数据仓库相比，数据湖更注重数据的原始性和灵活性，适用于快速变化的数据需求和多样化的数据来源。同时，数据湖在数据质量和数据治理方面相对较弱，需要在使用时注意数据的准确性和一致性。

在数据湖中，典型的存储层次包括原始数据层、原始数据备份层、原始数据加工层和派生数据层。

1）原始数据层。原始数据层是数据湖存储架构的基础层，用于存储采集到的原始数据。这些数据的来源有传感器、日志文件、交易记录等。原始数据层通常采用分布式文件系统或对象存储系统进行存储，以支持大规模数据的存储和处理。

2）原始数据备份层。原始数据备份层用于对原始数据进行备份和冗余存储，以确保数据的可靠性和持久性。备份数据通常以数据副本的形式存储，可以采用冷热分离的存储策略，将热数据存储在高速存储介质上，将冷数据存储在低成本的存储介质上。

3）原始数据加工层。原始数据加工层用于对原始数据进行清洗、转换和整合，以提供更加可用和高质量的数据。在这一层次上，可以进行数据清洗、数据格式转换、数据标准化等操作，以保证数据的一致性和准确性。原始数据加工层通常采用分布式文件系统和数据处理工具来实现数据加工和转换。

4）派生数据层。派生数据层是在原始数据基础上生成的衍生数据集合。这些数据集合可以经过加工、聚合、计算或分析得到，用于支持特定的业务需求和分析任务。派生数据层包括数据集、数据视图、数据报表等，可以根据不同的用户需求和分析目的进行定制。

从数据治理的角度看，数据湖需要进行数据质量管理、数据安全管理和数据访问等方面的控制和监管，包括对数据的元数据管理、数据质量检测、数据安全加密等措施的实施。同时，数据湖还需要考虑数据生命周期管理、数据归档和数据删除等策略，以保证数据的合规性和可管理性。

本章小结

随着计算机技术的发展，数据存储与管理经历了人工管理、文件系统、数据库系统三个发展阶段。在数据库方面，经历了网状数据库、层次数据库、关系数据库、NoSQL 数据库的发展过程；在文件系统方面，则由单机文件系统发展到了现在的分布式文件系统。数据存储与管理技术的不断发展，使得人类能够管理的数据越来越多，效率越来越高，对后续的大数据处理分析环节起到了很好的支撑作用。

本章首先介绍了数据存储的概念及数据存储的三种方式，即在不同业务需求的数据存储方式，针对不同数据存储需求，选择不同的数据存储方式；其次介绍了几类典型的数据存储架构和数据模型的设计，讲述了从概念模型到物理模型的设计步骤；最后介绍了数据存储架构设计思路及典型的数据存储系统。需要注意的是，虽然大数据时代下的数据存储类型日新月异，但是在设计实践中，还是要基于业务需求和业务驱动架构。无论选用数据仓库、数据湖，还是选用湖仓一体的存储架构，都是以需求为导向的，最终的数据存储方案必然是各种权衡之后的综合性设计。

本章习题

1. 试述数据存储的方式。
2. 试述不同业务需求的数据存储方式。
3. 试述 HDFS 的原理。
4. 试述关系型数据存储系统架构的原理。
5. 试述列式数据存储系统架构的原理。
6. 试述多模型数据存储系统架构的原理。
7. 试述内存数据存储系统架构的原理。
8. 试述从概念模型到物理模型的设计过程。
9. 试述数据存储架构设计的总体思路。

第6章

数据管理

数据管理在数据治理体系中处于核心地位，它与其他环节紧密相连且贯穿于其他环节，并与其他环节共同推动数据治理工作的开展。本章对于数据管理活动的范围与业界的范围定义稍有不同，重点聚焦在元数据、数据标准、主数据、数据质量、数据安全这几个主要的数据管理活动，以强化对应的管理职能。

本章内容
6.1 元数据管理
6.2 数据标准管理
6.3 主数据管理
6.4 数据质量管理
6.5 数据安全管理
本章小结
本章习题

6.1   元数据管理

元数据管理是数据治理的核心，是有效管理数据的前提和基础。元数据管理有助于处理、维护、集成、保护和治理其他数据。元数据管理对企业的重要性相当于图书馆目录卡片对图书馆的重要性，如果图书馆没有目录卡片，那么寻找特定的书会是困难的事情，而企业如果缺乏元数据管理，对于理解、使用数据同样是十分困难的事情，因此企业元数据管理是不可或缺的。通常企业元数据管理包括元数据定义、元数据需求、元模型设计、元数据维护以及元数据应用几个环节。

6.1.1   元数据的定义

元数据是指描述数据的数据，它提供了关于数据的详细信息和上下文，帮助用户理解和使用数据。在数据治理中，元数据起着关键的作用，它包含了丰富的概念和内容。

首先，元数据是指描述数据的属性、特征和关系的信息，包括数据的定义、结构、格式、来源、质量、安全性、使用规则等方面的描述。元数据提供了数据的背景知识和上下文，帮助用户理解数据的含义和用途。通过元数据，用户可以了解数据的来源、更新频率、可信度等信息，从而更好地进行数据分析、决策和应用。

其次，元数据的内容是多样且广泛的，包括数据的技术元数据和业务元数据等方面。技术元数据描述了数据的物理属性、存储方式、访问权限等技术细节，如表结构、字段定义、数据类型等。业务元数据描述了数据的业务含义、业务规则、业务流程等业务相关信息，如数据词汇表、业务规则文档、数据流程图等。此外，元数据还包括数据血缘关系、数据变更历史、数据所有权等内容，以及与数据相关的文档、报告、元数据管理规范等。元数据的重要性在于它提供了对数据的全面描述和管理。

再次，通过元数据，组织可以建立数据目录和数据字典，帮助用户快速定位和访问需要的数据资源。元数据可以支持数据质量管理、数据安全管理和数据合规性等方面的工作。此外，元数据还可以支持数据集成、数据共享和数据分析等工作，提高数据的可用性和价值。

最后，元数据也是一种数据，也需要管理。行业中对元数据管理有不同的理论，对元数据有不同层级的抽象，然而企业在开展元数据管理时应该围绕元数据的应用需求去界定和管理，避免制定过于庞大和复杂的框架，要能够聚焦于现阶段要解决的问题（如基于元数据建立企业数据资产目录，通过元数据分析定位数据质量问题等），后期随着数据管理的不断深入，将不断拓展和完善企业元数据。

6.1.2   元数据需求

企业开展元数据管理要明确元数据需求，重点关注元数据管理所要解决的问题，确认企业元数据管理环境、设定元数据管理的范围及优先级，指导元模型设计、元数据维护及应用。

要理解元数据需求，先从理解业务需求入手，在厘清业务需求和目标之后，才能做出合理的元数据规划。企业主要的业务需求和目标包括以下两个方面：

1）基于元数据建立企业数据资产目录。通过管理元数据，从业务视角和技术视角对企业数据进行描述，可以帮助企业形成统一的数据地图，明确数据的分布、数据的流向情况，建立业务人员与技术人员沟通的桥梁，方便用户对数据理解与使用，帮助企业有效管理数据资产。

2）通过元数据管理迅速响应业务数据问题。企业在数据分析应用过程中，如果发现指标数据存在质量问题，就需要进行问题排查。通常由于指标数据涉及的业务系统多、加工链条长，且缺乏全局的数据链路关系图，需要逐个排查，因此很难及时地定位到数据问题。通过元数据管理，可展现数据上下游流转加工关系，明确数据在什么地方产生、在什么地方使用、如何加工，快速定位数据问题，帮助企业降低定位问题的难度，并解决数据不准确、不一致等数据质量问题。

在充分理解企业元数据管理的业务需求和目标之后，进行元数据需求规划、设计企业元数据模型、管理和应用元数据，以促进元数据管理目标的实现。元数据需求需要充分考虑到业务人员需求、技术人员需求，包括需要哪些元数据和哪种详细级别。

6.1.3　元模型设计

元数据通常分为业务元数据、技术元数据、操作元数据三类。

1）业务元数据：用户访问数据时了解业务含义的途径，包括主题域、业务对象、逻辑数据实体、属性、业务定义、业务规则、数据密级等。

2）技术元数据：技术人员开发系统时使用的数据，包括物理模型的表与字段、ETL、集成关系等。

3）操作元数据：描述和记录数据处理过程、数据流转和数据操作的元数据。它记录了数据的来源、处理方式、变换规则、数据质量信息和数据操作的时间、地点、责任人等关键信息。操作元数据提供了对数据操作过程的可追溯性和可理解性，帮助用户了解数据的产生和变化过程，从而更好地理解数据的含义和可信度。

元模型设计是设计一个元数据存储库的数据模型，以对企业要管理的元数据进行结构化、模型化。根据企业元数据分类，明确业务元数据、技术元数据和操作元数据之间的关系，定义企业的元数据模型，保障不同来源库的元数据的采集，并与相关的业务元数据和技术元数据进行整合，最终存储到元数据存储库中，实施元数据管理及应用。元模型设计如图 6-1所示。

企业中数据可分为汇总数据、事务数据、主数据、参考数据，不同特点的数据需要侧重管理的内容不同，因此各类数据的元数据也应有所侧重。考虑到元数据管理需要能够实际落地，可以对企业指标数据、业务数据、主数据、参考数据各类数据的元数据从业务、技术、管理维度分别定义，以确保各类数据的管理及使用。

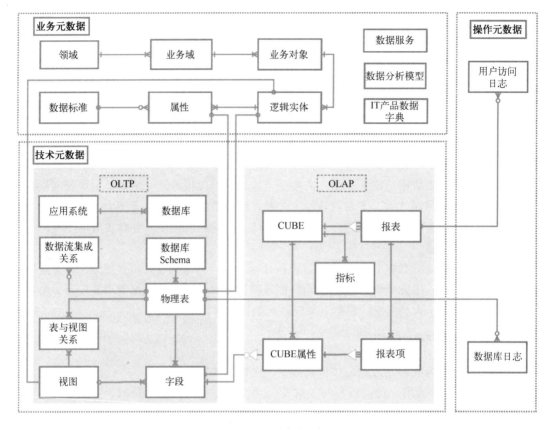

图 6-1　元模型设计

1. 汇总数据元数据

汇总数据元数据：从业务视角看，有主题域、汇总数据编码、汇总数据中文名称、汇总数据英文名称、汇总数据定义、汇总数据类型、统计对象范围、维度、计算规则、计量单位、数据来源；从技术视角看，有数据类型、数据长度、数据精度；从管理视角看，有数据责任部门、业务规则部门、数据维护部门、生命周期状态和版本号。各个汇总数据元数据的含义如下：

1）主题域：指标所属主题域名称。

2）汇总数据编码：汇总数据的编码。

3）汇总数据中文名称：填写指标的中文名称。指标中文名称应符合实际业务，同一个对象的属性项不能重复。

4）汇总数据英文名称：赋予指标的单个或多个英文字词的指称，应采用完整英文字词，字母全部小写。

5）汇总数据定义：从业务角度对汇总数据的含义进行解释说明。

6）汇总数据类型：从技术角度对汇总数据进行分类，填写原子汇总数据、复合汇总数据、衍生汇总数据。

7）统计对象范围：汇总数据统计的范围。

8）维度：汇总数据展示的维度。

9）计算规则：汇总数据计算需要遵循的规则。

10）计量单位：根据约定定义和采用的标量，例如"组""分钟""次""%"等。

11）数据来源：需要明确对应的汇总数据是通过线上系统调取还是线下手工填报，并明确生成指标数据所需的数据所在的来源系统（线下），以及来源系统具体库表名及字段。

12）数据类型：指标数据的有效值域和允许对该值域内的值进行有效操作的规定，例如字符、数值、日期、文本、文件。

13）数据长度：从业务的角度规定的汇总数据所允许的最大字符长度，其中，字符、文本填写所允许的最大字符数，数值填写所允许的最大数值或者精度、日期类型填写所允许的日期范围，文件类型填写所允许存储的最大文件大小。

14）数据精度：从业务的角度规定属性值允许的最小精度，其中，字符、日期、文本、文件类型填写相应的格式和标准。例如，日期类型可以填写"YYYY-MM-DD"的形式，文本类型可以填写"不超过 50 个字符"等。

15）数据责任部门：管理汇总数据进行的部门。

16）业务规则部门：定义汇总数据业务规则的部门。

17）数据维护部门：填写汇总数据的部门。

18）生命周期状态：指标数据的生命周期状态，填写生效或停用。

19）版本号：指标的版本，首次新增的版本号的值为"1"，之后每修订一次，版本号的值加 1。

2．事务数据元数据

事务数据元数据：从业务视角看，有主题域、事务数据中文名称、事务数据英文名称、事务数据业务定义、事务数据业务规则、同义词；从技术视角看，有事务数据类型、事务数据长度、事务数据精度、取值范围、引用代码、缺省值、是否编码属性；从管理视角看，有数据维护部门、数据责任部门和生命周期状态。各个事务数据元数据的含义如下：

1）主题域：填写事务数据所属主题域的中文名称。

2）事务数据中文名称：填写属性项中文名称。属性项中文名称应符合实际业务，同一个业务对象的属性项不能重复。

3）事务数据英文名称：赋予属性的单个或多个英文字词的指称，应采用完整的英文字词，字母全部小写。

4）事务数据业务定义：从业务角度对属性的含义进行解释说明。

5）事务数据业务规则：从业务角度对属性的业务约束规则进行说明。

6）同义词：与本属性表示相同含义的属性的中文名称。

7）事务数据类型：属性的有效值域和允许对该值域内的值进行有效操作的规定，例如字符、数值、日期、文本、文件。

8）事务数据长度：从业务的角度规定属性值所允许的最大字符长度，其中，字符、数值、日期类型填写阿拉伯数字,文本、文件类型填写"/"。

9)事务数据精度:从业务的角度规定属性值允许的最小精度,其中,数值类型填写阿拉伯数字,字符、日期、文本、文件类型填写"/"。

10)取值范围:引用的模型或枚举项名称,如果无引用,则填写"/"。

11)引用代码:属性值引用的枚举值代码或模型主键,如果无引用,则填写"/"。

12)缺省值:默认填写的数值。

13)是否编码属性:是否有统一的编码规范,填写"是"或者"否"。

14)数据维护部门:对属性值进行填写的部门。

15)数据责任部门:对业务规则进行定义的部门。

16)生命周期状态:业务数据的生命周期状态,填写生效、停用或失效。

3. 主数据元数据

主数据元数据:从业务视角看,有主题域、主数据编码、主数据中文名称、主数据英文名称;从管理角度看,有数据维护部门、数据责任部门、生命周期状态。各主数据元数据的含义如下:

1)主题域:主数据所属主题域名称。

2)主数据编码:按照业务对象编码规则制定的主数据编码。

3)主数据中文名称:填写主数据的中文名称,应符合实际业务。

4)主数据英文名称:赋予主数据的单个或多个英文字词的指称,应采用完整英文字词,字母全部小写。

5)数据维护部门:填写主数据的部门。

6)数据责任部门:管理主数据的部门。

7)生命周期状态:主数据的生命周期状态,填写生效或停用。

企业主数据通常包括人员、组织机构、客户、供应商、物料等,我们需要从业务视角、技术视角、管理视角制定每类主数据的元数据。

4. 参考数据元数据

参考数据元数据:从业务视角看,有主题域、参考数据编码、参考数据中文名称、参考数据英文名称;从管理角度看,有数据责任部门、数据维护部门、生命周期状态。各参考数据元数据的含义如下:

1)主题域:参考数据所属主题域名称。

2)参考数据编码:制定的参考数据的编码。

3)参考数据中文名称:填写参考数据属性的中文名称,中文名称应符合实际业务。

4)参考数据英文名称:赋予参考数据属性的单个或多个英文字词的名称,应采用完整英文字词,字母全部小写。

5)数据责任部门:定义参考数据的部门。

6)数据维护部门:填写参考数据值域的部门。

7)生命周期状态:参考数据的生命周期状态,填写生效或停用。

6.1.4　元数据维护

元数据维护是指基于元模型，从企业业务系统、报表、BI 工具等不同数据源获取元数据，对业务元数据和技术元数据进行连接整合，形成对数据描述的统一视图。

企业元数据管理要由元数据管理工具支持开展元数据的管理及维护工作，各类数据的技术元数据一般从业务系统存储库中采集获取，业务元数据及管理元数据由业务人员手动维护，将业务元数据及技术元数据进行关联，如通过采集 ERP 中的 PR 获取采购订单编号的字段名称、数据类型、长度等技术元数据，业务人员维护订单编号所属的主题域、业务含义、业务规则、数据管理部门等业务及管理元数据与技术元数据关联，共同组成采购订单元数据。

企业元数据管理及维护要求元数据管理工具提供企业集中管理元数据功能：能够支持多种多样的、不同来源的元数据采集，如提供适配程序、扫描程序、桥接程序抽取方式等，并通过传统关系数据库、大数据平台等采集全量元数据；支持对元数据的分类，包括技术元数据、业务元数据和管理元数据；允许手动维护元数据关系，包括组合、依赖关系，数据加工处理上下游之间关系等功能。

6.1.5　元数据应用

基于数据管理和数据应用需求，对组织管理的各类元数据进行分析应用，如元数据查询、数据血缘分析、影响分析、一致性分析、质量分析等。通过元数据掌握企业数据有哪些数据、数据在哪里存储、数据之间的关系是什么；通过数据血缘分析明确数据从哪里产生、怎样加工处理及如何应用的全过程，定位数据质量问题；通过一致性分析可以暴露和解决数据的不准确、不一致问题，从而提升数据的质量。

元数据应用要求元数据管理工具具备元数据查询能力，提供统一端口查找元数据，如按照主题域、系统、表等不同维度自定义检索条件，统一检索查询信息；具备元数据血缘分析能力，解析数据之间的关系，如通过解析 SQL、存储过程、ETL 等分析数据的来源和数据的流向，可视化展示数据关系；具备元数据对比分析能力，对不同环境中的元数据与元数据集中存储库中元数据进行对比分析，分析它们之间的差异，提供分析报告，如可以采集某业务系统开发环境和上线环境中的元数据，通过对比分析保障元数据的一致性及准确性，提升数据管理能力。

6.2　数据标准管理

6.2.1　数据标准的定义

中国信息通信研究院在《数据标准管理实践白皮书》中对数据标准的定义为："数据标准（Data Standards）是指保障数据的内外部使用和交换的一致性和准确性的规范性约束。在数字化过程中，数据是业务活动在信息系统中的真实反映。由于业务对象在信息系统中以数据的形式存在，数据标准相关管理活动均需以业务为基础，并以标准的形式规范业务对象在各信息系统中的统一定义和应用,以提升企业在业务协同、监管合规、数据共享开放、数据分析应用等各方面的能力。"通俗地说,数据标准就是企业各部门、各利益相关者在数字化环境中使用的一种共同的语言。

以下是关于数据标准的更多解释:

- 数据标准是各部门之间关于通用业务术语的定义,以及这些术语在数据中的命名和表示方式的协议。
- 数据标准是一组数据元的组合,可以描述如何存储、交换、格式化及显示数据。
- 数据标准是一组用于定义业务规则和达成协议的政策和程序。数据标准的本质不仅是元数据的合并、数据的形式描述框架,还是数据定义和治理的规则。
- 数据标准是企业各个利益相关者的一种共同语言。数据标准是用于数据集成和共享的单一数据集,是数据分析和应用的基础。

数据标准是为了保障数据的内外部使用和交换的一致性和准确性的规范性约束。建立数据标准是解决数据不一致、不完整、不准确等问题的基础,能够降低数据不一致的沟通成本,从而提升业务处理的效率;统一的数据标准为新建系统提供支撑,提升应用系统开发及信息系统集成的实施效率,并且为数据质量规则的建立、稽核提供依据;建立数据标准对于组织打通数据孤岛、加快数据流通、释放数据价值有至关重要的作用。

数据标准管理是一套由管理制度、管控流程、技术工具共同组成的体系,并通过这套体系的推广,应用统一的数据定义、数据分类、记录格式、转换和编码等实现数据的标准化。数据标准管理从需求发起到落地,一般需要经过数据标准分类设计、数据标准制定、数据标准审核和发布、数据标准应用以及数据标准维护等阶段。

6.2.2 组织数据的构成

数据标准是组织在数字化环境中使用的一种共同的语言,要理解数据标准首先要理解组织的数字化环境,即一个组织的数据构成。

纵向上,组织的数据构成一般可分为三个层级,如图 6-2 所示。

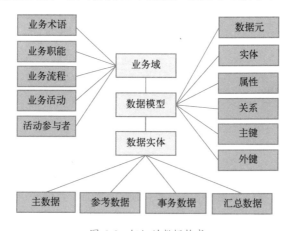

图 6-2 组织的数据构成

第一层级是业务域。业务域是指一个组织或企业中特定业务的范围或领域。它代表了组织中特定的业务职能、流程和相关业务活动的集合，通常与特定的业务部门或业务流程相关联。业务域可以是一个独立的业务单元，也可以是一个更大的业务领域的子集。业务域的定义通常包括以下几个方面：

1）业务术语。业务术语是对企业中业务概念的描述，是企业内部理解数据、应用数据的基础，需要推动业务术语的共享和组织内部的应用。业务术语可以是业务流转环节的术语、表单的术语、某一字段的术语、某一参考数据条目的术语等。对理解数据应用过程中需要澄清的、界定的概念都可以定义为业务术语。

2）业务职能。业务职能是指一个组织或企业中特定的职责和任务，以实现特定的业务目标和业务流程。它代表了组织或企业中不同部门或团队的特定职责和职能范围，例如营销业务域中包括运营、销售两个职能。业务职能的定义有助于进行业务域以及业务子域的划分。

3）业务流程。业务流程是指在组织或企业中为实现特定业务目标而进行的一系列有序活动的集合。它描述了不同的业务环节、任务和决策之间的逻辑关系和顺序，以实现特定的业务结果。

4）业务活动。业务活动是指组织或企业为实现特定的业务目标而进行的一系列有意义的操作或任务。它是组织或企业中各个部门或个体为完成特定的业务流程而进行的具体行动。

5）活动参与者。活动参与者是指在特定的业务活动或过程中，直接或间接参与并对其进行影响或执行的个人、团体或组织。他们在活动中扮演不同的角色，负责完成特定的任务和活动。

第二层级是数据模型。数据模型是一种用于描述和组织数据结构、数据元素和数据之间关系的抽象表示方式，是对现实世界中某个特定领域的数据进行的建模和表示。数据模型包括实体、属性、关系等元素，以及它们之间的逻辑和物理结构。数据模型与业务域密切相关，它是对业务域的业务流程、活动在数据层面的抽象和概括。具体而言，数据模型通过对业务域中的业务活动、业务流程等进行数据层面的抽象，对相关实体、属性和关系进行数据建模，帮助我们理解和描述业务领域中的数据结构和数据之间的关系。数据模型通常包括以下几个方面：

1）数据元。数据元主要通过对企业中核心数据元进行标准定义，使数据的拥有者和使用者对数据有一致的理解。数据元可以理解为属性字段，例如，描述销售订单的销售部门、销售员、销售产品、产品单价、产品总价等均可以定义为数据元。

2）实体（Entities）。实体是数据模型中的基本元素，代表现实世界中的一个独立对象或概念，例如，对于一个图书馆管理系统而言，图书、读者和借阅记录可以作为实体。

3）属性（Attributes）。属性是实体的特征或描述，用于描述实体的特定方面，例如，对于图书实体而言，其属性包括书名、作者、出版日期等。

4）关系（Relationships）。关系描述实体之间的联系和相互作用。关系可以是一对一、一对多或多对多的，例如，图书和读者之间存在借阅关系，一个读者可以借阅多本图书，一本图书也可以被多个读者借阅。

5）主键（Primary Key）。主键是唯一标识实体的属性或属性组合，它用于确保实体的唯一性和标识性，例如，对于图书实体而言，可以使用图书编号作为主键。

6）外键（Foreign Key）。外键是一个实体中引用另一个实体的主键，它用于建立实体之间的关联，例如，在借阅记录实体中，可以使用图书编号和读者编号作为外键，与图书实体和读者实体建立关系。

第三层级是数据实体。数据实体是指实际业务发生过程中所形成的各种业务记录。数据实体主要由主数据、参考数据、事务数据、汇总数据四部分组成。

1）主数据是指在一个组织或系统中被广泛使用、共享和管理的核心数据实体。主数据通常是对于特定领域或业务过程至关重要的数据，对组织的运营和决策具有重要影响。

2）参考数据是指在数据治理中用作参考或基准的数据。参考数据通常是被广泛接受和公认的数据，用于验证、比较或衡量其他数据的准确性、一致性或完整性。

3）事务数据是指记录和描述组织或个人之间进行业务活动的数据。事务数据包含交易的各种关键信息，如时间、参与方、活动内容、遵循的标准等。

4）汇总数据是指通过对原始数据进行聚合、计算或统计处理，得到的总结性数据。汇总数据通常是对大量原始数据进行汇总、计算得到的，以提供更高层次的信息和洞察。汇总数据可以根据其性质和用途进行分类。以下是几种常见的汇总数据分类：

- 描述性汇总数据。描述性汇总数据用于总结和描述数据的基本特征和趋势，例如总和、平均值、中位数、最大值、最小值等。这些数据可以帮助我们了解数据的集中趋势、离散程度和分布情况。
- 比较性汇总数据。比较性汇总数据用于比较不同组或不同时间点之间的数据差异，例如增长率、差异值、占比等。这些数据可以帮助我们比较不同组别或时间段的数据变化和趋势。
- 分类汇总数据。分类汇总数据用于对数据进行分类和分组，例如，按地区、按产品、按时间等进行分类汇总。这些数据可以帮助我们了解不同类别之间的数据差异和关系。
- 聚类汇总数据。聚类汇总数据用于将数据进行聚类和归类，例如，将相似的数据点聚合到同一类别中。这些数据可以帮助我们识别数据中的模式和群组。
- 汇总指标数据。汇总指标数据是对多个原始数据指标进行综合计算和衡量的结果，例如综合指数、得分、权重等。这些数据可以帮助我们评估和衡量多个指标的综合情况。

总而言之，业务域好比一棵树的树根，是深埋在地下的，不可见的。数据模型好比树干和树枝，它定义了企业业务的数据结构承载方式。数据内容则代表着树叶（交易数据）和果实（汇总数据）。

6.2.3　数据标准的分类

根据组织数据的构成，组织的数据标准一般包括业务术语标准、数据元标准、数据模型标准、事务数据标准、主数据标准、参考数据标准和汇总数据标准。业务术语是组织内部理解数据、应用数据的基础，建立业务术语标准能保证组织内部对具体技术名词理解的一致性。数据元又称为数据类型，是指通过定义、标识、表示和允许值等一系列属性描述的数据单元，建立数据元标准，能够让数据的拥有者和使用者对数据有一致的理解。数据模型是数据的抽象，建立数据模型标准能够确保数据模型的一致性、可维护性和可扩展性。主数据是用来描述组织核心业务实体的数据，具有很高的业务价值，建立主数据标准能够实现主数据跨系统的一致、共享使用。事务数据是组织在业务活动中产生的各种交易数据，建立事务数据标准能够确保事务数据的一致性、准确性和可靠性。参考数据是用于将其他数据进行分类的数据，建立参考数据标准能够规定数据属性的阈值范围，包括标准化术语、代码值和其他唯一标识符等内容。汇总数据是组织在经营分析过程中衡量某一个目标或事物的数据，一般由指标名称、时间和数值等组成，建立汇总数据标准有助于组织对内部经营分析所需要的汇总数据进行统一规范化定义、采集和应用，用于提升统计分析的数据质量。数据标准的建立一般以国际标准、国家标准、行业标准为依据。

1. 业务术语标准

业务术语标准是指在特定业务领域中对术语和概念的定义和使用的一套规定。它旨在确保在业务交流和沟通中术语的一致性和准确性。以下是业务术语标准的相关内容。

1）术语定义：业务术语标准明确了在特定业务领域使用的各种术语和概念的定义。这些定义应该明确、准确且易于理解，以避免术语歧义和误解。

2）术语命名规则：业务术语标准规定了术语的命名规则，包括命名约定、命名规范和命名原则等。这有助于保持术语的一致性和可读性，使得不同人员在使用术语时能够理解和遵守规定。

3）术语关系和层次：业务术语标准定义了术语之间的关系和层次，包括术语的上下位关系、关联关系和分类关系等。这有助于组织和管理术语，使得术语在业务交流中能够被正确地使用和解释。

4）术语使用指南：业务术语标准提供了术语的使用指南，包括术语的正确用法、常见误用和示例等。这有助于用户正确理解和使用术语，提高业务交流的准确性和效率。

5）术语文档和术语词典：业务术语标准提供了相关的术语文档和术语词典，用于记录和解释术语的含义、用法和示例。这有助于用户查找和理解术语，提高术语的可理解性和可管理性。

通过业务术语标准的定义和相关内容，组织可以在业务交流和沟通中确保术语的一致性和准确性，避免术语歧义和误解，提高业务流程的效率和准确性。同时，这也有助于知识管理和培训，提高员工的业务理解和专业能力。

一个具体的业务术语标准示例就是供应链管理领域中的订单处理术语标准。以下是该标准的示例内容：

1）术语定义：订单处理术语标准定义了与订单处理相关的各种术语和概念，如订单、发货通知、收货确认、退货等。

2）术语命名规则：订单处理术语标准规定了术语的命名规则，如使用统一的英文缩写、规定术语的词序等，以确保术语的一致性和可读性。

3）术语关系和层次：订单处理术语标准定义了订单处理过程中各个环节的术语之间的关系和层次，如订单生成、订单确认、订单发货等环节之间的术语关系。

4）术语使用指南：订单处理术语标准提供了术语的使用指南，包括术语的正确用法、常见误用和示例等，以帮助用户正确理解和使用订单处理术语。

5）术语文档和术语词典：订单处理术语标准提供了相关的术语文档和术语词典，记录了各个术语的定义、解释和示例，以便用户查找和理解术语。

通过这样的订单处理术语标准，供应链管理中的不同部门和合作伙伴可以在订单处理过程中使用统一的术语，避免术语歧义和误解，提高沟通和协作效率。同时，这也有助于新员工的培训和业务流程的标准化，提高供应链管理的准确性和效率。

2. 数据元标准

数据元标准是数据管理中的基本概念，它用于描述数据的特征、属性和含义。数据元标准包括以下几个方面的内容：

1）名称：数据元的名称是对数据元进行唯一标识的重要属性。名称应该简洁明确，能够准确描述数据元的含义。

2）定义：数据元的定义是对数据元的解释和说明。定义应该清晰地描述数据元的含义、用途、范围和约束条件等，以便用户理解和正确使用数据元。

3）数据类型：数据元的数据类型定义了数据元所表示的数据的类型，如整数、字符串、日期等。数据类型决定了数据元可以存储的数据的格式和范围。

4）长度和精度：数据元的长度和精度定义了数据元所能存储的数据的长度和精度。长度定义了字符型数据元的最大字符数，精度定义了数值型数据元的小数位数。

5）取值范围：数据元的取值范围定义了数据元所能取得的值的范围。取值范围可以是离散值（如枚举值）或连续值（如数值范围），它限制了数据元的取值范围，确保数据的有效性和一致性。

6）约束条件：数据元的约束条件定义了对数据元取值的限制条件。约束条件包括唯一性约束、非空约束、外键约束等，用于保证数据的完整性和一致性。

7）关系和关联：数据元之间可以存在关系和关联。关系定义了数据元之间的层次结构或父子关系，关联定义了数据元之间的关联关系或引用关系。

8）元数据：数据元也是元数据的一种，它描述了数据的特征和属性。元数据包括数据元的定义、使用方式、来源、更新周期等信息，它可以帮助用户理解和管理数据。

数据元标准是数据管理中非常重要的一部分，它提供了对数据的描述和解释，帮助用户理解和正确使用数据，并确保数据的质量和一致性。

以一个具体的示例来说明数据元标准是什么：在一个人员信息管理系统中，"年龄"可以被定义为一个数据元。

1）名称：年龄。

2）定义：年龄是指一个人从出生到现在的时间长度。

3）数据类型：整数。

4）长度和精度：无特定长度和精度要求，通常以整数表示。

5）取值范围：年龄的取值范围可以根据实际情况来定义，例如 0～130 岁。

6）约束条件：年龄必须是非负整数。

7）关系和关联：年龄可以与其他数据元关联，例如，年龄可以与出生日期关联，即通过出生日期计算得出年龄。

8）元数据：年龄的元数据可以包括定义、数据类型、取值范围、约束条件等信息。通过定义和描述数据元"年龄"，我们可以清楚地了解该数据元的含义、数据类型、取值范围和约束条件等，从而帮助用户正确理解和使用该数据元。

数据元和元数据是两个相关但不同的概念。数据元是数据管理中的基本概念，用于描述数据的特征、属性和含义；数据元是对具体数据项的定义，例如上述提到的"年龄"就是一个数据元；数据元描述了数据的基本特征，如名称、定义、数据类型、取值范围等。元数据是描述数据的数据，是对数据元的描述和定义；元数据是关于数据的数据，用于描述数据的结构、属性、关系、来源、用途等信息；元数据提供了对数据的描述和解释，帮助用户理解和管理数据。元数据可以包括数据元的定义、使用方式、来源、更新周期等信息。

简而言之，数据元是对具体数据项的定义，而元数据是描述数据的数据，用于描述和管理数据元和其他相关信息。数据元是元数据的一部分，它们共同构成了数据管理和数据分析的基础。

3. 数据模型标准

数据模型标准是指用于定义和描述数据模型的一系列规范和标准。数据模型标准旨在确保数据模型的一致性、可维护性和可扩展性，以便数据的有效管理和应用。

数据模型标准通常包括以下几个方面：

1）实体和属性：数据模型标准定义了如何表示实体（也称为对象或表）以及实体的属性（也称为字段或列）。它规定了实体和属性的命名规范、数据类型、长度、约束条件等。

2）关系和关联：数据模型标准定义了实体之间的关系和关联方式。它规定了如何表示实体之间的关联关系，例如一对一、一对多、多对多等。同时，它还规定了关联的命名规范、级联操作、参照完整性等。

3）主键和唯一标识符：数据模型标准定义了如何选择和定义实体的主键和唯一标识符。它规定了主键的选择原则、命名规范、复合主键的处理方式，以及唯一标识符的使用方式和限制条件。

4）数据类型和约束：数据模型标准规定了可用的数据类型和约束条件。它定义了各种基本数据类型（如整数、字符串、日期等）以及复杂数据类型（如数组、枚举等）。同时，它还规定了数据的约束条件，如非空约束、唯一约束、外键约束等。

5）数据模型文档和图形表示：数据模型标准要求对数据模型进行文档化和图形化表示。它规定了数据模型文档的结构和内容，包括模型的概述、实体和属性的描述、关系和关联的说明等。同时，它还规定了数据模型的图形表示方式，如实体关系图、类图等。

6）数据模型管理和变更控制：数据模型标准还包括数据模型的管理和变更控制规范。

它规定了数据模型的版本管理、变更记录、审批流程等，以确保数据模型的可维护性和一致性。

综上所述，数据模型标准是用于定义和描述数据模型的一系列规范和标准，其中包括实体和属性、关系和关联、主键和唯一标识符、数据类型和约束、数据模型文档和图形表示，以及数据模型管理和变更控制等内容。这些标准有助于确保数据模型的一致性、可维护性和可扩展性，提高数据管理和应用的效率和质量。

某运营商数据模型标准示例如表 6-1 所示。

表 6-1 某运营商数据模型标准示例

序号	名称	描述	应用场景
1	BAL	余额，用于标识余额信息	话费余额、预存款余额等
2	CNT	次数，用于统计数量	通话次数、短信条数等
3	CODE	编码，用于前台业务查询使用的编码	公司编码
4	DATE	日期，用于标识到天的日期	生效日期、失效日期、开始时间等
5	DESO	描述，用于长描述	用户描述、客户描述等
6	DUR	时长，用于统计时长	通话时长、上网时长等
7	FEE	费用，用于费用相关属性	语音费用、流量费用、月租费等
8	FLAG	标记，用于描述是否属性	是否集团客户标记，是否离网用户标记等
9	FLUX	流量，用于流量属性	总流量、App 使用流量等
10	ID	唯一编码，用于主键	用户编码、客户编码、渠道编码等
11	MON	月份，用于标识统计月份	统计月份、分析月份、处理月份等
12	NAME	名称，用于短描述	用户名称、客户名称等
13	NO	号码，用于标识号码信息	证件号、卡号、终端串号等
14	NUM	数量，用于统计数据信息	用户人数、集团个数等
15	PRC	价格，用于标识产品、资源的单价	终端价格、产品资费等
16	SCORE	积分，用于标识用户积分	用户积分、累积积分、剩余积分等
17	SN	序列号，用于标识流水类自增序列的命名	工单流水号、缴费流水号等
18	STATE	状态，用于标识数据状态	用户状态、工单状态、销售状态等

4. 事务数据标准

事务数据标准是指用于定义和描述事务数据的一系列规范和标准。事务数据标准旨在确保事务数据的一致性、准确性和可靠性，以便数据的有效管理、分析和应用。事务数据标准通常包括以下几个方面：

1）数据元素：事务数据标准定义了用于表示事务数据的各个数据元素。它规定了数据元素的命名规范、数据类型、长度、格式等。例如，在财务领域的事务数据标准中，可能包括账户号、交易日期、金额等数据元素。

2）数据规则和约束：事务数据标准定义了事务数据的规则和约束条件。它规定了数据的合法性、一致性和完整性要求。例如，在销售领域的事务数据标准中，可能规定了订单必须包含有效的客户信息，金额不能为负数等。

3）数据编码和分类：事务数据标准规定了对事务数据进行编码和分类的方式。它定义了数据编码的规则和规范，以及数据分类的标准和层次结构。例如，在医疗领域的事务数据标准中，可能定义了对疾病、手术等进行编码和分类的标准。

4）数据交换和共享：事务数据标准定义了事务数据的交换和共享方式。它规定了数据交换的格式、协议和接口，以及数据共享的权限和安全性要求。例如，在供应链领域的事务数据标准中，可能规定了采购订单和发货通知的数据交换格式和接口。

5）数据质量和监控：事务数据标准也包括对事务数据质量和监控的规范。它定义了对事务数据质量的评估指标和方法，以及数据监控的策略和措施。例如，在金融领域的事务数据标准中，可能规定了对交易数据的准确性和时效性进行监控和验证的标准。

6）数据治理和管理：事务数据标准还涉及数据治理和管理的方面。它规定了事务数据的所有权、责任和访问权限，以及数据的生命周期管理和变更控制的要求。例如，在法律合规领域的事务数据标准中，可能规定了对个人隐私数据的保护和合规要求。

综上所述，事务数据标准是用于定义和描述事务数据的一系列规范和标准，其中包括数据元素、数据规则和约束、数据编码和分类、数据交换和共享、数据质量和监控，以及数据治理和管理等内容。这些标准有助于确保事务数据的一致性、准确性和可靠性，提高数据管理和应用的效率与质量。

5. 主数据标准

主数据标准是指用于定义和描述组织中重要、核心的主数据的一系列规范和标准。主数据是指在整个组织中广泛使用的关键数据，如客户信息、产品信息、供应商信息等。制定主数据标准的目的是确保主数据的一致性、准确性和可靠性，以便数据的有效管理、共享和应用。主数据标准通常包括以下几个方面：

1）数据元素：主数据标准定义了用于表示主数据的各个数据元素。它规定了数据元素的命名规范、数据类型、长度、格式等。例如，在客户主数据标准中，可能包括客户编号、客户名称、联系方式等数据元素。

2）数据规则和约束：主数据标准定义了主数据的规则和约束条件。它规定了数据的合法性、一致性和完整性要求。例如，在产品主数据标准中，可能规定了产品必须具有唯一的产品代码、产品描述不能为空等。

3）数据编码和分类：主数据标准规定了对主数据进行编码和分类的方式。它定义了数据编码的规则和规范，以及数据分类的标准和层次结构。例如，在供应商主数据标准中，可能定义了对供应商进行编码和分类的标准。

4）数据交换和共享：主数据标准定义了主数据的交换和共享方式。它规定了数据交换的格式、协议和接口，以及数据共享的权限和安全性要求。例如，在跨部门数据共享的场景中，主数据标准可能规定了数据共享的权限和访问控制机制。

5）数据质量和监控：主数据标准也包括对主数据质量和监控的规范。它定义了主数据质量的评估指标和方法，以及数据监控的策略和措施。例如，在客户主数据标准中，可能规定了对客户数据的准确性和完整性进行监控和验证的方法。

6）数据治理和管理：主数据标准还涉及数据治理和管理。它规定了主数据的所有权、责任和访问权限，以及数据的生命周期管理和变更控制的要求。例如，在主数据管理流程中，主数据标准可能规定了对主数据的更新和变更的审批和授权机制。

主数据标准包括属性名称、属性性质、类型、取值范围等。以人员主数据标准为例，人员主数据是指所有与企业签署了正式劳动合同的人员，而人员主数据标准是从企业管理视角出发，对人员实体的数字化描述。人员主数据标准示例如表 6-2 所示。

表 6-2　人员主数据标准示例

序号	属性名称	属性性质	类型	取值范围
1	人员编码	系统自动生成	字符型	系统自动生成的 7 位流水码
2	姓名	必填项	字符型	集团员工姓名，同身份证上的名称一致，必须保证姓名输入准确
3	身份证号	必填项	字符型	位数为 15 位或 18 位的身份证号码（港澳台人员及外籍人员除外）
4	性别	必填项	枚举型	男，女
5	出生日期	必填项	日期型	必须与身份证上的出生日期保持一致
6	民族	必填项	参照型	参照民族档案
7	电子邮件	必填项	字符型	不能为空，如 zhangsan@cn-nthq.com
8	办公电话	—	字符型	区号+6～8 位电话号码（+分机号），中间以"-"连接，如 010-12345678 或 010-12345678-8888
9	手机	必填项	字符型	位数默认为 11 位（我国的港澳台地区及国外除外），不得以其他符号代替
10	学历	—	枚举型	小学、初中、高中、大专、本科、硕士、博士
11	状态	必填项	枚举型	在职、离职
12	备注	—	字符型	—

综上所述，主数据标准是用于定义和描述组织中重要、核心的主数据的一系列规范和标准，其中包括数据元素、数据规则和约束、数据编码和分类、数据交换和共享、数据质量和监控，以及数据治理和管理等内容。这些标准有助于确保主数据的一致性、准确性和可靠性，提高数据管理和应用的效率和质量。

6．参考数据标准

参考数据标准是指用于参考和对比的数据标准，用于评估和比较组织中的实际数据。参考数据标准可以作为一种基准或模型，用来衡量实际数据的质量、准确性和一致性。它可以帮助组织识别和解决数据质量问题，推动数据治理和数据管理的实施。参考数据标准通常包括以下几个方面：

1）数据定义和描述：参考数据标准规定了参考数据的定义和描述方式。它包括对参考数据的命名规范、数据类型、长度、格式等的定义。例如，在参考数据标准中，可能包括对数据元素（如地理位置、产品分类、行业代码等）的定义和描述。

2）数据规则和约束：参考数据标准定义了参考数据的规则和约束条件。它规定了参考数据的合法性、一致性和完整性要求。例如，在地理位置参考数据标准中，可能规定了对国家、省份、城市等地理区域的命名规则和层次结构。

3）数据编码和分类：参考数据标准规定了对参考数据进行编码和分类的方式。它定义了数据编码的规则和规范，以及数据分类的标准和层次结构。例如，在产品分类参考数据标准中，可能定义了对产品进行编码和分类的标准和层次结构。

4）数据来源和更新：参考数据标准规定了参考数据的来源和更新方式。它说明了参考数据的数据源和数据采集方法，以及数据更新的频率和流程。例如，在行业代码参考数据标准中，可能规定了行业代码的来源和更新机制。

5）数据质量和监控：参考数据标准包括对参考数据质量和监控的规范。它定义了对参考数据质量的评估指标和方法，以及数据监控的策略和措施。例如，在产品分类参考数据标准中，可能规定了对分类代码的准确性和完整性进行监控和验证的规范。

6）数据访问和使用：参考数据标准还涉及对参考数据的访问和使用的规定。它规定了参考数据的访问权限和安全性要求，以及数据使用的限制和约束。例如，在行业代码参考数据标准中，可能规定了行业代码的访问权限和使用范围。

参考数据标准的稳定性比较强，一经发布，一般不会轻易变更，它属于企业各系统之间共享的公共代码。某企业基础数据标准如表 6-3 所示。

表 6-3　某企业基础数据标准：性别代码

标准编号	CD190004
中文名称	性别代码
英文名称	Codes for sexual distinction of human
代码描述	描述人的性别代码
定义原则	采用外部标准
引用标准名称及标准号	《个人基本信息分类与代码　第 1 部分：人的性别代码》（GB/T 2261.1—2003）
代码编码规则	1 级 2 位编码（1，2），采用国标编码
技术属性	CHAR（2）
版本日期	2019-11-18
标准类别	标准
代码值	01，02，99
代码描述	男性，女性，未说明的性别
业务说明	

综上所述，参考数据标准是用于参考和对比的数据标准，用于评估和比较组织中的实际数据。它包括数据定义和描述、数据规则和约束、数据编码和分类、数据来源和更新、数据质量和监控，以及数据访问和使用等内容。参考数据标准有助于提高数据质量、推动数据治理和数据管理的实施，并为组织的数据分析和决策提供可靠的参考依据。

7. 汇总数据标准

汇总数据标准是指用于汇总和聚合数据的标准，用于确保数据汇总过程中的一致性和准确性。汇总数据标准起到了规范和统一数据汇总过程的作用，以便数据分析和决策。汇总数据标准通常包括以下几个方面：

1）数据源和采集：汇总数据标准规定了汇总数据的来源和采集方式。它明确了数据源的选择和筛选标准，以及数据采集的方法和工具。例如，在销售数据汇总标准中，可能规定了销售数据的来源（如销售系统、POS 系统等），并规定了数据采集的频率和流程。

2）数据清洗和处理：汇总数据标准定义了对汇总数据进行清洗和处理的规则和方法。它规定了数据清洗的步骤和流程，包括数据去重、数据格式转换、异常值处理等。例如，在客户数据汇总标准中，可能规定了对客户姓名、地址等信息进行清洗和格式化的规则。

3）数据聚合和计算：汇总数据标准规定了对汇总数据进行聚合和计算的方式。它定义了汇总数据的指标和计算方法，以及数据聚合的层次和粒度。例如，在财务数据汇总标准中，可能规定了对销售额、成本、利润等指标进行求和、平均值计算的方式。

4）数据标准化和命名：汇总数据标准包括对汇总数据进行标准化和命名的规范。它定义了汇总数据的命名规则和命名约定，以确保数据的一致性和可理解性。例如，在市场份额数据汇总标准中，可能规定了市场份额指标的命名规则和单位。

5）数据质量和验证：汇总数据标准涉及对汇总数据质量和验证的要求。它定义了汇总数据质量的评估指标和方法，以及数据验证的流程和控制点。例如，在销售数据汇总标准中，可能规定了对销售数据的准确性和完整性进行验证和审查的要求。

6）数据文档和报告：汇总数据标准还包括对汇总数据文档和报告的规范。它规定了汇总数据文档的结构和内容，以及报告的格式和要求。例如，在市场调研数据汇总标准中，可能规定了对市场调研结果的文档化和报告化要求。

综上所述，汇总数据标准是用于汇总和聚合数据的标准，用于确保数据汇总过程中的一致性和准确性。它包括数据源和采集、数据清洗和处理、数据聚合和计算、数据标准化和命名、数据质量和验证，以及数据文档和报告等内容。汇总数据标准有助于规范和统一数据汇总过程，提高数据分析和决策的可靠性和效率。

指标数据是汇总数据的一个子类，通常由一个或以上的事务数据根据一定的统计规则计算而得到。指标数据标准一般分为基础指标标准和计算指标（又称组合指标）标准。指标数据标准与基础数据标准一样，也包含业务属性、技术属性、管理属性三部分。

某企业为确保指标数据标准定义的完整与严谨，形成了一整套指标数据标准，如表 6-4 所示。

表 6-4　某企业的指标数据标准定义示例

基础属性	业务属性	技术属性	管理属性
指标编号	指标业务含义	取数范围	归口管理部门
指标大类	指标业务口径	取数方式	版本号
指标小类	指标类型	数据类型	使用部门
指标细类	制定依据	数据长度	备注
指标名称	度量单位	数据精度	
指标别名	统计维度	约束条件	
指标英文名称	统计频率		

以"营业收入同比增减率"指标为例（见图 6-3），从数据标准化的角度来看，首先需要定义其基本属性和业务属性，以明确其定位和用途，统一业务口径。其次，通过技术属性明确其指标技术口径和取数规则等，确保指标数据计算结果的一致性。这样，在整个企业层面统一了"营业收入同比增减率"的业务口径和技术口径。最后，明确管理属性，确立使用规范。

基本属性	业务属性		技术属性				管理属性	
指标名称	指标业务定义	指标业务计算逻辑	数据类型	数据长度	数据精度	指标取数规则	管理部门	版本号
营业收入同比增减率	与上年同期营业收入相比的增减幅度	营业收入同比增减率=（本月营业收入−上年同期营业收入）/上年同期营业收入×100%	数值型	8	2	Select*from...	财务部	v1.0

图 6-3　指标标准构成示例

6.2.4　数据标准的构成

我们从纵横两个层面对企业的数据构成有了一定的认知，那么数据标准管理就是对以上数据构成进行标准化描述和定义，以使其成为数字化环境中的"通用语言"。

一般来说，从以下三个视角描述数据标准的构成：

1）业务视角。数据标准包括标准的业务定义、标准的名称、标准的分类、标准的业务规则、质量精度要求等。

2）技术视角。数据标准包括数据结构，数据的类型、长度、精度、格式、编码规则等。

3）管理视角。数据标准包括数据的管理者、新增人员、修改人员、使用者、来源的系统、使用的系统等。

6.2.5　数据标准的制定

制定数据标准要先清楚需求和现状（例如企业的需求、监管的要求、管理的现状）与行业最佳实践之间的差距，然后结合专家经验进行标准制定。这个过程至少需要以下六个步骤，如图 6-4 所示。

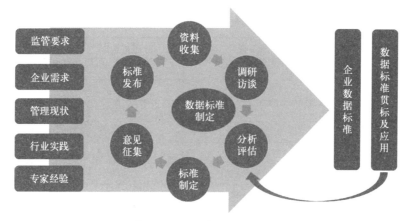

图 6-4　数据标准制定的全流程

（1）资料收集

采集数据标准需求，收集与之相关的所有文件和材料，包括相关的国家或行业标准、相关的业务流程规范、现在及将来要落地数据标准的业务系统情况等，充分了解数据标准的现状。

根据数据标准需求采集情况，从业务和 IT 两个方面分析、诊断并归纳数据标准现状和问题。业务方面，主要对数据标准涉及的业务和管理现状进行分析和梳理，以了解数据标准在业务方面的作用和存在的问题；IT 方面，主要对各系统的数据字典、数据记录等进行分析，明确实际生产中数据的定义方式及其对业务流程、业务协同的作用和影响。

（2）调研访谈

调研访谈是为了进一步明确数据标准管理的业务目标，这个过程需要业务相关方充分参与，将数据标准的需求和问题暴露出来，并对数据标准管理目标达成共识。

各部门应依据业务调研和信息系统调研结果分析、诊断、归纳数据标准现状和问题。其中，业务调研主要是对业务管理办法、业务流程、业务规划进行研究和梳理，以了解数据标准在业务方面的作用和存在的问题；信息系统调研主要采用对各系统数据库字典、数据规范的现状调查，厘清实际生产中数据的定义方式和对业务流程、业务协同的作用和影响。

（3）分析评估

根据收集的需求和资料评估数据标准制定的必要性，以及现有的数据标准能否满足业务所需。考虑到数据标准落地难的问题，选择现有系统数据或对其适度改造以形成满足业务需求的数据标准，如果满足则"利旧"，不满足则创建一个新的数据标准。

（4）标准制定

企业依据行业相关规定，借鉴同行业实践经验，并结合企业自身的数据标准需求，在各个数据标准类别下，明确相应的数据项及其属性，例如数据项的名称、编码、类型、长度、业务含义、数据来源、质量规则、安全级别、值域范围等。

数据标准制定需要从企业业务域、业务活动、数据对象、数据关系等方面逐步展开，这个方法被称为 BOR（Business-Object-Relationship）法。

BOR 法是一个有效的梳理和识别数据标准的方法。首先，根据企业业务情况划分业务域，识别每个业务域的相关业务活动中的数据对象。其次，对数据对象进行分析，明确每个数据对象所包含的属性项。再次，梳理和抽象所有数据实体、数据指标的相互关系，并对数据之间的关系进行定义，进一步明确数据对象间的数据关系。最后，通过以上梳理、分析和定义，确定企业数据标准管理的主体范围，并基于系统实现的逻辑进行归纳和抽象，形成企业级数据标准体系。BOR 法如图 6-5 所示。

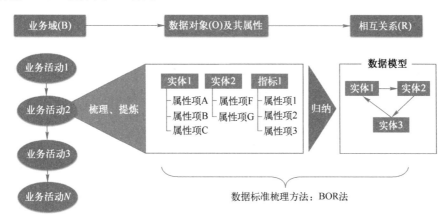

图 6-5　BOR 法

（5）意见征集

意见征集是指对拟定的数据标准初稿进行宣贯和培训，同时广泛收集相关的数据管理部门、业务部门、技术部门的意见，降低数据标准不可用、难落地的风险。

数据标准的意见征集需要在全公司范围内进行，并设定意见征集日期，根据数据标准涉及的业务范围，意见征集时间为一周至三个月。无意见或者无反馈的部门，需要特定走访，以确保全公司对数据标准理解的一致性。

其实，除了意见征集之外，还需要组织专家对数据标准进行评审。专家团队需要对企业某个业务领域的业务非常熟悉，能给出数据标准定义的权威性建议，解决数据标准存在歧义的问题。

（6）标准发布

数据标准意见征集完成、标准审查通过后，由数据标准管理委员会以正式的形式向全公司发布数据标准。

数据标准一经发布，各部门、各业务系统都需要按照标准执行。遗留系统的存量数据会存在一定的风险，企业应做好相应的影响评估。

6.2.6　数据标准的落地

数据标准的落地通常是指把企业已经发布的数据标准应用于信息建设和改造中，消除数据不一致的过程，即把已定义的数据标准与业务系统、应用和服务进行映射，标明标准和现状的关系以及可能受影响的应用。

在这个过程中，对于企业新建的系统应当直接应用定义好的数据标准，对于旧系统一般建议建立相应的数据映射关系，进行数据转换，逐步将数据标准落地。同时，在数据标准的落地过程中还需要加强对业务人员的数据标准培训、宣贯工作，以帮助业务人员更好地理解数据标准。

数据标准的落地分为 4 个关键阶段。

（1）数据标准宣贯

要发挥数据标准的各项效果，就需要在标准实施前认真宣贯，让全公司对数据标准达成共识，以便更好地将其应用到实践中去。数据标准的宣贯能够检验数据标准的质量，更好地发挥数据标准的作用，从而为企业业务和管理赋能。

数据标准的宣贯方法有文件传阅、集中培训、专题培训等。

1）文件传阅。将数据标准文件以正式文件的形式在全公司范围内发布，让各部门、各分公司或子公司传阅。尤其是对于涉及数据录入、维护、使用等操作的利益干系人，数据标准文件将作为其数据维护工作的重要参考资料。

2）集中培训。由数据标准管理委员会组织，制订数据标准集中培训计划，落实培训场地、培训方式、培训课件等内容，实施数据标准宣贯培训。集中培训后，学员反馈学习心得，培训老师总结宣贯经验。

3）专题培训。针对不同业务领域的数据标准开展专题培训，让相关的业务人员清楚地了解数据标准的各项规则，并通过上机实操强化培训效果，让数据标准真正嵌入业务人员的实际工作中，推动数据标准的落地。

（2）数据标准实施

数据标准实施是指将已经发布的数据标准应用于业务应用系统和数据分析系统的建设，以消除数据不一致的过程。数据标准的实施是确保数据在业务应用系统中的一致性、完整性、准确性的基础，同时为数据分析系统提供高质量数据支撑，以保证数据分析的质量。

数据标准在企业中大多是通过数据标准系统落地，数据标准系统与企业主数据生产和消费系统及分析系统之间的关系如图 6-6 所示。

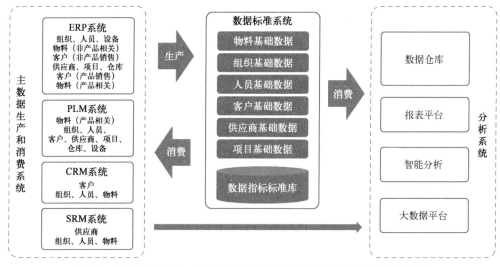

图 6-6　数据标准系统与企业主数据生产和消费系统及分析系统之间的关系

数据标准落地过程中应加强对业务人员的数据标准培训、宣贯工作，帮助业务人员更好地理解系统中数据的业务含义，也涉及信息系统的建设和改造。

数据标准落地过程中应对业务部门提出具体要求。数据标准的落地应从业务的源头抓起，例如，产品数据标准的落地需要从产品的设计环节着手，引用既定的数据标准，使用规范的产品名称和编码，这样可以避免后续工作中的很多麻烦。在数据标准的落地过程中，应避免对标准的随意改动，如果标准确实存在问题、必须修改，则需要提请数据标准变更流程，经数据标准管理委员会审查后方可变更。

数据标准落地过程中应对 IT 部门提出具体要求。数据标准对企业信息化建设起到规范作用，IT 部门在建设业务应用系统和数据分析系统时应严格按照发布的数据标准执行。

1）在系统需求分析阶段，应提出数据使用需求，然后数据标准管理委员会参与数据需求的评审，并给出数据标准的使用建议。

2）在系统设计开发阶段，应基于现行的数据标准进行系统的设计和开发。

3）在系统正式运行阶段，系统应纳入公司的数据治理范围，符合公司在数据标准、数据质量、数据安全等方面的要求。数据标准管理执行组对系统的数据标准贯彻执行情况进行监督考核，对于不符合数据标准要求的，提出改进要求，并监督其完成整改。

（3）数据标准评价

数据标准评价是综合评价数据标准的落地成效，跟踪监督标准落地流程执行情况，收集标准修订需求的过程。

数据标准评价主要考虑以下两个方面内容：

数据标准的使用率。例如，使用数据标准的人数及占比，使用数据标准的业务流程数量及占比，使用数据标准的系统数量及占比，使用数据标准的业务部门数量及占比。

数据标准适用性是指一个数据标准在特定的数字环境下适合于业务或管理场景的能力。每个组织的业务都是不断发展、不断变化的，数据标准不可能一成不变，好的数据标准需要根据业务的变化情况进行动态变更。

（4）数据标准改进

数据标准改进是指根据业务所需对数据标准进行修订，以提高其数据标准的利用率和适用性。

数据标准管理应该结合组织整体的数据管理需求和机制，设立相关的组织机构、策略流程和规章制度，实现相关工作人员的合理配备，利用管理工具对数据标准进行维护和更新，监控其执行情况。

6.3 主数据管理

6.3.1 主数据的定义

主数据是指在整个组织中被广泛使用、共享和管理的核心数据集合，它代表了组织中最重要、最关键的业务实体或对象。主数据应该具有高质量、一致性和准确性的特征，作为组织内部决策和业务流程的基础。它需要经过定义、标准化、整合和管理，以确保在整个组织中的一致性和可信度。主数据通常包括与组织的核心业务相关的数据，例如客户、产品、供应商、员工等。这些数据被认作组织中的"单一版本的真相"，即在整个组织中应该只有一个准确、一致和可信的数据源，供各个业务系统和应用程序使用。主数据在数据治理中扮演着关键的角色，它需要被准确地定义、管理和维护，以确保数据的一致性、可靠性和可用性。

首先，主数据是指那些对于组织的核心业务流程和决策具有重要意义的数据。它是组织中各个业务领域共享和使用的基础数据，如客户、产品、供应商等。主数据具有跨部门和跨系统的特性，它在不同业务领域中被广泛应用，影响着组织的运营和决策。

其次，主数据的内容是多样化的，并且需要根据组织的需求进行定义和管理。主数据可以包括各种实体，如客户、产品、供应商、地点等。对于每个实体而言，主数据包括实体的一系列核心属性，如客户的姓名与联系方式、产品的名称与价格、供应商的名称与地址等。此外，主数据还可以包括与实体相关的其他属性，如客户的交易历史、产品的销售记录、供应商的合同信息等。主数据的内容需要根据组织的业务需求进行定义和维护，以确保数据的准确性、完整性和一致性。

最后，在数据治理中，主数据具有重要的作用。它是组织中各个业务领域共享和使用的基础数据，影响着组织的运营和决策。通过对主数据的准确定义、有效管理和及时更新，组织可以确保不同部门和系统之间的数据一致性和可靠性。主数据还可以支持数据集成、数据分析和业务流程优化等工作，提高组织的效率和竞争力。

综上所述，主数据是数据治理中的重要概念和内容。它是组织中各个业务领域共享和使用的基础数据，需要被准确地定义、管理和维护。通过对主数据的有效管理和应用，组织可以提高数据的一致性、可靠性和可用性，从而支持组织的运营和决策。

以上对主数据的定义比较复杂，本书将主数据解释为"3 个特征、4 个超越"，如图 6-7 所示。

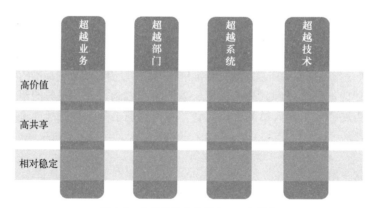

图 6-7 主数据的 3 个特征、4 个超越

（1）主数据的 3 个特征

主数据具有高价值、高共享、相对稳定 3 个基本特征。

1）高价值：主数据是所有业务处理都离不开的实体数据，其质量的好坏直接影响数据集成、数据分析和数据挖掘的结果。

2）高共享：主数据是跨部门、跨系统的高度共享的数据。

3）相对稳定：与交易数据相比，主数据是相对稳定的，变化频率较低。变化频率较低并不意味着一成不变，例如，客户更名会引起客户主数据的变动，人员调动会引起人员主数据的变动，等等。

（2）主数据的 4 个超越

主数据具备超越业务、超越部门、超越系统、超越技术四大特点。

1）超越业务：主数据是跨越了业务界限，在多个业务领域中被广泛使用的数据，其核心属性也来自业务。例如，物料主数据既有自身的自然属性，如规格、材质，也有业务赋予的核心属性，如设计参数、工艺参数、采购要求、库存要求、计量要求、财务要求等，同时又要服务于业务，可谓"从业务中来，到业务中去"。

2）超越部门：主数据是组织范围内共享的、跨部门的数据，它不归属某一特定的部门，是企业的核心数据资产。

3）超越系统：主数据是多个系统之间的共享数据，是业务应用系统建设的基础，也是数据分析系统的重要分析对象。

4）超越技术：主数据要解决不同异构系统之间的核心数据共享问题，从来不会局限于一种特定的技术。在不同环境、不同场景下，主数据的技术是可以灵活应对的。主数据的集成架构是多样的，如总线型结构、星形结构、端到端结构；集成技术也是多样的，如 Web Service、REST、ETL、MQ、Kafka 等。不论是架构还是技术，没有最好的，只有更合适的。企业在做技术选型的时候，要充分考虑企业的核心业务需求和未来的发展要求，并据此构建自身的主数据技术体系。

主数据是用来描述企业核心业务实体的数据，通常也被称为企业的"黄金数据"。以某制造企业为例，如图 6-8 所示，贯穿制造企业主价值链的各环节的产品、物料、客户、供应商、人员、组织、合同等均是制造企业的核心数据，也是跨业务环节、业务部门共享的数据，需要在各业务活动中保持一致，即"一物一码"，以确保信息流的贯通及业务效率的提升。

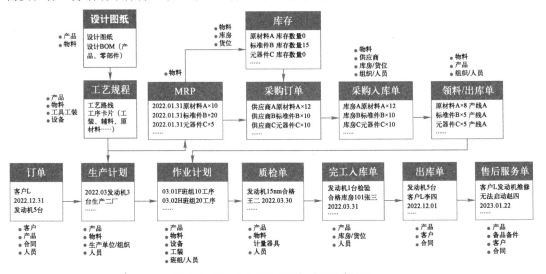

图 6-8 制造企业主价值链相关的业务流程

6.3.2   主数据管理的意义

各企业在信息化建设过程中，逐步建立了财务、OA、ERP、MES、QMS 等业务系统，解决了各业务环节的业务效率及业务流转问题，但是也随之出现了数据标准不统一、一物多码、数据孤岛、数据不共享、集团级管控维度不统一等问题。这些问题都与主数据密切相关，也是影响企业业务流转与贯通的原因。

主数据管理的意义在于以下几个方面：

1）通过统一数据标准，统一数据编码，提升数据质量。"一物一码"是主数据管理的核心目标之一，即消除不同业务系统、不同业务环节对同一个"物"的定义与标识不一致的问题。

2）消除数据孤岛，实现集成共享，提升业务协作效率。在数据统一定义的基础上，实现各个业务系统间数据的集成共享，消除数据编码不一致导致的数据"不认识"、信息"不通畅"，降低沟通成本，提高业务效率。

3）统一的主数据管理，能够保障企业运营管控分析的准确性。主数据是企业开展业务过程及结果分析的基本维度和重要维度，多维度重复、定义不一致等问题将直接影响分析的准确性，因此，统一的数据管理也是企业智能决策的重要基础。

4）集团性质的企业通过主数据的管理，可实现财务、战略等层面的统一管控。

6.3.3   主数据的识别

在茫茫"数海"中识别主数据是一项非常复杂的工程，它不仅要依靠专家的经验，并结合行业的具体情况，还要有一定的方法。

（1）识别主数据的两个方法

1）主数据特征识别法。该方法主要评估企业全部数据中的各类主数据是否符合主数据的六大特征（见图 6-9），如发现任何不符合主数据特征的数据，则将其剔除出主数据管理的范畴。

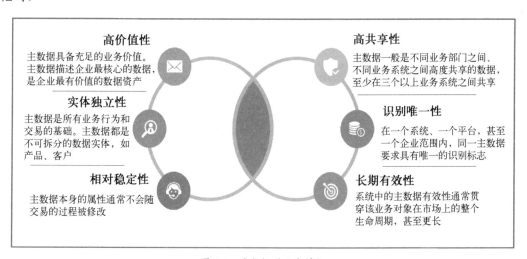

高价值性
主数据具备充足的业务价值。主数据描述企业最核心的数据，是企业最有价值的数据资产

高共享性
主数据一般是不同业务部门之间、不同业务系统之间高度共享的数据，至少在三个以上业务系统之间共享

实体独立性
主数据是所有业务行为和交易的基础。主数据都是不可拆分的数据实体，如产品、客户

识别唯一性
在一个系统、一个平台，甚至一个企业范围内，同一主数据要求具有唯一的识别标志

相对稳定性
主数据本身的属性通常不会随交易的过程被修改

长期有效性
系统中的主数据有效性通常贯穿该业务对象在市场上的整个生命周期，甚至更长

图 6-9   主数据的六大特征

- 高价值性。主数据具备极高的业务价值。主数据描述企业最核心的数据，是企业最有价值的数据资产。
- 高共享性。主数据一般是不同业务部门、不同业务系统之间高度共享的数据，如果数据只在一个系统中使用，并且未来也不会共享给其他系统，则一般不将其纳入主数据管理。
- 实体独立性。主数据是不可拆分的数据实体，如产品、客户等，是所有业务行为和交易的基础。
- 识别唯一性。在组织范围内，同一主数据要求具有唯一的识别标志，如物料、客户都必须有唯一的编码。
- 相对稳定性。与交易数据相比，主数据是相对稳定的，变化频率较低。
- 长期有效性。主数据一般具有较长的生命周期，需要长期保存。

2）业务影响和共享程度分析矩阵。采用定性分析和定量分析相结合的方式，根据数据的共享程度及业务实体对业务的重要性进行评估，建立业务影响和共享程度分析矩阵（见图 6-10），从而确定适合纳入主数据管理的数据范围。

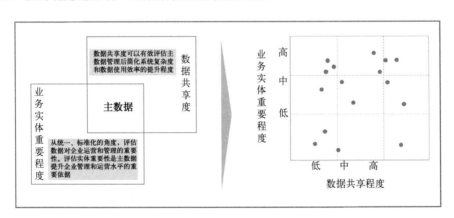

图 6-10　业务影响和共享程度分析矩阵

（2）识别消费者和生产者

识别产生主数据的应用系统和消费主数据的应用系统，有助于我们了解 MDM（主数据管理系统）实施的范围、受影响的系统数量以及数据的流向。

基于主数据识别结果，结合企业业务需求，确定主数据的生产方和消费者，明确主数据的来源和去向。在这一过程中，一个重要的输出物是主数据 U/C 矩阵，如表 6-5 所示。其中，C 表示创建，对应主数据的生产者；U 表示使用，对应主数据的消费者。U/C 矩阵可以反映主数据管理的范围和主数据的数据流向。

表 6-5 主数据 U/C 矩阵

主数据	业务系统						
	A	B	C	D	E	F	G
组织	C	U	U	U	U	U	U
部门	C	U	U	U	U	U	U
人员	C	U	U	U	U	U	U
客户				C	U	U	U
供应商		U		U	U	C	U
物料分类				U	U	C	U
物料		C		U	U	U	U

6.3.4 主数据分类

主数据分类是为了更好地组织和管理这些重要数据，以提高数据质量、数据一致性和数据可信度，进而支持组织的业务决策和运营活动。主数据分类的原因主要有以下几类：

1）数据管理和维护。主数据通常涉及大量的数据记录和属性信息，对其进行分类可以更好地组织和维护这些数据。通过分类，可以将主数据按照业务实体进行划分，建立清晰的数据结构和关系，方便数据的录入、更新和查询。

2）数据一致性和准确性。主数据往往被多个业务系统共享和使用，对其进行分类可以确保数据的一致性和准确性。通过分类，可以建立数据的标准化规范和验证机制，避免数据重复、冗余和不一致的问题，提高数据的质量和可信度。

3）数据安全和权限控制。主数据通常包含组织的核心业务信息，对其进行分类可以更好地进行数据安全和权限控制。通过分类，可以根据数据的敏感程度和访问权限设置不同的数据访问级别和保护机制，确保数据的机密性和完整性。

4）业务决策和分析。主数据是支持组织业务决策和分析的重要基础，对其进行分类可以更好地满足业务需求。通过分类，可以建立与业务相关的数据模型和分析维度，为业务决策和分析提供准确、可靠的数据支持，提高业务运营的效率和决策的准确性。

1．主数据分类的原则

主数据分类必须遵循以下原则和方法：

1）科学性：信息分类的客观依据。通常会选用事物最稳定的本质属性或特征作为分类的基础和依据，这样有利于保证分类的稳定性和持久性。

2）系统性：将选定的事物属性或特征按一定的排列顺序进行系统化，形成一个合理的分类体系。

3）扩展性：分类体系的建立应满足事物不断发展和变化的需要。

4）兼容性：某一系统的信息分类涉及一个或几个其他信息系统时，信息的分类原则及类目设置应尽可能与有关标准一致。

2．主数据分类的方法

主数据的基本分类方法有三种，即线分类法、面分类法和混合分类法。其中，线分类法又称层级分类法，面分类法又称组配分类法。

（1）线分类法

线分类法是指将要分类的对象基于其所选择的若干个属性或特征，按最稳定本质属性逐次分成若干层类目，并排列成一个层次逐级展开的分类体系。

某电子制造企业将电子元器件按线分类法进行了分类，如图 6-11 所示。

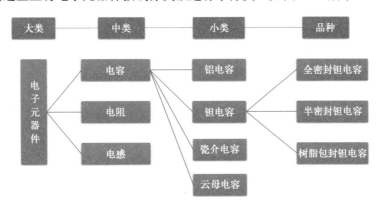

图 6-11　线分类法的结构示例

线分类法的优缺点如下：

优点：分类层次性好，不重复，不交叉，能较好地反映类目之间的逻辑关系；既符合手工处理信息的传统习惯，又便于计算机处理。

缺点：揭示事物特性的能力差，具有一定的局限性；不便于根据需要随时改变，也不适合多维度的信息检索。

（2）面分类法

面分类法是指将所选定分类对象的若干标志视为若干个面，把这些面划分为彼此独立的若干个类目，排列成一个由若干个面构成的平行分类体系。

某电子制造企业对电子元器件中的电容器按面分类法进行了分类，如图 6-12 所示。

图 6-12　面分类法的结构示例

面分类法的优缺点如下：

优点：具有一定的伸缩性，易于添加和修改类目，一个面中的类目改变，不会影响其他的面，而且可以对面进行增删；适应性强，可根据任意面的组合方式进行分类的检索，有利于计算机的信息处理。

缺点：不能充分利用编码空间；编码的组配方式很多，但实际应用到的组配类目不多。

（3）混合分类法

混合分类法是在已有的分类中，需要同时使用线分类法和面分类法两种方法进行分类，以满足业务的需要。混合分类法一般以一种分类方法为主，将另一种作为补充。例如，在上面的示例中，可以用线分类法作为企业电子元器件的主分类，将面分类法中的"安装工艺"和"可靠性"作为电子元器件的辅助分类属性进行管理，以满足信息查询和使用的需要。

6.3.5　主数据编码

主数据编码是为了方便主数据的标识、存储、检索和使用，在进行主数据处理时赋予具有一定规律、易于计算机和人识别处理的符号，形成代码元素集合。主数据编码必须标准化、系统化，设计合理的主数据编码是建立主数据标准的关键。

（1）主数据编码原则

主数据编码应遵守如下原则：

1）唯一性。确保每一个编码对象有且仅有一个代码。

2）稳定性。编码属性要具备稳定性，确保规则稳定。

3）简易性。码位短，录入操作简便，减小编码工作强度，节省机器存储空间，降低代码差错率。

4）扩展性。主数据编码要留有适当的容量，以便满足数据编码不断增值的需求，各类编码应预留足够的位数。

5）适用性。主数据编码应与分类体系相适应，并适用于不同的应用领域。编码过程中应考虑实施必要的反复确认活动，各单位应指定熟悉业务的人员专门配合编码事宜，以使编码更符合实际应用的需要。

6）规范性。主数据代码的类型、编码规则和结构需要统一。

7）统一性。同一个主数据必须使用统一的编码，不允许各自为政。

（2）主数据编码方法

《信息分类和编码的基本原则与方法》（GB/T 7027—2002）给出的编码方法有两种，分别是有含义的代码和无含义的代码，如图 6-13 所示。

有含义的代码，即每一个编码项都具有一定的业务含义。这种编码适用于编码量较少、信息分类层次清晰的情况。无含义的代码仅仅起唯一性标识作用，不带有分类或业务特征属性之类的有业务意义编码，更适合计算机的处理。

在实际的主数据编码中，通常会将两者结合起来。基于大、中、小类的层次码进行编码很有必要，这样便于归类和检索，但一般不建议分得太细，例如把物料、规格、型号等都考虑进去就没有太大的意义。

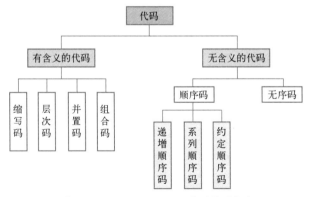

图 6-13　GB/T 7027—2002 中的编码方法

采用"分类码+顺序码"的组合编码方式如图 6-14 所示。

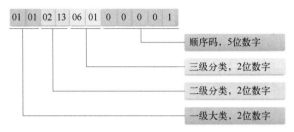

图 6-14　基于"分类码+顺序码"的组合编码方式

6.3.6　主数据建模

主数据建模的核心是确定主数据的属性，各类主数据的属性确定需要紧紧围绕主数据跨部门、跨业务、跨系统的特征开展，不推荐将全部的基础数据属性纳入主数据管理范畴。以生产制造企业主数据为例，各业务环节均用到了物料数据，但是各业务环节对原材料属性的应用有所差异，如图 6-15 所示。

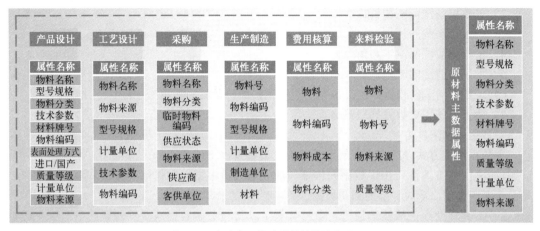

图 6-15　各业务环节对原材料属性应用示例

可以看出，不同的业务环节对原材料属性的关注不同，出于跨部门、跨业务、跨系统的共性数据考虑，推荐管理的原材料主数据属性为"物料名称""型号规格""物料分类""物料编码"等核心特征属性，而"供应商""供应状态"等采购环节关注的采购属性，通常情况下建议不将其纳入主数据管理范围，即这些属性有时也被理解为附加属性。

除了核心特征属性及附加属性外，还可以定义该类数据的普通特征属性，比如物料的"封装方式""安装工艺要求"等属性，这些属性是否纳入主数据管理范围，同样需要根据其共享性确定。

另外，主数据建模也需要对纳入管理的属性进行规范化的定义，以原材料的应用为例，各业务环节存在对同样意义的属性命名不一致的情况，如"物料名称"，有的叫物料名，有的叫物料，有的则叫物料名称，最终确定的原材料属性为"物料名称"。

主数据管理的核心是"一物一码"的实现，所以在确定主数据属性的过程中，也需要关注主数据的唯一性标识属性的确定，通常唯一性标识属性可以是一个属性，也可以是多个属性组合。这些唯一性标识属性，通常是核心特征属性，常用于主数据编码的生成。

值得注意的是，主数据编码必须包含核心特征属性，而普通特征属性和附加特征属性可根据管理的目的进行取舍。选择的普通特征属性越多，则主数据编码的颗粒度越细，编码量就越大。选择几个或哪些特征属性与主数据编码绑定，涉及企业的销售管理、成本管理、生产管理等业务，应根据企业的业务需求和目的而定。

6.3.7 主数据清洗

主数据清洗是通过对企业的存量主数据进行加工处理（清洗、转换、补录、去重、合并等），形成一套标准的主数据代码，为企业的信息系统集成和数据分析提供支撑的过程。

（1）主数据清洗方案

主数据清洗工作包含期初数据的收集整理和遗留系统历史数据的处理，需要提前制定主数据清洗方案，以指导主数据的清洗工作。主数据清洗方案主要涵盖以下内容：

1）主数据清洗的原则。

2）主数据清洗范围和目标。

3）主数据清洗的计划。

4）主数据清洗的组织和角色分工。

5）主数据清洗的流程、要求和注意事项。

6）主数据清洗的模板，定义每个主数据元素的质量规则和填报规范。

7）遗留系统历史数据处理策略。

（2）主数据清洗方式

主数据清洗方式一般有人工线下清洗和工具辅助线上清洗两种。

1）人工线下清洗：由主数据归口部门的业务人员根据主数据清洗模板和填报规范，完成主数据的整理，形成标准的期初数据。

2）工具辅助线上清洗：通过主数据接入工具将相关主数据从数据源系统装载到主数据系统，并利用主数据管理系统内置的数据清洗功能完成数据清洗，形成标准的期初数据。这种清洗方式一般由业务人员与 IT 人员共同完成。

（3）主数据清洗操作

主数据清洗操作包括主数据归类、主数据去重、缺失值处理、规范性描述等。

1）主数据归类：根据定义好的主数据分类体系将清洗范围内的数据逐一归类到相应的分类中。

2）主数据去重：利用"工具+人工识别"的方式，找到重复或疑似重复的数据，并进行剔除或合并。执行这一过程时，建议先去除关键属性中的空格，因为多了空格就会导致工具误判。

3）缺失值处理：由于主数据的唯一性属性是不允许为空的，因此需要通过工具找到有唯一性属性为空的数据并进行填补。对于其他附加的且可以为空的属性不做特殊要求。

4）规范性描述：主数据的属性填写不规范是主数据质量低下的主要原因，不规范问题包括字母大小写、全半角、特殊字符书写、空格等问题。例如，表示直径的符号Φ不可以写成ϕ、∮、Ψ或φ。

6.3.8　主数据映射治理

主数据映射是对各系统中历史主数据进行治理的一种新的策略，即采用不修改历史主数据的标准，而是建立历史主数据与企业主数据标准之间的映射关系，以实现主数据的贯通。主数据映射治理是指对不同业务系统中的数据进行映射关系的管理和维护，以确保数据能够正确地映射到主数据的统一版本，保证数据的一致性和准确性。

主数据映射治理的工作思路通常包括以下几个方面：

1）明确映射规则和标准：制定明确的映射规则和标准，定义不同业务系统中数据与主数据之间的映射关系。这包括确定映射字段、映射逻辑和映射值等。

2）识别映射关系：通过数据分析和业务理解，识别不同业务系统中的数据与主数据之间的映射关系。这需要对业务流程和数据模型进行深入了解，以确定数据的来源和去向。

3）建立映射表和索引：根据映射规则和标准建立映射表和索引，记录不同业务系统中的数据与主数据之间的映射关系。这可以是一个中央映射表，也可以是分布式映射索引。

4）监控和维护映射关系：定期监控和维护映射关系，确保数据的一致性和准确性。这包括检查映射表和索引的更新情况，处理映射关系变更和冲突等。

6.3.9　主数据集成

主数据集成主要包括两个方面：主数据管理系统与权威数据源系统的集成，实现主数据从权威数据源的采集并装载到主数据管理系统中；主数据管理系统与主数据消费系统的集成，将标准的主数据代码按照约定的集成方式分发到主数据消费系统中。

（1）主数据集成架构

主数据集成过程中涉及以下系统：

- 权威数据源系统：生产主数据的系统。
- 主数据消费系统：使用主数据的系统。

- 主数据管理系统：实现主数据管理系统。
- 数据集成平台：提供主数据接口开发和管理的中间件，例如 ESB、ETL 工具。

主数据的集成架构如图 6-16 所示。

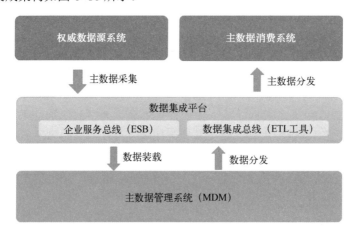

图 6-16   主数据的集成架构

主数据的增加、修改、删除等操作都是在权威数据源系统中管理维护的，通过主数据管理系统与权威数据源系统和主数据消费系统的集成，实现主数据的"单一数据源"，支持主数据的"一处维护，多处使用"。

（2）主数据管理系统与权威数据源系统的集成

主数据管理系统与权威数据源系统的集成有两种常用方式。

1）基于标准 Web 服务的数据同步。基于标准 Web 服务的数据采集是由主数据系统提供标准 Web 服务，并注册到 ESB 上，以供业务系统调用。数据源系统调用 ESB 上的数据同步接口，将主数据传输给主数据管理系统，并保存到主数据管理系统的数据库中。

2）基于 ETL 工具的数据同步。基于 ETL 工具的数据采集主要涉及权威数据源系统、ETL 工具和主数据管理系统，通过 ETL 工具的数据抽取、数据转换、数据清洗等能力，实现将主数据从权威数据源系统抽取到主数据管理系统中。

当然，利用定制开发的脚本程序，也可以实现主数据从源头系统到目的系统的同步，但不如 ETL 工具灵活。

（3）主数据管理系统与主数据消费系统的集成

主数据管理系统与主数据消费系统的集成一般有三种方式。

1）基于 Web 接口的"推送"模式。"推送"模式的数据分发也叫消费系统被动接收，是由主数据的消费系统按照主数据集成统一接口标准，开发主数据接收接口，并在 ESB 中进行注册。主数据管理系统调用该接口服务，将主数据推送给主数据消费系统。

2）基于 Web 接口的"拉取"模式。"拉取"模式的数据分发也叫消费系统主动查询，是由主数据管理系统提供标准 Web 服务，并注册到 ESB 中，以供主数据消费系统调用。业务系统利用该数据接口查询所需主数据并保存到业务系统数据库中，实现主数据的同步。

3）基于 ETL 工具的数据同步。基于 ETL 工具的数据同步是将主数据管理系统作为数据源库，将主数据消费系统作为目标库，通过 ETL 流程进行主数据的全量或增量同步。

6.3.10　主数据运维管理

主数据运维管理的核心任务是常态化地贯彻执行主数据标准和管理规范，主要包括以下工作内容：

1）日常管理：包括对主数据的增加、删除、变更、查询、使用等过程的规范。对这些服务的要求是最大限度地使系统中的数字化数据与数据所描述的真实事物相符。

2）版本管理：对数据的每次变更进行版本管理，记录以往的数据内容及状态。

3）采集分发：从不同的数据源和应用程序中采集主数据，在主数据系统进行排重和处理，将可信的主数据与下游应用程序和数据仓库进行同步。

4）系统接入：企业新增的应用系统按照主数据集成规范要求进行集成接入，保证数据的统一性。

6.3.11　主数据质量管理

主数据质量管理是一个基于 PDCA 的闭环管理过程，主要活动包括主数据质量规则定义、主数据质量核查、主数据质量整改、主数据质量报告、主数据质量考评等，如图 6-17 所示。

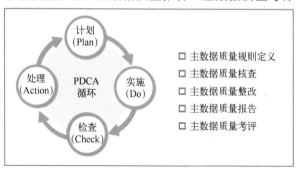

图 6-17　主数据质量管理

1）主数据质量规则定义：在建立主数据标准阶段定义主数据及其质量规则，比如唯一性规则、完整性规则、正确性规则（常见输入问题的数据转换等）。

2）主数据质量核查：基于主数据管理平台来制定主数据质量核查任务，并基于定义的主数据质量规则定期对中央主数据库进行核查。

3）主数据质量整改：通过分析数据质量问题进行相应的整改，持续提升数据质量。例如，优化和调整流程，改进数据管理办法或标准，规范数据录入规则，等等。

4）主数据质量报告：基于核查出来的主数据质量问题形成报告，并自动发送给相关的业务人员和管理人员。

5）主数据质量考评：监督主数据标准的执行情况，将主数据质量管理纳入企业的 KPI，对相关部门进行考核。

6.3.12 主数据安全管理

主数据是组织的"黄金数据",其安全性对组织至关重要。主数据安全涉及以下几个方面:

1)数据安全。数据安全,尤其是混合云下的数据安全是当前客户最关注的问题。建议基于混合云部署的主数据系统采用单向数据流控制,即只允许公有云数据向内流入,不允许私有云数据向外流出。另外,主数据管理系统应提供的数据加密存储、加密传输、脱敏脱密功能是保证主数据安全的重要功能。

2)接口安全。接口安全即接口数据的传输安全。由于主数据解决的是异构系统的数据一致性问题,因此需要保证主数据在给异构系统同步数据过程中的数据安全。主数据管理系统必须具备接口访问控制和数据加密传输的能力。

3)应用安全。主数据管理系统应提供身份认证、访问控制、分级授权、安全审计等功能,保障系统的应用安全。

6.4 数据质量管理

数字化转型趋势下产生了海量的数据,大数据代表着大价值,但要想数据产生价值必须保障数据质量可靠,低质量的数据可能无法支撑业务需求,甚至会误导决策。本节主要从数据质量管理的定义、价值等方面阐述数据质量管理的相关内容,以指导企业全方位提升数据质量。

6.4.1 数据质量管理的定义

1. 什么是数据质量

数据质量指在特定的业务环境下,数据满足业务运行、管理与决策的程度,是保证数据应用效果的基础。数据质量管理是为了满足数据消费者的需求,进行质量管理规划、实施和控制等一系列的活动。数据质量管理的目标是满足数据消费者对数据的应用诉求,满足数据消费者应用需求的数据即为高质量数据,不满足数据消费者应用需求的数据即为低质量数据。

数据质量在不同的时代有着不同的定义。在几十年前,提到数据质量就是在说数据的准确性,更加精确地说是数据的一致性、正确性、完整性这三个指标在信息系统中得到满足的程度。随着组织信息化的发展,数据的内容越来越多样化,数据体量越来越大,数据涵盖的面越来越广,数据质量的定义也不再拘泥于简单的几项指标。准确性不再是衡量数据质量的唯一标准,当数据量增大、数据格式多样时,数据质量更贴合的定义是数据适合被使用的程度。

在 *DAMA-DMBOK* 一书中,数据质量本身包括两个方面的含义:数据本身的质量和数据的过程质量。数据本身的质量包括数据的真实性、完整性和自洽性。数据的过程质量包括数据使用质量、存储质量和传输质量。

2. 什么是数据质量管理

数据质量管理是指对数据质量进行全面的管理和控制，包括数据质量评估、数据质量诊断、数据质量监控和数据质量改进等方面。数据质量管理的目的是确保数据的价值和可信度，为企业决策和业务流程提供支持，并通过改善和提高组织的管理水平使数据质量获得进一步提高。

简单来说，数据质量管理是指运用相关技术来衡量、提高和确保数据质量的规划、实施与控制等一系列活动。数据质量管理活动主要包括以下工作内容：

1）通过数据质量的需求和相关标准来定义高质量的数据。

2）对照已制定的相关诊断规则评估数据，并输出评估结果。

3）对应用中的数据和数据存储进行监控和报告。

4）识别问题、分析问题并提出改进方案。

数据质量管理需要建立科学的数据质量管理体系，不断提高数据质量和价值，为企业的发展和竞争提供支持和保障。数据质量管理贯穿了整个数据生命周期。

数据质量管理包含正确定义数据标准，采用正确的技术、投入合理的资源管理数据质量，以满足业务需求的终极目标。数据质量管理应遵循以下原则：

1）核心数据优先。数据质量管理应关注对企业最重要的数据，即数据质量提升的优先级应该根据数据的重要性以及数据不正确所带来的影响大小来确定。

2）预防为主。数据质量管理的重点是预防数据错误、源头治理，而不是出了问题修正数据。

3）全生命周期管理。数据质量管理应该贯穿从数据的产生、存储、处理、使用、归档到销毁的生命周期的各环节。

4）嵌入业务流程。数据质量规则的制定与执行，均需要在业务产生端进行控制。数据质量规则的运行应该嵌入业务流程中落地。

5）业务需求牵引。项目实践表明，有业务应用诉求牵引的数据质量管理更容易看到管理效果，有利于推进数据质量管理工作开展及持续执行。数据质量管理不是一个项目的任务，而是一项长期的持续性的管理工作。

数据质量管理通常需要事前、事中、事后三个阶段同时发力，而事前预防也是数据质量管理所倡导的核心理念。源头治理主要是指在新建业务或 IT 系统过程中，明确数据标准或质量规则，采用"一数一源"原则，与数据生产方和数据使用方确认，常见于对数据时效性要求不高或核心业务增量数据等场景。

数据质量管理常遵循 PDCA（"戴明环"）方法，主要是指形成覆盖数据质量需求、问题发现、问题检查、问题整改的良性闭环，对数据采集、流转、加工、使用全流程进行质量校验管控，持续根据业务部门数据质量需求优化质量管理方案、调整质量规则库，构建数据质量和管理过程的度量指标体系，不断改进数据质量管理策略。

3. 基于业务场景的数据质量管理

基于业务场景的数据质量管理是指将数据质量管理与业务应用场景紧密结合，以满足业务需求为目标，对数据质量进行全面的管理和控制。它强调数据质量与业务应用的一致性，即数据质量必须满足业务需求，同时业务应用也必须依赖于高质量的数据。面向业务的数据质量管理需要与各个业务部门紧密合作，深入了解业务需求和数据使用情况，制定相应的数据质量管理策略和方案，建立业务和数据质量的关联性模型，实现数据质量与业务的无缝对接，从而提高数据质量的可信度和有效性，为业务决策和运营提供可靠的数据支持。

以客户信息举例说明：客户信息包含客户姓名、公司信息、地址等数据，这些数据完整准确，对于销售部门来说已经是高质量的数据，因为销售部门关注的只是产品卖给了谁；但对于财务部门来说，未必是高质量数据，因为财务部门还需要客户的开票信息（一般在收到付款时开具发票），如果客户的开票信息是不完整的，就没办法开票，那这条客户信息数据的质量就无法满足财务业务的使用需求，就是低质量数据。

所以，数据质量标准与具体的应用场景紧密相关，倡导基于业务场景的数据质量管理能够凸显数据质量治理的价值以及强化数据治理工作的驱动力。

6.4.2　数据质量管理的价值

数据质量管理的价值从以下几个方面来诠释：

1）提高决策的准确性。主数据是组织中的核心数据，对决策过程有着重要的影响。通过主数据质量管理，可以确保主数据的准确性，从而提高决策的准确性和可靠性。

2）提升业务流程的效率。主数据在组织的各个业务流程中都起着重要的作用。通过主数据质量管理，可以确保主数据的完整性和一致性，减少数据错误和冲突，提升业务流程的效率和效益。

3）改善客户体验。主数据质量直接关系到组织与客户之间的互动和体验。通过确保主数据的准确性和可信度，可以提供更准确、一致和个性化的客户服务，提升客户满意度和忠诚度。

4）降低成本和风险。主数据质量管理可以减少数据错误和冲突，降低数据处理和纠错的成本。同时，通过确保主数据的准确性和一致性，可以降低数据相关风险和法律合规风险，保护组织的利益和声誉。

5）支持数据驱动的创新。主数据是组织中的重要资产，对于数据驱动的创新和业务转型具有重要意义。通过主数据质量管理，可以提供高质量的数据基础，支持数据分析、挖掘和应用，促进创新和业务发展。

相反，当数据质量管理不佳时将带来以下隐患：

1）不准确的决策。数据质量差会导致数据的不准确性，从而影响决策的准确性和可靠性。如果数据错误或缺失，决策者可能基于错误或不完整的数据做出错误的决策，从而导致业务风险和损失。

2）业务流程效率下降。数据质量差会影响业务流程的效率和效益。如果数据中存在重复、冲突或不一致的数据，业务流程可能会受到干扰和延误。例如，重复的客户记录可能导致客户关系管理混乱，而不一致的产品信息可能导致供应链管理问题。

3）客户满意度下降。数据质量差会直接影响客户体验和满意度。如果数据中存在错误的客户信息或不准确的订单信息，客户可能面临订单延误、配送错误或服务不准确等问题，从而降低客户满意度和忠诚度。

4）数据安全风险增加。数据质量差可能导致数据安全风险的增加。如果数据中存在错误、冲突或不一致的数据，可能会导致数据泄露、数据丢失或数据被篡改的风险。这可能对组织的机密性、完整性和可用性造成威胁。

5）法律合规风险。数据质量差可能导致法律合规风险的增加。如果数据中存在不准确的客户信息或不完整的交易记录，组织可能无法满足相关的法律和监管要求，从而面临罚款、诉讼或声誉损害等风险。

综上所述，数据质量管理的价值在于提高决策准确性、提升业务流程效率、改善客户体验、降低成本和风险，以及支持数据驱动的创新。通过有效管理和控制主数据的质量，组织可以获得更高的数据价值和竞争优势。

6.4.3 数据质量生命管理周期

数据质量管理是一个循环迭代的过程。数据质量生命管理周期主要包括以下阶段：

1）数据质量规划阶段。在这个阶段，制定数据质量策略和目标，并制订数据质量管理计划。这个阶段的关键任务包括确定数据质量指标和标准，明确数据质量的期望水平，并制订数据质量度量和评估方法。制订的数据质量管理计划，包括数据质量目标、数据质量指标、数据质量标准、数据质量管理流程和数据质量管理责任等。此外，还需要制定数据质量管理的时间表和预算、制定数据质量管理策略和管理计划等。

2）数据质量评估阶段。在这个阶段，对现有数据进行评估和分析，以确定数据质量问题和潜在的风险，并结合业务目标和业务需求进一步完善数据质量管理计划。

3）数据质量提升阶段。在这个阶段，通过一系列技术和方法，对数据进行清洗、验证、修正和优化，以提高数据的准确性、完整性、一致性、可用性和时效性，从而满足业务需求和数据分析的目标。在这个阶段，依据数据质量评估阶段发现的数据质量问题进行数据质量提升。数据质量提升阶段是具体数据质量管理计划的执行阶段。

4）数据质量监控阶段。在这个阶段，对数据质量进行实时监测和追踪。通过建立数据质量监控指标和仪表板，可以及时发现数据质量问题，并采取相应的纠正措施。还需要建立数据质量管理的组织和流程，开展数据质量稽核和数据质量差异化管理，确保数据质量管理的有效性和可持续性。这个阶段的关键任务包括建立数据质量报告和警报机制，确保数据质量的持续改进和维护。

5）数据质量改进阶段。在这个阶段，根据数据质量评估和监控的结果，制订和实施数据质量改进计划。这个阶段的关键任务包括识别和解决数据质量问题的根本原因，优化数据质量管理流程和方法，提高数据质量的管理效能。

6）数据质量培训和教育阶段。在这个阶段，进行数据质量培训和教育，提升组织内部员工对数据质量的意识和能力。通过培训和教育，可以加强数据质量管理的文化和理念，促进数据质量管理的持续改进和发展。

数据质量生命管理周期是一个循环迭代的过程，每个阶段都相互关联和互动，实现数据质量的持续改进和维护，提高数据的可信度和可用性，为组织的决策和业务活动提供可靠的数据支持。

6.4.4 数据质量规划

数据质量规划是指制定和实施一系列策略、政策和措施，以确保数据在整个生命周期中达到预期的质量水平。数据质量规划旨在明确组织对数据质量的期望和目标，并提供一套方法和流程，以确保数据质量的持续改进和管理。以下是数据质量规划的关键要素。

（1）目标和愿景

数据质量规划应该明确组织对数据质量的目标和愿景。目标可以是数据质量的特定维度（如准确性、完整性、一致性等）或数据的整体质量。愿景可以是组织对数据质量的长远期望和价值。

1）管理目标。数据质量管理的目标是确保数据质量符合业务需求和预期，保证数据的质量特性，即准确性、完整性、一致性、时效性、可用性、安全性和价值性，从而提高数据的可信度和可靠性，为业务决策和运营提供可靠的数据支持。具体来说，数据质量管理的目标包括以下几个方面：

- 确保数据的准确性，保证数据与实际情况相符。
- 确保数据的完整性，保证数据包含必要的信息。
- 确保数据的一致性，保证不同数据之间相互匹配。
- 确保数据的时效性，保证数据及时更新和反映最新的情况。
- 确保数据的可用性，保证数据易于使用和访问。
- 确保数据的价值性，保证数据能够满足业务需求，具有应用价值。

2）管理原则。基于数据质量的管理目标，制定相关数据质量管理原则。

- 业务导向原则：数据质量管理的目标应该始终以业务需求为导向，确保数据质量符合业务需求和预期。
- 统一管理原则：数据质量管理应该统一管理、统一规划、统一标准，确保数据质量管理的一致性和有效性。
- 全员参与原则：数据质量管理需要全员参与，所有相关人员都应该承担数据质量管理的责任和义务。
- 持续改进原则：数据质量管理需要持续改进，不断提高数据质量管理的水平和效果。
- 技术支撑原则：数据质量管理需要技术支撑，利用先进的技术手段和工具来提高数据质量管理的效率和效果。
- 风险管理原则：数据质量管理需要进行风险管理，对数据质量问题进行风险评估和管理，及时发现和解决数据质量问题。

（2）策略和政策

数据质量规划应该制定一系列策略和政策，以指导数据质量的管理和改进。策略可以包括数据质量的优先级、资源分配、数据质量团队的组建等。政策可以包括数据质量的标准、规范、流程和责任分配等。

（3）流程和方法

数据质量规划应该提供一套流程和方法，以确保数据质量的持续改进和管理。流程可以包括数据质量评估、数据质量问题的识别和解决、数据质量监控和报告等环节。方法可以包括数据质量规则的定义、数据质量度量的选择和应用、数据质量改进的实施等。

（4）组织和角色

数据质量规划应该明确组织内部的组织结构和角色职责，以支持数据质量的管理和改进。这包括数据质量团队的组建、数据质量责任人的任命、数据质量培训和意识提升等。

（5）监控和反馈

数据质量规划应该建立一套监控和反馈机制，以跟踪和评估数据质量的改进情况，并及时采取纠正措施。监控可以包括数据质量指标的定义和追踪、数据质量报告的生成和分发等。反馈可以包括数据质量问题的识别和解决、数据质量改进的建议和实施等。

通过数据质量规划，组织可以明确对数据质量的期望和目标，制定相应的策略和政策，建立流程和方法，组织和培养相关的人员，并建立监控和反馈机制，以实现数据质量的持续改进和管理。数据质量规划是数据治理的重要组成部分，可以帮助组织更好地管理和利用数据，提高决策的准确性和效果。

6.4.5　数据质量评估

数据质量评估是通过系统性的评估和分析，识别数据质量问题并量化其程度的过程。它旨在发现数据质量缺陷、异常和不一致性，并提供相关的指标和度量来评估数据质量的健康状况。

质量管理方案应明确企业现阶段质量评价的维度及权重，进而开展人员绩效考评，辅助数据质量管理工作的顺利落地。数据质量评价维度通常包括准确性、一致性、完整性、唯一性、及时性、有效性。

1）准确性。准确性指数据与真实情况的一致程度。数据应当准确地反映所描述的对象或事件，不含错误或误导性信息。

2）一致性。一致性指数据在不同的数据源、数据集和时间段内保持一致。数据应当在不同的环境下具有相同的定义、格式和值，以确保其可靠性和可比性。

3）完整性。完整性指数据集中没有缺失或遗漏的数据。数据应当包含所有必要的字段和记录，不缺少任何关键信息。

4）唯一性。唯一性指数据集中不存在重复的数据。每条数据应当是唯一的，以避免重复计算和混淆分析结果。

5）及时性。及时性指数据的更新速度和延迟程度。数据应当及时地反映最新的变化和事件，以便及时做出决策和行动。

6）有效性。有效性指数据对于解决特定问题或达到特定目标的适用性。数据应当具有足够高的质量和相关性，以支持预定的分析、决策和行动。

1．基于业务应用场景的数据质量评估

数据质量管理的目标是满足业务应用需求，所以数据质量评估也需要与业务应用场景紧密结合。例如，在电网的营销业务和配网业务涉及大量的基础数据的质量评估中，数据空值率在40%以上，数据不规范占比超过30%，虽然问题很明显，但是却难以推动业务部门进行数据清洗，究其原因是业务部门认为数据质量能够满足日常业务运转，评估的数据质量低也无关紧要。但是当结合具体的业务应用场景，比如这些数据质量问题严重影响考核业务部门的线损指标的准确性时，业务部门就开始重视了。所以，数据质量的诊断必须与具体的业务场景关联。

2．数据质量评估的主要活动

数据质量评估是指按照既定的数据质量标准和规则对确定的数据对象进行质量评估，识别数据质量问题，生成脏数据清单，编制数据质量报告。数据质量评估主要包括以下活动：

（1）确定数据质量评估范围

数据质量管理应该聚焦于关键主数据，需要明确业务需求和场景，锁定需要评估的数据对象。在确定数据质量评估范围时，可以通过与相关部门和数据使用者的沟通，了解他们对数据质量的关注点和期望，以确定适合的诊断范围。

例如，当客户提出要检测发货订单是否准确记录时，先要确定客户关注的重点是什么。在确定客户的需求与发货订单实际发货数量是否一致时，可以确定检测的数据范围，包括相关业务的发货订单数据、实际发货数据。客户的需求正是校验其相关数据的一致性的标准。

（2）设计数据质量规则

数据质量规则是判断数据是否符合数据质量要求的逻辑约束。在整个数据质量评估的过程中，数据质量规则的好坏直接影响评估的效果，因此如何设计数据质量规则很重要。数据质量评估的主要任务是检测原始数据中是否存在脏数据。脏数据一般从六个角度进行规则校验：

1）完整性：校验数据是否完整。

2）及时性：校验数据是否满足时效性。

3）准确性：校验数据是否真实、准确。

4）一致性：校验数据在系统中是否一致。

5）唯一性：校验数据是否重复记录。

6）有效性：校验数据是否符合实际业务。

在底层数据库多数数据是以二维表格的形式存储，每个数据格存储一个数据值。依据数据在数据库落地时的质量特性及数据质量规则类型，设计以下四类数据质量规则：

1）单列数据质量规则。关注数据属性值的有无以及是否符合自身规范的逻辑判断。

2）跨列数据质量规则。关注数据属性之间关联关系的逻辑判断。

3）跨行数据质量规则。关注数据记录之间关联关系的逻辑判断。

4）跨表数据质量规则。关注数据集关联关系的逻辑判断。

图 6-18 描述了业务问题转化为单列数据质量规则的过程。在业务中发现发货订单数据

部分内容不准确，没办法真实记录发货信息时，确定为业务问题，并将数据范围确定为发货记录数据；定位问题为部分发货订单在记录时缺失订单 ID，并确定该问题来源于发货订单表；针对该业务问题，按照业务规则梳理技术规则，确定相关表为 Orderlist，编写相关技术核查的 SQL 语句，查询 ID 为空的脏数据。

业务问题	数据范围		业务规则	数据范围		技术规则	数据范围
发货订单数据记录不准确	发货记录数据		发货订单中数据订单ID为空	发货订单表		Select*from orderlist where id is null.	Orderlist

图 6-18　业务问题转化为单列数据质量规则的过程

（3）数据质量评估

数据质量评估可以借助规则自动核查和人工核查等方法进行，具体的评估方法应根据具体的业务需求和资源可用性进行权衡和决策。

1）规则自动核查。发现组织的数据质量问题，可以借助数据质量核查工具，收集相关的业务需求，定义技术规则，设置工具调度并进行自动核查。从技术特征上，数据质量核查的技术规则类型包含以下三种：

- 正则表达式校验规则。正则表达式是一套描述性规则，使用正则表达式对比数据是否符合正则规则，常用于校验符合一定模式的数据。例如：校验一组数据中，记录手机号的数据是否准确，可使用正则表达式"^1[3-9]\d{9}$"进行验证（该表达式的含义是校验第一位为1，第二位为3～9，第三位到第十一位为正整数的字符串）。

- SQL 语句校验规则。SQL 语句作为查询语句，相关的查询规则广泛应用于数据管理。在数据质量评估中，常用于查询符合 SQL 语句限定要求的脏数据。例如，查询发货订单中数据 ID 为空的脏数据，可以使用"Select * from orderlist where id is null or id=' '"，查询结果将返回该表中 ID 列为空的数据行。

- 智能算法技术校验规则。在数据质量评估过程中，部分业务需要借助智能算法技术才能进行准确的校验。例如，电力行业在计算线变（线路与配电变压器）关系时，常使用线变关系算法规则进行质量校验，通过基于随机森林分类等算法逻辑，测量配电网生产管理系统中线变关系是否与实际相符。

2）人工核查。发现组织的数据质量问题，也可以采取业务咨询、数据审查、数据比对、数据监控、用户反馈等方式，尽可能收集到全部的组织数据质量问题，并收集与之相关的数据。

- 业务咨询：咨询业务系统的管理员或业务部门的关键用户对数据质量的一般要求，用于定义数据质量业务核查。

- 数据审查：以收集的数据标准为指标，通过对数据的审查和分析，可以发现数据中存在的错误、缺陷、偏差或者不完整等问题。数据审查可以通过手动检查、数据可视化、数据挖掘等方式进行。

- 数据比对：将数据与其他系统或者数据源进行比对，可以发现数据中存在的不一致性问题。数据比对可以通过手动比对、自动比对等方式进行。
- 数据监控：对数据指标进行监控，可以发现不符合业务标准的数据问题。
- 用户反馈：通过用户的反馈，可以了解到数据中存在的问题，例如数据不准确、数据不完整等。

对收集到的数据问题进行归纳和整理，并根据数据质量维度进行适当的归类。归类的好处是有助于对每类数据问题进行深度剖析，便于找出纠正措施。创建数据问题的描述，其中应包含数据问题的基本信息，例如谁、在什么时间、什么地点（或系统）、发生了什么问题、造成了哪些影响（包括实际影响和潜在影响）。

发现问题的影响是为了确定数据问题处理的优先级，为后续制定适当的解决方案提供支撑。

（4）生成脏数据清单

脏数据清单是指列出了数据中存在的问题、错误或异常的清单。它记录了数据质量问题的具体情况，帮助用户识别和理解数据中的脏数据，以便进行清洗和修复。

脏数据清单通常包括以下内容：

1）数据问题列表：清单中必须提供数据问题的具体列表，记录数据中存在问题、错误或异常的具体对象，这有助于用户识别真实问题数据。

2）数据问题描述：清单中会详细描述每个数据问题的具体情况，例如数据缺失、错误、冗余、格式不一致等。数据问题描述可以包括问题的类型、位置和影响程度等信息，其相关内容通常来源于数据质量评估中采用的方法。

3）数据问题因素：清单中会指明数据问题的来源或原因，例如数据输入错误、系统故障、数据传输问题等。这有助于识别问题的根本原因，并采取相应的纠正措施。

4）数据问题的影响：清单中会描述数据问题对业务或决策的影响。这有助于评估问题的重要性和紧急程度，并确定清洗和修复的优先级。

生成脏数据清单的目的是帮助用户全面了解数据质量问题，并为数据清洗和修复提供指导。脏数据清单的内容可以根据具体的数据质量评估结果和业务需求进行定制。

（5）制定数据质量报告

数据质量评估的最后一步是制定数据质量报告。数据质量报告是针对本次评估的相关内容总结，它反馈了数据质量评估的结果，帮助用户识别当前数据检测的结果，支撑客户进行决策和行动。

数据质量报告通常包含以下内容：

1）数据质量指标摘要：报告应该提供数据质量指标的摘要，包括数据技术指标，如完整性、唯一性、及时性的检测，查询数据范围说明，脏数据占比等方面的评估结果。这些指标可以以图表或表格的形式呈现，以便用户快速了解数据质量的总体情况。

2）数据质量问题概述：报告会列出数据质量问题的概述，包括问题的类型、数量、分布和影响范围等。这可以帮助用户厘清数据质量问题的范围。

3）数据质量问题详细描述：报告应该详细描述每个数据质量问题的具体情况，包括问题的描述、示例和影响程度。这有助于用户准确理解数据质量问题的具体表现。

4）数据质量问题解决方案：报告应该提供对每个数据质量问题的解决方案或建议。这可以包括数据清洗、修复、改进流程等措施，以提供给用户改善数据质量的方案。

5）数据质量趋势分析：报告还包括数据质量的趋势分析，通过比较不同时间段或数据集的数据质量指标，帮助用户了解数据质量的改进情况和趋势。

6）数据质量改进计划：报告的结尾通常会对数据质量情况进行总结，并提供数据质量改进计划，包括改进措施的优先级、时间表和责任分配等。这有助于制订明确的行动计划，推动数据质量的持续改进。

数据质量报告的内容可以根据具体的业务需求进行定制，其目的是向组织提供关于数据质量的全面评估和建议，以支持相关决策和行动。

（6）质量问题管理

通过对数据质量评估过程的了解，可以看出各类数据都不可避免地存在数据质量问题。数据质量问题管理是指对数据质量问题进行管理和控制的过程。

数据质量问题定级是数据质量问题管理的良好办法，可以帮助组织了解当前数据质量问题的程度，并匹配最佳解决方案。数据质量问题的定级可以根据其对业务的影响程度和紧急程度来确定。

一般可以使用以下分级方式进行数据质量问题定级：

1）一级问题：对业务影响非常严重，需要立即采取措施进行解决。例如，业务关键数据丢失、数据错误等问题。

2）二级问题：对业务影响较大，需要在短时间内采取措施进行解决。例如，参考数据不完整、参考数据重复等问题。

3）三级问题：对业务影响较小，可以在较长时间内解决。例如，存储数据格式错误、数据缺失等问题。

（7）根因分析

在数据质量的评估过程中，通常会要求加入数据问题的分析，这是由于进行了问题的根因分析。确定数据质量问题产生的根因，对症下药，才能提升数据质量。

1）什么是根因分析？根因分析是指通过对数据质量问题进行深入分析，找出问题产生的根本原因，以便能够采取正确的措施来解决问题并避免未来的问题。根因分析是一个系统化的问题处理过程，包括确定和分析问题原因，找出适当的问题解决方案，并制定问题预防措施。

● 问题：出现了什么样的数据质量问题？

● 原因：为什么出现这些问题？是人为操作问题、技术方案不合理还是流程不规范？

● 措施：应该采取什么样的解决方案？如何避免问题再次出现？

2）为什么要进行根因分析？组织的数据质量问题往往是易于暴露的，因为数据不准确、不一致、不完善等问题都是容易被发现的，但是只解决这些表面问题，数据质量问题免不了要复发。所以在问题出现时，进行数据质量问题的根因分析，有助于组织找到更合适的解决方案，处理质量问题才能达到事半功倍的效果。进行数据质量问题的根因分析，可以帮助组织深入了解问题的本质和影响，找出问题的根本原因，并制定解决方案，以确保问题用更小的代价解决。

3）根因分析的方法。采用"5Why 分析法"（连续问 5 个为什么）进行深入探究是找出问题根本原因的常用手段（见图 6-19）：首先，提问为什么会发生当前的数据质量问题，并列举出相关可能因素；其次，逐一找出各个因素的原因，并尽可能地确定主要原因；再次，对主要原因进行分析；最后，确定问题的根本原因。通过"5Why 分析法"，能够抽丝剥茧地直达问题核心，直到找到问题的主要原因。

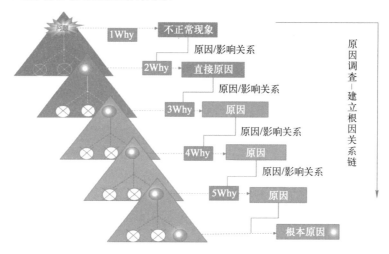

图 6-19   5Why 分析法

4）确认问题的根本原因。经过以上步骤，可以找到问题的直接原因和主要原因，但是还要确认这些原因之间是否存在关联，总结其根本原因。可以做以下三个假设：

- 假设此原因不存在，还会发生这种问题吗？
- 假设此原因被改正，还会发生同一问题吗？
- 假设此原因被改正，还会发生类似的问题吗？

三个假设都不成立的原因才是根本原因。通过这几个问题可以明确问题的根本原因，如果发现无论此原因是否存在都会发生问题，则此原因不是根本原因。

但是，不同数据对象的数据特征，数据产生、处理和应用的场景和需求不同，根本原因也有差异，所以不同类型的数据质量的提升方法不同。

6.4.6 数据质量提升

组织的数据可以分为主数据、参考数据、事务数据、血缘关系数据四大类型。

1）主数据。主数据是指在组织中具有高度重要性、广泛使用、具有横向和纵向关联性的数据，如客户、供应商、产品等。

2）参考数据。参考数据是指用于校验和比对其他数据的数据，如邮编、电话号码、身份证号码等。

3）事务数据。事务数据是指组织在业务活动中产生的各种交易数据，如销售订单、采购订单、发票、付款单等。

4）血缘关系数据。血缘关系数据是指在数据集成、开发过程中，产生数据血缘上下游关系的相关数据。

不同类型的数据的质量提升方法不同，下面进行详细介绍。

1. 主数据质量提升

（1）主数据质量问题

主数据是指在组织中具有高度重要性、广泛使用，且具有横向和纵向关联性的数据，如客户、供应商、产品等。主数据是跨业务、跨系统、跨流程的共享数据，它在单一的业务系统中的质量很高，完全能够满足单一业务的使用需求。但是由于不同业务系统的主数据的标准不一样，因此主数据在多业务贯通时出现数据质量很差、无法贯通的问题。

主数据质量问题主要包括以下几个方面：

1）主数据标准不统一：公共主数据的标准不统一或者无标准，如多套业务系统中存在多套组织机构代码。

2）主数据一物多码：在同一系统中主数据编码不一致，相同的业务对象可能被赋予不同的主数据编码，如物料主数据存在一物多码的问题。

3）主数据编码多系统间不一致：多个业务系统中的同一个主数据的编码不一致，比如在电网的营销和配电业务中共用的网架设备信息的编码不一致，造成跨业务融合障碍。

4）主数据不准确：主数据准确性不够，比如实际仓库中某物料已经被领取使用，但是系统中并未及时更新等。

（2）主数据质量提升方法

主数据质量的提升需要借助系统的主数据管理方案来完成，包括制定统一的主数据标准、主数据融合、主数据编码、主数据清洗、主数据集成，以及主数据制度、流程和考核机制管理。

1）主数据标准。制定主数据标准是主数据管理的基础工作，是保障主数据管理能够顺利开展的前提。制定主数据标准一般遵循简单性、唯一性、可扩展性等相关原则，既要方便当前应用系统的需求，又要考虑未来信息系统发展的需求。

2）主数据融合。制定主数据标准是为了能够让企业对主数据进行统一管理，在制定完成后，需要对当前涉及相关主数据的业务系统按照主数据标准进行整改，并且若能够维持主数据的录入源头唯一、数据提供源头唯一，是最理想的管理成效。但是主数据分布在不同业务部门、不同业务系统中，各部门、系统之间关系错综复杂，涉及的业务千头万绪，在用的标准规范千差万别，极可能无法按照主数据标准规范执行，而主数据融合就能解决此类问题。

主数据融合将同一类主数据的不同源头的数据收集起来，通过技术方式进行数据的融合匹配，将各源头的每一条数据建立映射关系进行管理，若有主数据标准，可以通过基础依赖信息进行识别融合，若无主数据标准，则可以通过数据的特征和相似性等进行融合，解决了多源头管理的同一类主数据标准不一致、无法匹配的问题。融合后的主数据以服务的形式提供给第三方应用。

后续随着业务的演变推动，可根据主数据标准规范进行标准化和统一化的管理，为后续主数据统一奠定基础。

3）主数据编码。主数据编码是主数据标准应用的重要因素之一，也是解决主数据一物多码、多物一码相关问题的重要依据。主数据编码通常用来描述业务操作的具体对象及其特征，具有如下特点：

- 识别唯一性：同一主数据的编码要求具有唯一的识别标志（代码、名称、特征描述等），用以明确区分业务对象、业务范围和业务的具体细节。
- 特征一致性：主数据编码的特征经常被用作业务流程的判断条件和数据分析的具体维度层次，因此需要保证主数据编码在不同应用、不同系统中高度一致。
- 交易稳定性：在主数据的传输和应用过程中，主数据编码不会随流转的过程而被修改。
- 长期有效性：主数据编码的有效性通常贯穿该业务对象在市场上的整个生命周期甚至更长。

主数据编码制定原则如下：

- 唯一性：保证每一条主数据都有唯一编码。
- 可扩展性：保证现有编码规则和长度等对后续需求可以扩展。
- 优先级：有国家标准的优先按照国家标准编码。
- 流水码优先：无特殊要求的尽量采用流水码，若有特殊分类含义且已广泛应用，可增加含义码，且含义码需要长期有效，短期不变动。
- 可实现性：编码制定后，要先进行软件测试，确保相关系统可以实现。
- 源头优先：若一类主数据有唯一源头，或大量数据均来源于同一个业务系统，该业务系统存在主数据编码且符合编码制定原则和规范要求，则尽可能以数据产生的源头作为编码出处。

4）主数据清洗。主数据清洗是指按照制定的主数据标准规范定义和规则要求，对零散、重复、缺失、错误、废弃的原始数据进行清洗。通过数据清洗保证主数据的唯一性、准确性、完整性、一致性和有效性，然后通过系统校验、查重及人工比对、筛查、核实等多种手段对主数据代码的质量进行检查，并通过数据清洗形成高质量的主数据代码库。

5）主数据集成。主数据本身不发挥业务价值，只有被业务系统使用才能发挥业务价值。主数据集成是主数据支撑业务系统使用主数据的有效手段，通过合适的集成方式，主数据能够被业务系统高效使用，确保各业务环节主数据的一致性、准确性。

6）主数据制度、流程和考核机制管理。主数据在日常运营中，需要通过制定主数据管理制度、流程和考核机制进行监督和管理。

主数据管理制度规定了主数据管理工作的内容、程序、章程及方法，是主数据管理人员的行为规范和准则，主要包含各种管理办法、规范、细则、手册等。

主数据管理流程是提升主数据质量的重要保障，通过梳理数据维护及管理流程，可以建立符合企业实际应用的管理流程，保证主数据标准规范得到有效执行。

主数据保障体系除了以上的制度和流程外，还应有相应的考核机制，即对主数据标准和数据的创建、变更、冻结、归档等业务过程进行质量管理，设计数据质量评价体系，实现数据质量的量化考核，保障主数据的安全、可靠和高质量，促使主数据的管理成效更加显性化，让主数据更大地发挥其应有的价值。

2. 参考数据质量提升

（1）参考数据质量问题

参考数据和主数据都是事务数据依赖的上下文，具有类似的作用。参考数据主要有以下质量问题：

1）参考数据标准不统一。参考数据的无标准或标准不统一，如在不同的系统中，性别这个字段有多套，产品类型的分类也有多套。

2）参考数据不完整。各个业务口仅定义自己的参考数据，难以考虑全面。

（2）参考数据提升方法

1）参考数据标准制定。参考数据的质量提升需要制定统一的参考数据标准，可以引用具有时效性的第三方权威数据资源，如地理编码、邮政编码等。通过比对第三方数据与企业的原始数据，确保参考数据的有效性和完整性。

2）参考数据融合。对于来源于多个不同系统的同一类参考数据，需要建立多组参考数据的值的融合映射来贯通业务。

3. 事务数据质量提升

（1）事务数据质量问题

事务数据从创建到处置，其质量问题在数据生命周期的任何节点都可能出现。在调查根本原因时，分析师应该寻找潜在的原因，如数据输入、数据处理、系统设计，以及自动化流程中的手动干预问题。许多问题都有多种原因和促成因素（尤其是已经有了解决方法的问题）。这些问题的原因也暗示了防止问题的方法：改进接口设计，将测试数据质量规则作为处理的一部分，关注系统设计中的数据质量，严格控制自动化过程中的人工干预。事务数据质量问题有以下几个方面：

1）缺乏领导力导致的问题。许多人认为大多数数据质量问题是由数据输入错误引起的。深入理解后发现，业务和技术流程中的差距或执行不当会导致比数据错误输入更多的问题。然而，常识和研究表明，许多数据质量问题是由缺乏对高质量数据的组织承诺造成的，而缺乏组织承诺本身就是在治理和管理的形式上缺乏领导力。

2）数据采集过程中产生的问题。比如：数据输入接口问题，设计不当的数据输入接口可能导致数据质量问题；数据录入过程中缺少校验要求、字段重载等都会造成数据质量不高。

3）系统设计引起的问题。比如，未能执行参照完整性，产生了破坏唯一性约束的重复数据。如果对实例的唯一性检查不足，或者为了高性能而关闭了数据库中的唯一性约束，则可能高估数据聚合的结果，比如编码不准确和分歧等造成数据质量问题。

4）解决问题产生的问题。比如，有关数据源的错误假设、过时的业务规则、变更的数据结构等造成的问题。

（2）事务数据提升方法

1）数据清洗与标准化。数据清洗与标准化可以帮助企业统一和规范数据的各个方面，制定数据标准，规范数据的采集、加工、传输、处理等过程，进一步约束和更正数据。

2）数据验证与补充。基于企业对数据完整的需求，有效引入第三方的权威数据源，如人口统计信息、地理编码信息、邮政编码信息，并进行比对，确保数据的完整性和有效性。借助数据管理工具，将采集到的数据和源端数据进行一致性比对，保障数据完整性和一致性。

3）删除重复数据。通过数据质量评估明确脏数据，删除重复数据，融合相似数据，确保数据的有效性。

4）动态的质量监管。定期进行数据质量的核查和数据清洗工作，动态监控数据质量变化，实现常态化的数据质量预警和提升。

4. 数据血缘质量提升

数据血缘是通过跟踪数据的源头、传输路径和转换过程，建立起数据之间的关系链，以便追溯数据的来源和变化历史。通过数据血缘，可以了解数据的产生过程、数据的传输路径，以及数据在不同系统和环境中的变化和转换情况。

（1）数据血缘概述

1）数据的起源：数据血缘记录数据从最初产生到最终存储的整个过程，包括数据的生成点和生成方式。

2）数据处理过程：数据在生命周期中可能会经过各种处理，如 ETL 操作，数据血缘会记录这些处理步骤以及数据在这些步骤中的转换。

3）数据流转路径：数据血缘会记录数据在不同系统、数据库、表、字段之间的流转关系，以及数据的使用和存储位置。

4）数据的业务关联：数据血缘还会记录数据与业务线之间的关系，包括数据的产生逻辑、使用逻辑以及业务线之间的关联关系。

（2）数据血缘质量问题

数据血缘在数据治理中扮演着重要的角色，数据血缘主要存在以下质量问题：

1）缺失或不完整的数据血缘：数据血缘可能不完整或缺失，导致无法准确追溯数据的来源和变化历史。这可能是由数据采集和传输过程中的错误或缺陷引起的。

2）错误的数据血缘关系：数据血缘关系可能被错误地建立或解释，导致数据的追溯和分析出现偏差。这可能是由数据血缘的建立方法或数据血缘记录的不准确性引起的。

3）数据血缘的不一致性：在不同系统和环境中，数据血缘的记录可能存在不一致的情况，导致数据的追溯和分析结果不一致或不可靠。这可能是由数据血缘记录的不一致性或数据转换过程中的错误引起的。

4）数据血缘的时效性问题：数据血缘可能无法及时更新，导致无法准确追溯最新的数据来源和变化历史。这可能是由数据血缘记录的更新机制或数据采集和传输过程中的延迟引起的。

（3）数据血缘质量提升方法

提升数据血缘质量是数据治理中的关键目标，以下是可以帮助提升数据血缘质量的方法：

1）数据血缘记录的准确性和完整性：确保数据血缘记录的准确性和完整性是提升数据

血缘质量的首要步骤。这可以通过建立规范的数据血缘记录方法和流程来实现，确保数据血缘的记录包含所有必要的信息，如数据源、传输路径、转换过程等。

2）数据血缘的自动化和实时更新：采用自动化工具和技术来跟踪数据的源头、传输路径和转换过程，可以提高数据血缘的准确性和时效性。自动化工具可以实时监控数据的变化，并自动更新数据血缘记录，确保数据血缘的及时性和完整性。

3）数据血缘的验证和审查：定期对数据血缘进行验证和审查是提升数据血缘质量的重要方法。通过验证数据血缘记录与实际数据流动和转换过程的一致性，可以发现和纠正数据血缘中的错误和不一致性，确保数据血缘的准确性和可靠性。

4）数据血缘的可视化和交互性：将数据血缘以可视化和交互的方式呈现给用户，可以提升数据血缘的可理解性和可操作性。通过可视化工具和技术，用户可以直观地了解数据的来源和变化历史，并进行数据血缘的追溯和分析，从而提高数据血缘的质量和价值。

5）数据血缘的培训和教育：提供数据血缘的培训和教育，可以增强用户对数据血缘的理解和应用能力，提升数据血缘质量的管理和使用效果。培训和教育可以包括数据血缘的概念和原理，数据血缘记录的方法和流程，以及数据血缘工具和技术的使用等。

通过以上方法，可以有效提升数据血缘质量，确保数据血缘的准确性、完整性和可靠性，为数据治理和决策提供可靠的数据支持。

数据血缘质量的提升方法与其他的数据不同，它依赖数据工具的能力，因为如果数据工具有强大的日志管理和日志解析能力，就能更完整地维护血缘数据。同时，也需要依赖数据管理工具进行人工的数据血缘关系管理，这一部分需要企业进行数据工具的研发。

6.4.7　数据质量监控

在数据质量监控阶段，组织必须实施一套全面的策略和流程来确保数据在整个生命周期中保持高质量。这个阶段的核心目的是通过持续监测和评估，来维护和提升数据的价值。以下是数据质量监控阶段的关键任务：

1）建立数据质量监控指标：确定一系列关键的数据质量指标，如完整性、准确性、一致性、及时性和唯一性等。这些指标将成为衡量数据质量的基础，并帮助组织了解数据的状态和趋势。

2）开发仪表板和报告工具：利用现代数据管理工具，可以创建动态的数据质量仪表板，实时展示关键数据质量指标的表现。此外，定期生成数据质量报告，为管理层和利益相关者提供详细的数据质量概览和分析。

3）实施实时监测和警报机制：通过自动化工具和软件，组织可以对数据进行实时监控，一旦检测到质量问题，系统可以自动触发警报，并通知相关人员迅速响应和处理。

4）数据质量管理的组织和流程：确保有专门的团队和明确的责任分配来管理数据质量。这个团队应该负责制定数据质量策略、监督数据治理流程，并确保所有团队成员都了解并遵守数据管理规范。

5）开展数据质量稽核：定期进行数据质量稽核，以独立和客观的方式评估数据质量管理的效果。数据质量稽核可以帮助识别潜在的问题区域，并提供改进的机会。

6）数据质量差异化管理：根据数据的重要性和使用情况，对不同类别的数据实施不同级别的质量管理。这种差异化的方法可以确保资源得到最有效的分配，同时保持关键数据的最高标准。

通过完成这些关键任务，组织可以确保数据质量监控阶段的成功执行，从而提高数据的整体质量，支持更好的决策制定，并为组织提供竞争优势。数据质量管理是一个动态的过程，需要不断地调整和优化以适应不断变化的业务需求和技术环境。

6.4.8 数据质量改进

数据质量改进阶段是数据质量管理周期中的一个重要环节，旨在根据数据质量评估和监控的结果，制订和实施数据质量改进计划，以进一步提高数据质量的水平和管理效能。这个阶段的关键任务包括识别数据质量问题的根本原因，优化数据质量管理流程和方法，提高数据质量的管理效能。

1）识别数据质量问题的根本原因：在数据质量改进阶段，需要深入分析和识别导致数据质量问题的根本原因。这可以通过对数据质量评估和监控的结果进行综合分析，以及进行根本原因分析来实现。根本原因分析可以涉及数据收集、处理、存储和传输等各个环节，以确定导致数据质量问题的具体原因和根源。然后根据分析结果，制定相应的解决方案和措施来解决相关问题，从而改善数据质量。

2）优化数据质量管理流程和方法：在数据质量改进阶段，需要对数据质量管理流程和方法进行优化。这可以包括对数据质量管理流程的重新设计和优化，以确保数据质量管理的各个环节和步骤能够更加高效和有效地运行。同时，还可以考虑引入先进的数据质量管理方法和工具，如数据质量度量和监控工具、数据清洗和修复工具等，以提升数据质量管理的效果。

3）提高数据质量的管理效能：在数据质量改进阶段，还需要关注提高数据质量的管理效能。这可以通过建立数据质量管理的关键绩效指标和目标，以及制定相应的管理策略和措施来实现。另外，还可以考虑建立数据质量管理的培训和沟通机制，以提高相关人员对数据质量管理的认识和理解，并激发他们的积极性和主动性。

总之，数据质量改进阶段是数据质量管理周期中的一个关键环节，通过识别和解决数据质量问题的根本原因，优化数据质量管理流程和方法，提高数据质量的管理效能，可以有效提升数据质量水平，确保数据的准确性、完整性、一致性和及时性。在这个阶段，需要综合运用数据质量评估和监控、根本原因分析、流程优化、方法改进等方法和工具，以实现数据质量的持续改进和管理。

6.4.9 数据质量培训和教育

数据质量培训和教育阶段是数据质量生命管理周期中至关重要的一环，它通常位于整个管理周期的末端，但并不意味着它的重要性有所降低。相反，这一阶段对于巩固之前所有阶段的成果、提升组织内部员工对数据价值的认识以及增强整个组织的数据治理能力具有不可替代的作用。

在数据质量培训和教育阶段，组织应当设计并实施一系列旨在提高员工数据质量意识和技能的培训计划。这些计划可能包括以下几个方面：

1）数据质量基础：为员工提供数据质量的基本概念、标准和重要性的培训。这包括对准确性、完整性、一致性、可靠性和时效性等数据质量维度的解释，以及为什么这些维度对于组织的决策过程至关重要。

2）数据治理原则：介绍数据治理的最佳实践和原则，帮助员工理解数据策略、政策和程序的重要性，以及它们如何支持数据质量的提升。

3）数据管理和质量控制工具：培训员工如何使用数据管理和质量控制工具，包括数据清洗、验证和监控软件。这有助于员工在实际工作中应用这些工具，确保数据的质量。

4）数据分析技能：提供数据分析的基础知识和技能培训，使员工能够更好地理解数据，从而在数据处理和分析过程中识别潜在的质量问题。

5）案例研究和最佳实践分享：通过分享内部或行业内的案例研究和最佳实践，让员工了解数据质量不佳可能导致的后果，以及优秀的数据管理实践带来的积极变化。

6）持续学习和改进：鼓励员工持续学习和改进，建立一个支持知识共享和经验交流的环境，以促进数据质量管理的持续改善。

通过这些培训和教育活动，组织不仅能够提升员工对数据质量的认识和处理能力，还能建立一种以数据为中心的文化，这种文化强调数据的价值和对高质量数据的追求。此外，培训和教育还能够帮助员工理解和认同组织的数据治理目标，从而在日常工作中更加自觉地遵守数据管理规范，积极参与数据质量的改进工作。

总之，数据质量培训和教育阶段不仅是提升个人技能的机会，更是推动组织文化转变、实现数据治理战略目标的关键步骤。通过这一阶段的深入实施，组织可以确保数据质量管理的理念深入人心，为数据驱动的决策提供坚实的基础，从而在竞争激烈的市场环境中保持优势。

6.4.10 数据质量管理能力评价

数据质量管理能力评价是一种评估组织在数据质量管理方面的能力和水平的方法，旨在帮助组织了解其数据质量管理的成熟度，并提供改进的建议和指导。

1. 数据质量管理能力成熟度划分

数据质量管理能力成熟度划分是评估和度量组织在数据质量管理方面的能力和水平的一种方法。通过划分数据质量管理能力成熟度，可以帮助组织了解当前的数据质量管理状况，并制订相应的改进计划，以提升数据质量管理的效能和水平。一般来说，数据质量管理能力成熟度可以分为以下几个层次。

1）初级阶段。在初级阶段，组织对数据质量管理的认识和重视程度较低，数据质量管理的流程和方法不够规范和系统化。数据质量问题往往被视为个别事件，缺乏整体的数据质量管理策略和计划。此时，组织需要建立数据质量意识，明确数据质量管理的重要性，并开始制定基本的数据质量管理流程和指南。

2）中级阶段。在中级阶段，组织开始认识到数据质量管理对业务运营的重要性，并采取一些措施来提升数据质量管理水平。数据质量管理的流程和方法逐渐得到规范和系统化，包括数据质量评估、数据质量监控、数据清洗和修复等环节。此时，组织需要建立数据质量管理团队，明确数据质量管理的责任和角色，并引入一些数据质量管理工具和技术。

3）高级阶段。在高级阶段，组织已经形成了一套完善的数据质量管理体系和方法论。数据质量管理的流程和方法得到了广泛应用，并且能够持续改进和优化。组织在数据质量管理方面具备了一定的专业能力和技术实力，能够主动识别和解决数据质量问题，并提供相应的数据质量报告和指导。此时，组织需要进一步加强数据质量管理的标准化和自动化，推动数据质量管理与业务运营的深度融合。

4）领先阶段。在领先阶段，组织已经成为数据质量管理的领导者和创新者。组织在数据质量管理方面拥有先进的理念和技术，能够应对复杂的数据质量挑战，并提供前沿的数据质量解决方案。此时，组织需要不断推动数据质量管理的创新和发展，积极参与行业标准和规范的制定，以引领数据质量管理的发展方向。

总之，数据质量管理能力成熟度划分可以帮助组织了解当前的数据质量管理水平，并指导其在数据质量管理方面的改进和提升。不同阶段的数据质量管理能力成熟度对应着不同的管理需求和措施，组织可以根据自身的实际情况，有针对性地制定和实施相应的数据质量管理策略和计划，以不断提升数据质量管理的效能和水平。

2．数据质量管理能力评价的关键要素

以下是数据质量管理能力评价的关键要素。

1）数据质量管理框架：数据质量管理能力评价应基于一套完整的数据质量管理框架，该框架包括数据质量策略、数据质量目标、数据质量度量和评价方法、数据质量管理流程和方法等。这个框架应该与组织的业务需求和目标相匹配，能够全面覆盖数据质量管理的各个方面。

2）评价维度和指标：数据质量管理能力评价应该定义一组评价维度和指标，用于度量组织在数据质量管理方面的能力和水平。这些评价维度可以包括数据质量策略和目标的制定、数据质量度量和评价的方法和工具、数据质量管理流程和方法的实施、数据质量监控和改进的能力等。每个评价维度都应该有相应的指标，用于评价组织在该维度上的能力水平。

3）评价方法和工具：数据质量管理能力评价应该采用科学有效的评价方法和工具，以确保评价结果的客观性和准确性。评价方法可以包括问卷调查、面试、文档分析等，评价工具可以包括评价模型、评分卡等。这些方法和工具应该能够全面、系统地评价组织在数据质量管理方面的能力和水平，并提供可操作的改进建议。

4）评价结果和报告：数据质量管理能力评价应该生成评价结果和报告，以便组织了解其在数据质量管理方面的能力和水平。评价结果可以是一个能力评分，也可以是一个能力等级或描述。评价报告应该清晰地呈现评价结果，并提供改进的建议和指导，帮助组织制订数据质量管理的改进计划和措施。

5）持续改进和追踪：数据质量管理能力评价应该是一个持续的过程，组织应该定期进行评估，以跟踪和监测其数据质量管理能力的改进情况。评价结果和报告应该被用作改进的基础和参考，组织应该根据评价结果制定和实施相应的改进计划，不断提高数据质量管理的能力和水平。

通过数据质量管理能力评价，组织可以了解自身在数据质量管理方面的能力和水平，发现问题和不足，并制定相应的改进计划和措施，以提高数据质量管理的能力和水平，从而更好地支持组织的决策和业务活动。

6.5　数据安全管理

6.5.1　数据安全的定义

1.　什么是信息安全

在介绍数据安全之前，我们需要先了解一下什么是信息安全。

（1）信息安全的定义

国际标准化组织（International Organization for Standardization，ISO）对信息安全的定义为："为数据处理系统建立和采用的技术、管理上的安全保护，保护计算机硬件、软件、数据不因偶然的或恶意的原因而受到破坏、更改、泄露。"

美国国家标准与技术研究院（NTST）给出的信息安全的定义为："信息安全，是防止未经授权的访问、使用、披露、中断、修改、检查、记录或破坏信息的做法。它是一个可以用于任何形式数据（例如电子、物理）的通用术语。"

欧盟将信息安全定义为："在既定的密级条件下，网络与信息系统抵御意外事件或恶意行为的能力，这些事件和行为将威胁所存储或传输的数据以及经由这些网络和系统所提供的服务的可用性、真实性、完整性和机密性。"

信息安全可分为狭义与广义两个层次：狭义的信息安全是建立在以密码论为基础的计算机安全领域，早期的信息安全专业通常以此为基准，辅以计算机技术、通信网络技术与编程等方面的内容；广义的信息安全是从传统的计算机安全到信息安全，不但是名称的变更也是对安全发展的延伸，安全不再是单纯的技术问题，而是将管理、技术、法律等问题相结合的产物。

（2）信息安全的属性

通常情况下，信息安全的基本属性主要有机密性（Confidentiality）、完整性（Integrity）、可用性（Availability），被称为信息安全三元组，简称 CIA。此外，信息安全还有其他的属性，包括抗抵赖性、可控性、真实性、时效性、合规性、可靠性等。

1）机密性：指网络信息不泄露给非授权的用户、实体或程序，能够防止非授权者获取信息。在网络信息系统上传递口令敏感信息，若攻击者通过监听手段获取该信息，就有可能危及网络系统的整体安全。例如，网络管理账号口令信息泄露将会导致网络设备失控。机密性是军事信息系统、电子政务信息系统、商业信息系统等的重点要求，一旦信息泄密，所造成的影响难以估量。

2）完整性：指网络信息或系统未经授权不能更改的特性。例如，电子邮件在存储或传输过程中保持不被删除、修改、伪造、插入等。

3）可用性：指合法取得授权的用户能够及时获取网络信息或服务的特性。例如，网站能够给用户提供正常的网页访问服务，防止拒绝服务攻击。对于国家关键信息基础设施而言，可用性至关重要，要求保持业务连续性运行，尽可能避免中断服务。

4）抗抵赖性：指防止网络信息系统相关用户否认其活动行为的特性。例如，通过网络审计和数字签名，可以记录和追溯访问者在网络系统中的活动。抗抵赖性也称为非否认性（Non-Repudiation），不可否认的目的是防止参与方对其行为的否认。该安全特性常用于电子合同、数字签名、电子取证等应用中。

5）可控性：指网络信息系统责任主体对其具有管理、支配能力的属性，能够根据授权规则对系统进行有效掌握和控制，使得管理者有效地控制系统的行为和信息的使用，符合系统运行目标。

6）真实性：指网络空间信息与实际物理空间、社会空间的客观事实保持一致性。例如，网络谣言信息不符合真实情况，违背了客观事实。

7）时效性：指网络空间信息、服务及系统能够满足时间约束要求。例如，汽车安全驾驶的智能控制系统要求信息具有实时性，即信息在规定时间范围内才有效。

8）合规性：指网络信息、服务及系统符合法律法规政策、标准规范等要求。例如，网络内容符合法律法规政策要求。

9）可靠性：指网络信息系统在规定条件及时间下，能够有效完成预定的系统功能的特性。

（3）信息安全的发展

随着人类社会信息文明的发展，从最初的电报电话到计算机系统、互联网与移动互联网以及手机应用，信息安全也经历了不同的发展阶段。

1）通信安全阶段。19世纪中叶以后，随着电磁技术的发展，诞生了电报和电话，通信领域产生了根本性的飞跃，开始了人类通信新时代。在通信安全阶段，信息安全面临的主要威胁是攻击者对通信内容的窃取：有线通信容易被搭线窃听、无线通信由于电磁波在空间传播易被监听。保密成为通信安全阶段的核心安全需求。这阶段主要通过密码技术对通信的内容进行加密，保证数据的保密性和完整性，而破译成为攻击者对这种安全措施的反制。

2）计算机安全阶段。20世纪发明的计算机，极大地改变了信息处理方式和效率。计算机经历了电子管计算机、晶体管计算机、集成电路计算机等阶段。尤其是在进入20世纪70年代后，随着个人计算机的普及，各行各业都迅速采用计算机处理各种业务。计算机在处理、存储信息数据等方面的应用越来越广泛。在计算机安全阶段，信息安全面临的主要威胁来自非授权用户对计算资源的非法使用、对信息的修改和破坏。这阶段主要采取措施和控制以确保信息系统资产的保密性、完整性和可用性。典型代表措施是通过操作系统的访问控制手段来防止非授权用户的访问。

3）信息系统安全阶段。计算机网络将通信技术和计算机技术结合起来，而信息在计算机上产生、处理，并在网络中传输，信息技术由此进入网络阶段。网络阶段利用通信技术将分布的计算机连接在一起，形成覆盖整个组织机构甚至整个世界的信息系统。信息系统安全是通信安全和计算机安全的综合，信息安全需求已经全面覆盖了信息资产的生成、处理、传输和存储等各阶段，确保信息系统的保密性、完整性和可用性。信息系统安全主要是保护信息在存储、处理和传输过程中免受非授权的访问，防止授权用户的拒绝服务，同时检测、记录和对抗此类威胁。为了抵御这些威胁，人们开始使用防火墙、杀毒软件等安全产品。

4）网络空间安全阶段。随着互联网、物联网的不断发展，越来越多的设备被接入并融合，数字技术将传统的物理世界与虚拟世界互联互通，形成一个虚拟现实的数字世界。移动互联及物联网成为个人生活、组织机构甚至国家运行不可或缺的一部分，网络空间随之诞生，成为与陆地、海洋、天空、太空同等重要的人类活动新领域。信息安全也随之外延到网络空间安全，简称网络安全。2016 年 11 月 7 日，第十二届全国人民代表大会常务委员会第二十四次会议通过《中华人民共和国网络安全法》，通过立法保障网络安全，维护网络空间主权和国家安全、社会公共利益，保护公民、法人和其他组织的合法权益，并对事关国计民生的关键基础设施在网络安全等级保护的制度上实施重点保护。

5）数据安全与隐私保护阶段。随着互联网和数字技术的发展，人们在日常生活中使用各种设备和移动应用来处理和存储个人敏感信息，如个人身份信息、财务信息、医疗记录等。如果这些信息落入不法分子手中，可能会导致严重的后果，如身份盗窃、金融诈骗、个人隐私泄露等。为此，各国相继出台对应的法律法规和国家标准，如我国的《中华人民共和国网络安全法》《数据出境安全评估办法》和《信息安全技术 个人信息安全规范》（GB/T 35273—2020），欧盟的《通用数据保护条例》（GDPR），还有美国的 HIPAA 和 PCI DSS 等。在隐私保护方面以欧盟的 GDPR 最为严格，规定罚款范围为 1000 万～2000 万欧元或企业全球年营业额的 2%～4%，两者取其高者。

2. 什么是数据安全

（1）数据安全的定义

《中华人民共和国数据安全法》的第三条给出了数据安全的定义，即通过采取必要措施，确保数据处于有效保护和合法利用的状态，以及具备保障持续安全状态的能力。

数据安全管理是指在组织数据安全战略的指导下，多个部门协作实施，通过对数据访问的授权、分类分级的控制、监控数据的流转等各种技术和管理措施，满足数据安全的业务需要和监管需求，实现组织内部对数据生存周期的管理。

数据分类分级是数据安全管理的关键。不同类型的组织、不同的行业领域，数据分级规范标准不同，组织需要根据自身业务的实际情况、外部监管情况等，制定组织的分级规范。数据分级管理是建立统一、完善的数据生命周期安全管理策略的基础性工作，能够为组织制定有针对性的数据安全管控措施提供支撑。

数据安全遭到破坏以后可能造成的影响是确定数据安全级别的重要评判依据，主要考虑影响对象和影响程度两个方面。

影响对象是指组织数据遭到破坏以后受到影响的对象，主要包括国家安全、公众利益、组织权益、个人隐私等。

1）国家安全：一般指数据安全遭到破坏以后，可能对国家政治、领土主权、民族团结、社会和金融市场等造成影响。

2）公众利益：一般指数据安全遭到破坏以后，可能对医疗卫生、公共交通、教育科研、生产经营等社会秩序和公众的政治权利、人身自由、经济权益等造成影响。

3）组织权益：一般指数据安全遭到破坏以后，可能对组织的生产经营、声誉形象、公信力等造成影响。

4）个人隐私：一般指数据安全遭到破坏以后，可能对个人主体的个人信息、信贷信息、名誉信息等造成影响。

合理的数据安全定级，需要确保国家安全、公众利益、组织权限、个人隐私数据安全可靠，不受影响。

影响程度指数据安全性遭到破坏以后所产生的影响大小，从高到低可划分为严重损害、一般损害、轻微损害和无损害。影响程度需要综合考虑行业属性、业务属性、数据特点、数据类型、数据规模等因素进行确定。

数据安全是指要保证数据处理的全过程安全，包括数据采集、存储、处理、传输、交换和销毁的安全。

1）数据采集安全：指根据组织对数据采集的安全要求，建立数据采集安全管理措施和安全防护措施，规范数据采集相关流程，从而保证数据采集的合法、合规、正当和诚信。通常采取统一规范的数据采集工具、对数据采集过程进行日志管理等措施。

2）数据存储安全：指根据组织内部数据存储安全要求，提供有效的技术和管理手段，防止对存储介质的不当使用而可能引发的数据泄露风险，并规范数据存储的冗余管理流程，保障数据可用性。通常采取存储管理监控工具、数据备份与恢复工具和数据存储加密等措施。

3）数据处理安全：指根据数据使用过程面临的安全风险，建立有效的数据使用安全管控措施和数据处理环境的安全保护机制，防止数据处理过程的风险。通常采取数据权限管控与多租户隔离，数据脱敏、加密、匿名化，数据处理日志记录与审计和数据防泄露（DLP）等措施。

4）数据传输安全：指根据组织对内和对外的数据传输需求，建立不同的数据加密保护策略和安全防护措施，防止传输过程中的数据泄露等风险。通常采取安全传输通道方案、身份鉴别和认证、数据传输加密及密钥管理等措施。

5）数据交换安全：指根据组织对外提供或交换数据的需求，建立有效的数据交换安全防护措施，降低数据共享场景下的安全风险。通常采取 API 监控管理、数据脱敏加密技术等措施。

6）数据销毁安全：指通过制定数据销毁机制，实现有效的数据销毁管控，防止因对存储介质中的数据进行恢复而导致的数据泄露风险。通常采取专业的数据擦除工具，避免销毁数据被恢复。

（2）数据安全的属性

信息安全是以系统为中心，数据安全是以数据为中心，将数据的防窃取、防滥用、防误用、防篡改作为主线，在数据的生命周期内各不同环节所涉及的信息系统、运行环境、业务场景和操作人员等作为围绕数据安全保护的支撑。一般情况下，信息也包含数据，与信息安全的 CIA 特性一样，数据安全也具有机密性、完整性、可用性三大属性特征。

1）数据安全的机密性：指对数据进行加密，只有授权者方可使用，并保证数据在流通环节不被窃取。这包括网络传输保密和数据存储保密。

2）数据安全的完整性：指数据未经授权不得进行修改，确保数据在存储和传输过程中不被篡改、破坏、盗用、丢失。这需要在加密的基础上，运用多种方案和技术来实现。完整性是数据安全的核心。要保障数据的完整性，必须设置部门人员权限和文件密级，这样可以严格控制文件的流向，监控文件访问人员的操作行为，从源头上控制数据泄露。此外，鉴于黑客攻击的目标通常是高权限账户，系统建立了完善的日志审计体系，全面记录人员对文件的操作行为，特别是高权限账户。通过监控和分析，实时呈现整体安全态势，并及时识别威胁行为，杜绝数据泄露。

3）数据安全的可用性：指经授权的合法用户必须得到系统和网络提供的正常服务。数据安全必须确保合法使用者能够获取正常的服务。

（3）数据安全的发展

数据安全的发展历程可大致分为三个阶段，从早期的以数据库为主的单系统安全，到数据全生命周期安全，再到数据基础设施及隐私安全，当前正在由第二阶段向第三阶段发展和演变。

1）数据库安全阶段。在行业发展早期，主要以数据库等单系统的安全为核心。这一阶段，数据安全主要强调针对数据的边界防护以及内容审计，特别是数据库作为数据的重要载体，数据库安全是数据安全最重要的组成部分。数据库安全与网络边界安全在思想上也形成了直接的对应关系：数据库加密对应磁盘加密，数据库防火墙对应防火墙/UTM，数据库审计对应 IDS 入侵检测，数据库漏扫对应漏洞扫描等。这一阶段的数据安全产品主要以数据库安全、DLP 等产品为主。

2）数据全生命周期安全阶段。随着数据的使用与流转不再局限于单个业务部门，跨业务部门跨网络边界的数据流动成为常态，数据安全开始逐渐以企业整体的安全为核心。这一阶段，随着网络架构和 IT 架构的演变，数据也从过去以数据库为载体的单一场景向云、大、物、移等其他场景不断延伸。在这一阶段，数据安全的重心不再仅是针对数据库等单一系统，而是针对数据的整个生命周期进行体系化治理，因此数据安全的产品也开始迅速丰富，同时更强调对技术的综合应用，包括数据分级分类、数据安全平台、数据监控与审计等在内的技术得以快速发展。

3）数据基础设施及隐私安全阶段。随着数字经济时代的到来，数据资产成为国家的战略资源和核心资产，数据安全脱离了单独的个人或企业层面，开始以数字经济基础设施的安全为核心。这一阶段，数据交易市场开始逐渐形成，对于银行、电信、能源等关键基础设施、机构以及大型互联网公司而言，数据的泄露不仅对企业造成严重损失，同时也将威胁公共安全乃至国家安全。因此在这一阶段，数据已经成为国家的战略性资源。在这一阶段，数据治理、隐私计算等技术开始得到广泛应用。

6.5.2　数据安全策略

1. 什么是数据安全策略

策略是指一系列明确的行动计划和决策，旨在实现组织或个人长期目标的方法和手段。那么，什么是数据安全策略呢？数据安全策略是一系列规则和措施，旨在保护组织的数据和信息资产，确保它们在使用过程中符合隐私和保密要求。

数据安全策略通常包括以下几个方面：

1）认证和授权：确保只有经过验证的用户才能访问数据，并且用户的访问权限与其角色和责任相匹配。

2）访问控制：通过技术手段（如密码学和身份验证）来控制谁可以访问数据以及如何访问。

3）数据加密：使用现代密码算法对存储和传输的数据进行加密，以保护数据的机密性和完整性。

4）审计和监控：记录和审查数据访问和使用的活动，以便在出现数据安全事件时能够追踪和响应。

5）法律遵从性：确保数据安全管理遵守相关的法律、法规和行业标准，如《中华人民共和国网络安全法》、支付卡行业数据安全标准（Payment Card Industry Data Security Standard，PCI DSS）等。

6）数据分级分类：根据数据的价值、敏感程度、影响范围等因素对数据进行分类，以实施不同级别的保护措施。

信息安全和数据安全之间的关系是密不可分的。信息安全是保护信息系统和网络等资源的安全，而数据安全则是保护数据资产的安全。信息安全需要保护数据的安全，而数据安全则需要信息安全的保护。因此，信息安全和数据安全是相互依存、相互支持的关系。在实践中，信息安全和数据安全通常是一起考虑和解决的。组织或个人需要制定综合性的信息安全和数据安全策略，采取一系列技术和管理措施，确保信息和数据的安全性和可靠性。

2. 数据安全策略核心工作

根据国家标准《信息安全技术　数据安全能力成熟度模型》（GB/T 37988—2019）对数据安全策略规划的定义，数据安全策略核心工作包括组织建设、制度流程、技术工具和人员能力，如图 6-20 所示。

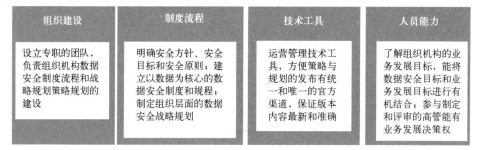

图 6-20　数据安全策略核心工作

6.5.3　数据安全管控

1. 数据安全组织架构

数据安全组织架构是数据安全治理体系建设的前提。通过建立专门的数据安全组织架构，落实数据安全管理责任，确保数据安全相关工作能够持续稳定地贯彻执行。同时，数据安全治理是一项多元化主体共同参与的复杂工作，明确的组织架构有助于划分各参与主体的数据安全权责边界，促进协同机制的建立，实现组织数据安全治理"一盘棋"。

在一个组织内部，安全部门、合规部门、风控部门、内审部门、业务部门、人力部门等都需要参与到数据安全治理的具体工作中，相互协同，共同保障组织的数据安全。一种较为典型的数据安全组织架构一般由决策层、管理层、执行层与监督层构成。

如图 6-21 所示，各层之间通过定期会议沟通等工作机制实现紧密合作、相互协同。决策层指导管理层工作的开展，并听取管理层关于工作情况和重大事项等的汇报。管理层对执行层的数据安全提出管理要求，并听取执行层关于数据安全执行情况和重大事项的汇报，形成管理闭环。监督层对管理层和执行层各自职责范围内的数据安全工作情况进行监督，并听取各方汇报，形成最终监督结论后同步汇报至决策层。

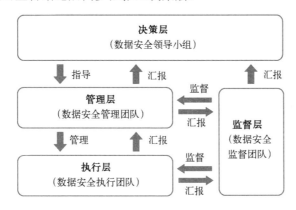

图 6-21　数据安全组织架构

数据安全领导小组作为决策层，一般由组织的高层领导及相关部门负责人共同构成，以虚拟组织的形式存在，主要负责对数据安全的重大事项进行统筹决策。管理层一般由信息安全部门或数据管理部门牵头，负责数据安全的管理、建设、宣贯等工作。执行部门一般由业务部门或数据生产部门构成，负责在本部门内落实执行各项数据安全管理要求。监督层涉及合规部门、风控部门和内审部门等，负责从不同的角度对数据安全治理工作的开展情况进行监督。

2. 数据安全管理制度体系

数据安全管理制度体系一般会从业务数据安全需求、数据安全风险控制需要，以及法律法规合规性要求等几个方面进行梳理，最终确定数据安全管理的目标、策略及具体的标准、规范、程序等。

建立数据安全管理制度体系的过程应当以数据安全风险管理为基础，通过建立一整套文件化的管理制度，包括方针、策略、程序文件、操作手册、记录等，以 PDCA 的方式实施，把风险控制到招标人可接受的水平。数据安全管理文件体系应该是一个层次化的体系，按照一般的管理体系的惯例，通常由四个层次构成（见图 6-22）：一、二级文件作为管理层的管控要求，应具备科学性、合理性、完备性及普适性；三、四级文件则是对管理层管控要求的细化解读，用于指导具体业务场景的具体工作。

图 6-22　数据安全管理文件体系

1）一级文件：全组织范围内的数据安全管理方针政策。这些管理文件需要从整体角度来考虑制定，应该能够反映招标人最高管理者对数据安全工作下达的旨意，应该能为所有下级文件的编写指引方向。

2）二级文件：各类管理规定。这些管理文件应该是针对数据安全某方面工作的，是对数据安全方针内容的进一步落实，应该是不同部门都能适用的。

3）三级文件：具体的操作手册和指南。这些管理文件描述了某项任务具体的操作步骤和方法，是对各个管理制度所规定的领域内工作的细化。

4）四级文件：各种记录文件和表单，包括实施各项流程的记录成果。这些管理文件通常表现为记录表格，应该成为数据安全得以持续运行的有力证据。

围绕数据全生命周期安全要求，可以参考如图 6-23 所示的数据安全管理制度体系，完善组织各级制度文件内容。

3. 数据安全技术体系

数据安全技术体系并非单一产品或平台的构建，而是覆盖数据全生命周期，结合组织自身使用场景的体系建设。依照组织数据安全建设的方针总则，围绕数据全生命周期各阶段的安全要求，建立与制度流程相配套的技术和工具。数据安全技术体系如图6-24所示。

4. 数据人员培养

数据安全管理离不开相应人员的具体执行，人员的技术能力、管理能力等都影响数据安全策略的执行和效果。因此，加强数据安全人才的培养是数据安全管理的应有之义。组织需要根据岗位职责、人员角色，明确相应的能力要求，并从意识和技术两方面着手建立适配的数据安全能力培养机制。

（1）意识能力培养方式

可以结合业务开展的实际场景，以及数据安全事件实际案例通过数据安全事件宣传、数据安全事件场景还原、数据安全宣传海报、数据安全月活动等方式，定期为员工开展数据安全意识培训，纠正工作中的不良习惯，降低因意识不足带来的数据安全风险。

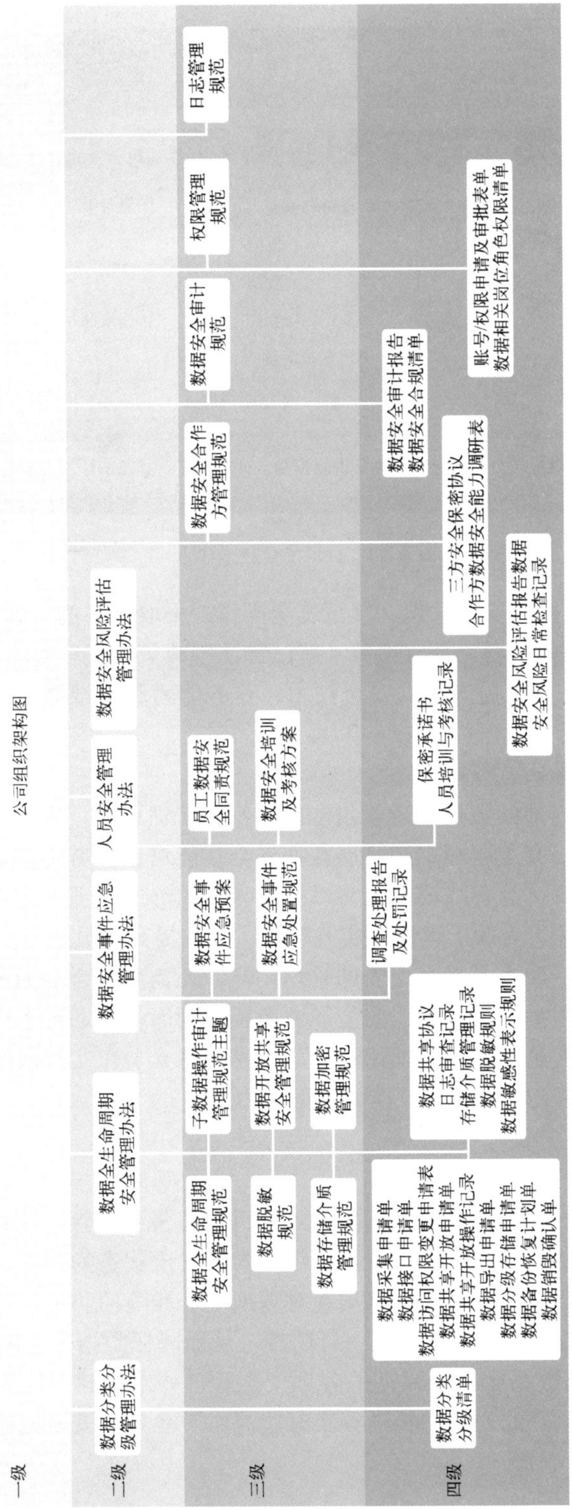

公司组织架构图

一级　数据分类分级管理办法

二级
- 数据全生命周期安全管理办法
- 数据安全事件应急管理办法
- 人员安全管理办法
- 数据安全风险评估管理办法
- 数据安全审计规范
- 权限管理规范
- 日志管理规范

三级
- 数据全生命周期安全管理规范
- 子数据操作审计管理规范主题
- 数据开放共享安全管理规范
- 数据加密管理规范
- 数据安全事件应急预案
- 数据安全应急处置规范
- 员工数据安全合同责任规范
- 数据安全培训及考核方案
- 数据安全合作方管理规范
- 数据安全能力调研表
- 数据安全合规清单

四级
- 数据分类分级清单
- 数据采集申请单
- 数据访问权限申请单
- 数据共享变更开放申请单
- 数据导出存储申请单
- 数据分级存储申请单
- 数据备份恢复计划单
- 数据销毁确认单
- 数据共享协议
- 日志审查管理记录
- 存储介质质量操作记录
- 数据敏感级表示规则
- 调查处理报告及处罚记录
- 保密承诺书
- 人员培训与考核记录
- 数据安全风险评估记录
- 安全风险日常检查记录
- 三方安全保密协议
- 合作方数据报告数据
- 数据安全风险评估报告
- 合作方安全能力调研表
- 数据安全审计报告
- 数据安全合规清单
- 账号权限申请及审批表单
- 数据相关岗位角色权限清单

图 6-23　一套可参考的数据安全管理制度体系

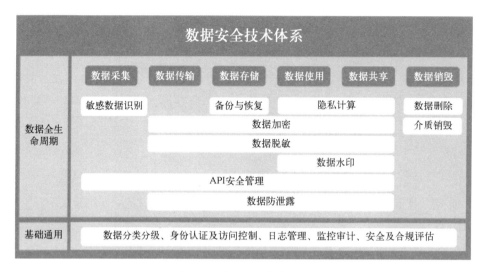

图 6-24 数据安全技术体系

1）全员：要求加强数据安全意识、规范安全操作，采取宣贯的方式。

2）领导层：要求加强数据安全意识、了解法律法规政策，采取宣贯的方式。

3）专业技术人员：要求提升数据安全技术、业务能力和合规能力，采取宣贯和能力认证相结合的方式。

（2）技术能力培养方式

一方面，构建组织内部的数据安全学习专区，营造培训环境，通过线上视频、线下授课相结合的方式，按计划、有主题地定期开展数据安全技能培训，夯实理论知识。另一方面，通过开展数据安全攻防对抗等实战演练，将以教学为主的静态培训转为以实践为主的动态培训，提高人员参与积极性，有助于理论向实践转化，切实提高人员数据安全技能。

为保障培训效果，形成人员能力培养的管理闭环，还需要结合能力考核的管理机制。通过结合人员角色及岗位职责，构建数据安全能力考核试题库，并通过考核平台分发日常测验及各项考核内容，评估人员数据安全理论基础。同时，将人员在实战演练中的实际操作能力作为重要考核指标，以综合评估数据安全人员的能力水平。

6.5.4　数据安全审计

数据安全审计是指对数据安全管理的实施过程进行监督和检查，以确保数据安全策略的有效性和合规性。数据安全审计以知晓数据在组织内的安全状态为前提，需要组织在数据全生命周期各阶段开展安全监控和审计，以实现对数据安全风险的防控。可以通过态势监控、日常审计、专项审计等方式对相关风险点进行防控，从而降低数据安全风险。

1）态势监控。根据数据全生命周期的各项安全管理要求，建立组织内部统一的数据安全监控审计平台，对风险点的安全态势进行实时监测。一旦出现安全威胁，能够实现及时告警及初步阻断。

2）日常审计。针对账号使用、权限分配、密码管理、漏洞修复等日常工作的安全管理要求，利用监控审计平台开展审计工作，从而发现问题并及时处置。

日常审计包括但不限于以下内容：

- 活跃度异常账号、弱口令、异常登录。
- 敏感数据是否加密存储。
- 敏感数据是否加密传输。
- 个人信息采集是否得到授权。
- 异常/高风险操作行为。
- 敏感数据是否脱敏使用。
- 漏洞是否定期修复。
- 分类分级策略是否正确落实。
- 接口安全策略的落实情况。
- 销毁过程的日常监督。

3）专项审计。以业务线为审计对象，定期开展专项数据安全审计工作。审计内容包括数据全生命周期安全、隐私合规、合作方管理、鉴别访问、风险分析、数据安全事件应急等多方面内容，从而全面评价数据安全工作执行情况，发现执行问题并统筹改进。

本章小结

本章重点介绍了元数据管理、数据标准管理、主数据管理、数据质量管理、数据安全管理的相关概念和作用。通过元数据管理，企业能够处理、维护、集成、保护和治理其他数据，从而提高数据的质量和可用性。数据标准是指保障数据的内外部使用与交换的一致性和准确性的规范性约束。主数据管理是指在整个组织中被广泛使用、共享和管理的核心数据集合。主数据代表了组织中最重要、最关键的业务实体或对象，并应具有高质量、一致性和准确性。数据质量管理包括数据质量的相关定义，数据质量管理的价值，数据质量的规划、评估、提升、改进，数据质量管理能力评价。数据安全管理是指在组织数据安全战略的指导下，多个部门协作实施，通过对数据访问的授权、分类分级的控制、监控数据的流转等各种技术和管理措施，满足数据安全的业务需要和监管需求，实现组织内部对数据生存周期的管理。

本章习题

1. 元数据管理的作用是什么？
2. 元数据管理如何帮助企业处理、维护、集成、保护和治理其他数据？
3. 为什么企业元数据的重要性相当于图书馆目录卡片对于图书馆的重要性？
4. 元数据管理包括哪些环节？请详细介绍每个环节的作用。
5. 元数据管理如何为企业的业务决策和创新提供支持和指导？
6. 什么是数据标准管理？

7．数据标准的定义是什么？

8．数据标准的作用是什么？

9．数据标准的管理活动需要以什么为基础？

10．数据标准的应用可以提升企业在哪些方面的能力？

11．什么是主数据管理？

12．主数据是指哪些数据？

13．主数据为什么需要具有高质量、一致性和准确性？

14．主数据管理的目的是什么？

15．主数据具有哪些基本特征？

16．主数据与交易数据有何区别？

17．主数据管理如何实现数据的共享和管理？

18．主数据管理使用的技术有哪些？

19．为什么主数据管理对组织的决策和业务流程很重要？

20．主数据管理的作用是什么？

21．数据质量的定义是什么？

22．数据质量管理的目标和原则是什么？

23．数据管理的价值和意义是什么？

24．如何提升企业的数据质量？

25．数据质量管理能力如何评价？

26．数据安全的定义是什么？

27．数据安全策略主要有哪些？

28．数据安全管控有哪些主要内容？

29．数据安全审计主要包括哪些内容？

第 7 章

数据应用

数据应用是数据治理体系中的价值实现途径。数据应用涵盖了数据分析、数据共享和数据开放等多个方面，通过将数据转化为信息和洞察，为组织的业务发展和竞争提供有力支持。数据应用在数据治理体系中处于核心地位，它与数据规划、采集、存储和管理等环节紧密相连，共同推动数据治理工作的开展。

7.1 数据分析

数据分析是为组织的各项经营管理活动提供数据决策支持而进行的组织内外数据探索型分析和挖掘建模，以及对应用成果的交付运营、评价推广等活动。数据分析能力对组织的决策制定方式、价值创造方式和向用户提供价值的方式产生影响。数据分析可以帮助业务应用实现以下目标：

1）优化业务流程和运营效率：通过基于数据的断点管控分析提升业务流程贯通效率，提出业务流程优化建议等，提高组织运营效率和生产力。

2）提供决策支撑：通过基于业务触点进行数据分析、趋势预测及问题追溯分析等，为管理决策提供建议。

3）商业模式变革：通过数据挖掘分析，推动组织发现潜在的商机和创新运营模式，为企业的发展和竞争提供有力支持。

数据分析是数据价值发现的重要手段，也是数据赋能业务的直接体现。数据分析的主要内容包括报表开发、指标开发、多维分析、动态预警、趋势预测等。在本书中，我们强调了数据治理在组织落地过程中的理解，并聚焦于组织业务价值的发现。因此，数据分析也是数据治理的一个职能活动，通过数据分析来支持组织的决策制定和价值创造。

7.1.1 数据分析的概念

数据分析是从大量数据中提取、转化和推断有用信息的过程。它涉及收集、整理、清洗、转换和分析数据，以揭示数据中的模式、趋势和关联，从而支持决策和解决问题。

1）数据分析的目标。数据分析的目标是通过对数据进行深入的探索和分析，揭示数据背后的规律和洞见。它可以帮助我们了解业务或问题的现状、发现潜在的机会和风险，并提供决策支持和优化建议。

2）数据分析的过程。数据分析通常包括以下几个关键步骤：

● 数据收集和获取：收集和获取与问题相关的数据，可以是来自内部系统、外部数据源或第三方数据提供商的数据。

● 数据预处理：对数据进行清洗、去除噪声、处理缺失值和异常值等，以确保数据的质量和一致性。

● 数据转换和整理：对数据进行转换、整理和重塑，以便后续的分析和建模。

● 数据分析和建模：应用统计学、机器学习、数据挖掘等技术和方法，对数据进行分析和建模，以揭示数据中的模式、趋势和关联。

● 结果解释和报告：解释和解读数据分析的结果，并将结果以可视化、报告或其他形式呈现给利益相关者，以支持决策和行动。

3）数据分析的工具和技术。数据分析可以借助各种工具和技术来实现，包括统计软件（如 R、Python）、数据可视化工具（如 Tableau、Power BI）、机器学习框架（如 TensorFlow、Scikit-learn）等。同时，数据分析也需要掌握一定的统计学、概率论、数据挖掘和机器学习等基础知识。

4）数据治理和数据质量。数据治理是数据管理的一部分，它涉及对数据的收集、整理、存储、安全和隐私等方面进行规范和管理。数据质量是数据分析的前提和基础，需要确保数据的准确性、完整性、一致性和可靠性。

5）数据分析的应用领域。数据分析可以应用于各个领域和行业，包括市场营销、金融、医疗、制造业、物流等。它可以帮助企业和组织发现市场趋势、优化业务流程、提高效率和决策质量。

7.1.2　数据分析类型

数据分析因为考虑维度不同，其分类方式也非常多，本书从业务价值层面对数据分析进行分类，以帮助企业和组织更好地理解和应用不同的数据分析方法。

1）描述性分析。描述性分析是对数据进行总结和描述的分析类型。它通过统计指标、图表和可视化等方式，揭示数据的基本特征、分布和趋势。描述性分析主要用于了解和解释数据的现状和历史，帮助企业和组织做出基于数据的决策。

2）预测性分析。预测性分析是基于历史数据和模型构建，对未来事件或趋势进行预测的分析类型。它利用统计模型、机器学习和时间序列分析等技术，通过挖掘数据中的模式和规律，预测未来的趋势、需求和行为。预测性分析可以帮助企业和组织做出更准确的预测和规划，以支持决策和战略制定。

3）诊断性分析。诊断性分析是对数据进行深入挖掘和分析，以发现问题的原因和影响因素的分析类型。它通过探索数据中的关联和因果关系，帮助企业和组织理解业务过程中的潜在问题和瓶颈，并提供改进和优化的建议。诊断性分析通常使用统计分析、根因分析和数据挖掘等方法和技术。

4）决策性分析。决策性分析是基于数据和模型，为决策者提供决策支持和优化方案的分析类型。它通过模拟、优化和敏感性分析等技术，帮助企业和组织评估不同决策方案的风险和收益，并提供最优的决策方案。决策性分析可以在复杂的决策环境中提供科学的决策依据。

5）探索性分析。探索性分析是对数据进行探索和发现的分析类型。它通过可视化、交互式分析和数据挖掘等技术，帮助企业和组织发现数据中的新模式、趋势和洞见。探索性分析通常用于发现新的业务机会、优化业务流程和支持创新。

以上分类维度是从业务价值的角度对数据分析进行分类的一种方式。在实际应用中，可以根据具体的业务需求和目标选择适合的数据分析类型。

7.1.3　数据分析方法

1. 描述性分析

描述性分析是数据分析中的一种类型，它主要用于对数据进行总结、描述和可视化，以揭示数据的基本特征、分布和趋势。通过描述性分析，我们可以了解数据的现状和历史，从而为决策提供基础和参考。

描述性分析主要采用的方法如下：

1）统计指标。统计指标是描述性分析中最常用的方法之一。它通过计算一系列统计量，如均值、中位数、标准差、最大值、最小值等，来描述数据的集中趋势、离散程度和分布形态。统计指标可以帮助我们了解数据的基本特征，并与其他数据进行比较和分析。

2）频数分布。频数分布是描述性分析中用于展示数据分布情况的方法。它将数据按照数值或类别进行分组，并计算每个组的频数（数据出现的次数）或频率（频数除以总数）。频数分布可以通过直方图、饼状图、条形图等图表形式展示，帮助我们理解数据的分布情况和特征。

3）百分位数。百分位数是描述性分析中用于衡量数据分布的方法。它表示某个特定百分比的观测值落在数据集中的位置。例如，第 25 百分位数表示有 25%的观测值小于或等于它。百分位数可以帮助我们了解数据的分布形态和集中程度，例如中位数就是第 50 百分位数。

4）可视化。可视化是描述性分析中非常重要的方法之一。它通过图表、图形和可视化工具，将数据转化为可视形式，以便更直观地理解和分析数据。常见的可视化方法包括折线图、散点图、箱线图、热图等。可视化可以帮助我们发现数据中的模式、趋势和异常值，提供直观的数据分析结果。

5）变异系数。变异系数是描述性分析中用于衡量数据变异程度的方法。它是标准差与均值的比值，用于比较不同变量或不同群体之间的变异程度。变异系数越大，表示数据的变异程度越高；变异系数越小，表示数据的变异程度越低。通过比较变异系数，我们可以了解不同变量或群体之间的差异和稳定性。

6）相关分析。相关分析是描述性分析中用于衡量两个变量之间相关关系的方法。它通过计算相关系数（如皮尔逊相关系数）来衡量两个变量之间的线性相关程度。相关系数的取值范围为-1～1，接近 1 表示正相关，接近-1 表示负相关，接近 0 表示无相关。相关分析可以帮助我们了解变量之间的关联程度，从而发现变量之间的相互影响程度和趋势。

7）时间序列分析。时间序列分析是描述性分析中用于研究时间变化趋势的方法。它通过对时间序列数据进行建模和分析，来揭示数据随时间的变化规律和趋势。时间序列分析可以用于预测未来的趋势和模式，帮助我们做出合理的决策和规划。

8）分组分析。分组分析是描述性分析中用于比较不同组别之间差异的方法。它将数据按照某个特定的变量进行分组，然后对不同组别的数据进行比较和分析。分组分析可以帮助我们了解不同组别之间的差异和相似性。

总之，描述性分析是通过统计指标、频数分布、百分位数和可视化等方法，对数据进行总结、描述和可视化的分析方法。它可以帮助我们了解数据的基本特征、分布和趋势，为决策提供参考。

2. 预测性分析

预测性分析是数据分析领域的一个重要分支，旨在利用历史数据和统计模型来预测未来事件或趋势。它通过分析数据之间的关系和模式，构建预测模型，并基于这些模型进行预测和推断。预测性分析可以帮助组织和企业做出更准确的决策，优化资源配置，提高效率和效益。

以下是一些常用的预测性分析方法：

1）回归分析。回归分析是一种用于建立变量之间关系的统计方法。它通过拟合一个数学模型来描述自变量与因变量之间的关系，并利用这个模型进行预测。回归分析可以帮助我们理解变量之间的关系，并用于预测未来的数值结果。

2）时间序列分析。时间序列分析是一种用于分析时间相关数据的方法。它通过对时间序列数据进行建模和分析，来揭示数据随时间的变化规律和趋势。时间序列分析可以用于预测未来的趋势和模式，例如销售量的季节性变化、股票价格的波动等。

3）决策树。决策树是一种用于分类和预测的机器学习算法。它通过构建一个树状结构来表示不同的决策路径和可能的结果。决策树可以根据输入的特征值来进行预测，并输出相应的分类或结果。

4）人工神经网络。人工神经网络是一种模仿生物神经网络结构和功能的计算模型。它由多个神经元和连接它们的权重组成，可以通过训练来学习和预测。人工神经网络可以用于解决复杂的预测问题，例如图像识别、语音识别等。

5）支持向量机。支持向量机是一种用于分类和回归的机器学习方法。它通过构建一个最优的超平面来将不同类别的数据分隔开。支持向量机可以用于预测离散的分类结果，也可以用于预测连续的数值结果。

6）集成学习。集成学习是一种将多个预测模型进行组合的方法。它通过结合多个模型的预测结果，来提高整体的预测准确度和稳定性。常见的集成学习方法包括随机森林、梯度提升树等。

7）聚类分析。聚类分析是一种将数据分组成相似性较高的群体的方法。通过聚类分析，可以将数据分为不同的群组，每个群组内的数据具有相似的特征。聚类分析可以帮助我们发现数据中的隐藏模式和关系，并用于预测未来数据点的归属群组。

8）关联规则挖掘。关联规则挖掘是一种用于发现数据中的关联关系和规律的方法。它通过分析数据中的频繁项集和关联规则，来揭示不同项之间的关联性。关联规则挖掘可以用于预测一组项中的某个项是否会出现，或者根据已知项预测其他项的出现。

9）时间序列预测。时间序列预测是一种专门用于预测时间序列数据的方法。它通过分析数据中的趋势、季节性和周期性等特征，来预测未来的数值结果。时间序列预测方法包括移动平均法、指数平滑法、ARIMA 模型等。

10）深度学习。深度学习是一种基于人工神经网络的机器学习方法。它可以通过多层神经网络的训练和学习，从大规模的数据中提取复杂的特征和模式。深度学习在预测性分析中具有很强的表达能力和预测准确性，尤其在处理大规模和高维度数据时表现出色。

11）时间序列分解。时间序列分解是将时间序列数据分解为趋势、季节性和残差三个部分的方法。通过时间序列分解，我们可以更好地理解数据的变化趋势和季节性，并基于这些信息进行预测。

12）强化学习。强化学习是一种机器学习方法，通过智能体与环境的交互来学习最优的行为策略。在预测性分析中，强化学习可以用于优化决策问题，通过试错和奖励机制来提高预测的准确性。

13）模型集成。模型集成是将多个预测模型的结果进行组合，以提高整体预测的准确性和鲁棒性。常见的模型集成方法包括投票法、平均法、堆叠法等。通过模型集成，我们可以利用不同模型之间的互补性，提高预测的稳定性和准确性。

14）模型评估和调优。在进行预测性分析时，对模型的评估和调优是非常重要的环节。我们可以使用交叉验证、网格搜索等方法来评估模型的性能，并通过调整模型的参数和特征选择来提高预测的准确性。

这些方法在预测性分析中都有广泛的应用，具体选择哪种方法取决于数据的性质、问题的要求和分析的目标。通过合理选择和应用这些方法，可以提高预测的准确性和可靠性，为决策和规划提供有力支持。

3．诊断性分析

诊断性分析是一种系统性的方法，用于识别问题的原因、评估问题的影响，并提供解决方案。它主要通过收集、整理和分析相关数据和信息，以识别问题的根本原因和潜在解决方案。

诊断分析的方法如下：

1）根本原因分析（Root Cause Analysis）：通过追溯问题的根本原因，识别导致问题发生的根本因素。常用的根本原因分析方法包括鱼骨图（也称为因果图或石川图）、"5W1H" 分析（即 "是什么、为什么、何时、何地、谁、如何"）等。

2）数据分析（Data Analysis）：通过收集、整理和分析相关数据，以识别问题的模式、趋势和关联性。数据分析方法包括统计分析、数据挖掘、机器学习等。

3）专家判断（Expert Judgment）：依靠领域专家的经验和知识，对问题进行分析和判断。专家判断可以通过专家访谈、专家评估、专家意见征询等方式进行。

4）逻辑推理（Logical Reasoning）：通过逻辑推理和推断，从已知的事实和信息中推导出问题的原因和解决方案。逻辑推理方法包括演绎推理、归纳推理、假设推理等。

5）问题分解（Problem Decomposition）：将复杂的问题分解为更小、更容易解决的子问题，以便更好地理解和解决问题。问题分解方法包括流程图、决策树、层次分析法等。

6）实证研究（Empirical Research）：通过实证研究和实验，收集和分析数据，以验证问题的原因和解决方案的有效性。实证研究方法包括实验设计、案例研究、问卷调查等。

7）故障树分析（Fault Tree Analysis）：通过构建故障树，分析系统故障的可能性和影响，以确定导致故障的基本事件和组合条件。

8）五力模型分析（Five Forces Analysis）：用于分析一个行业的竞争力和吸引力，包括竞争对手、供应商、买家、替代品和新进入者等因素。

9）SWOT 分析（SWOT Analysis）：通过评估一个组织的优势（Strength）、劣势（Weakness）、机会（Opportunity）和威胁（Threat），确定其内部和外部环境的关键因素。

10）树状图分析（Tree Diagram Analysis）：通过构建树状图，将一个问题或目标分解为更具体的子问题和任务，以便更好地理解和解决问题。

11）故事线分析（Storyboard Analysis）：通过将问题或情况以故事的形式呈现，帮助人们更好地理解和分析问题的关键因素和影响。

12）价值链分析（Value Chain Analysis）：通过分析一个组织的价值链，即从原材料采购到产品销售的整个过程，确定其附加值和成本结构，以优化业务流程。

以上这些方法在诊断分析中经常被使用，可以帮助识别问题的根本原因，并提供相应的解决方案。根据具体的问题和情况，可以选择适当的方法或结合多种方法进行诊断分析。

4．决策性分析

决策性分析是指通过收集、整理和分析相关数据和信息，以支持决策过程中的选择和决策制定。它旨在提供决策者所需的可靠和有价值的信息，以便做出明智的决策。决策性分析的方法包括但不限于以下几种：

1）统计分析：通过收集和分析大量的数据，运用统计学原理和方法，来揭示数据之间的关系和趋势。常用的统计分析方法包括描述统计、推断统计、回归分析、方差分析等。

2）决策树分析：将决策问题以树状结构进行表示，通过对不同决策路径的评估和比较，确定最优的决策方案。决策树分析方法可以帮助决策者厘清决策过程中的关键因素和可能的结果。

3）敏感性分析：通过对决策模型中的关键变量进行变动和调整，评估这些变动对决策结果的影响。敏感性分析可以帮助决策者了解决策结果的稳定性和可靠性，并做出相应的调整和决策。

4）成本效益分析：通过比较决策方案的成本和效益，评估不同决策方案的经济效益和可行性。成本效益分析可以帮助决策者在有限资源下做出最优的决策。

5）多属性决策分析：将决策问题中的多个属性或指标进行量化和评估，通过综合考虑这些属性的权重和重要性，确定最优的决策方案。常用的多属性决策分析方法包括层次分析法、模糊综合评价法等。

6）模拟分析：通过建立决策模型和模拟实验，模拟不同决策方案的结果和影响。模拟分析可以帮助决策者在实际决策前进行预测和评估，以减少决策风险。

7）基于专家判断的分析：依靠领域专家的经验和知识，通过专家评估、专家意见征询等方式，对决策问题进行分析和判断。专家判断可以提供有关决策问题的专业见解和建议。

5．探索性分析

探索性分析是指对数据进行初步的探索和分析，以发现数据中的模式、趋势、异常和关联等信息。它是数据分析的第一步，旨在理解数据的特征和结构，为后续的深入分析和决策提供基础。探索性分析的方法包括但不限于以下几种：

1）描述统计：通过计算和展示数据的基本统计量，如均值、中位数、标准差、最大值、最小值等，来描述数据的集中趋势、离散程度和分布形态。

2）数据可视化：通过图表、图形和可视化工具，将数据以可视化的方式呈现，帮助人们更直观地理解数据的特征和关系。常用的数据可视化方法包括直方图、散点图、折线图、箱线图等。

3）相关分析：通过计算和分析变量之间的相关系数，来评估变量之间的关联程度和方向。常用的相关分析方法包括皮尔逊相关系数、斯皮尔曼相关系数等。

4）聚类分析：将数据中的观测对象按照相似性进行分组，形成具有相似特征的簇。聚类分析可以帮助发现数据中的群组结构和类别。

5）主成分分析：通过线性变换将多个相关变量转换为少数几个无关变量，以减少数据维度和提取数据中的主要信息。主成分分析可以帮助发现数据中的主要模式和结构。

6）文本挖掘：针对文本数据，通过自然语言处理和文本分析技术，提取文本中的关键词、主题和情感等信息。文本挖掘可以帮助发现文本数据中的隐藏模式和趋势。

7）时间序列分析：针对时间序列数据，通过对时间序列的趋势、季节性和周期性进行分析和建模，来预测未来的发展趋势。时间序列分析可以帮助发现数据中的时间相关性和趋势。

8）异常检测：通过识别和分析数据中的异常值或离群点，来发现数据中的异常情况或潜在问题。常用的异常检测方法包括箱线图、Z-score 方法、聚类方法等。

9）关联规则挖掘：针对具有事务性或关联性的数据，通过挖掘频繁项集和关联规则，来发现数据中的关联关系和规律。关联规则挖掘可以帮助发现数据中的潜在关联和关联规则。

10）空间分析：针对具有空间属性的数据，通过分析地理位置、空间分布和空间关联等，来发现数据中的空间模式和趋势。常用的空间分析方法包括空间插值、空间聚类、空间自相关等。

11）社交网络分析：针对具有社交关系的数据，通过分析网络结构、节点关系和社交影响等，来发现数据中的社交网络模式和关键节点。社交网络分析可以帮助发现社交网络中的社区结构和信息传播规律。

7.2　数据共享

数据共享是将数据提供给组织内的其他部门或者其他人使用的行为，通过共享数据促进数据融合应用，支持企业智能决策与业务优化，并实现公共利益与社会价值，使数据产生价值，加快数据流通。数据共享同时需要保护数据隐私和安全，遵守法律法规，确保数据的合法和合规使用。本节主要介绍了数据共享的概念、数据共享的主要活动、数据共享价值评估，以指导企业在保护数据安全的前提下，有序、高效地开展数据共享工作。

7.2.1　数据共享的概念

1. 数据共享的定义

百度百科中定义：数据共享就是让在不同地方使用不同计算机、不同软件的用户能够读取他人数据并进行各种操作、运算和分析。

《数据资产管理实践白皮书（4.0 版）》中定义：数据共享管理主要是指开展数据共享和交换，实现数据内外部价值的一系列活动。

综上，本书认为数据共享是指在合适的条件下，将数据资源提供给特定的用户或组织，以促进信息共享、协作和合作。数据共享的目的是实现数据的互通互用，促进创新、决策制定和价值创造。

数据共享通常需要建立一定的合作关系和协议，确保数据的安全性和合法性。在数据共享过程中，数据的提供方可以对数据进行授权和权限管理，以确保数据的访问和使用符合规定的条件。其主要目的是打破组织内部壁垒、消除数据孤岛，提高数据供给能力，提高运营效率，降低组织运营成本。

数据共享的内容包括以下几个方面：

1）共享对象。数据共享的对象可以是政府部门、企业组织、科研机构等数据提供者。这些数据提供者拥有各自的数据资源，通过共享数据可以实现跨部门、跨组织的数据协作和合作。

2）共享范围。数据共享的范围是特定的对象，一般需要通过授权或合作协议来限制访问和使用的范围。

3）共享方式。数据共享可以通过多种方式进行，包括数据交换、数据集成、数据链接等。数据交换是指将数据以文件或接口的形式进行传输和共享，数据集成是指将多个数据源的数据进行整合和共享，数据链接是指通过标识符或链接将不同数据源的数据进行关联和共享。

4）共享机制。数据共享需要建立适当的共享机制，包括数据共享协议、共享平台和共享规则等。数据共享协议是指明确共享双方权利和义务的协议；共享平台是指提供数据共享服务的技术平台；共享规则是指规范数据共享行为和流程的规定。

5）共享管理。数据共享需要进行有效的管理和监控，包括数据访问控制、数据质量管理、数据安全保护等。数据访问控制是指对共享数据进行权限管理和控制；数据质量管理是指确保共享数据的准确性和完整性；数据安全保护是指保护共享数据的安全性和隐私性。

数据共享涉及数据提供者和数据使用者之间的合作和协调。通过数据共享，可以实现数据的互通互用，促进创新和价值创造。同时，数据共享也需要考虑数据的安全和隐私保护，确保数据的合法、安全和有效使用。数据治理在数据共享过程中起到重要的作用，通过建立规范和机制，确保数据共享的可持续和有效运行。

2．数据共享的原则

数据共享以服务为主要方式，以数据为核心，将数据方便、高效、安全地共享出去，降低数据获取难度，提升数据需求体验和效率。数据共享主要有以下原则：

1）透明性和可信度。数据共享应该建立在透明和可信的基础上。这意味着提供数据共享服务的组织应该清楚地说明数据的来源、采集方式、处理过程和使用目的，以确保数据的可信度和可靠性。

2）合法性和合规性。数据共享应符合相关的法律法规和隐私保护政策。数据共享服务提供者应确保数据的采集、存储、传输和使用符合法律和合规要求，保护数据主体的权益和隐私。

3）安全性和保密性。数据共享应采取合适的安全措施，确保数据的安全性和保密性。这包括数据的加密、访问控制、身份验证等技术和管理措施，以防止未经授权的访问和数据泄露。

4）共享协议和许可。数据共享应建立明确的共享协议和许可机制。共享协议应明确规定数据的使用范围、访问权限、使用限制等，确保数据的合理和合法使用。

5）一致性原则。数据共享前，要确定每项数据的源头单位，由源头单位对数据的准确性、一致性负责。减少数据"搬家"，从而减少向下游二次传递所造成的数据不一致问题。

6）黑盒原则。数据使用方不用关注技术细节，满足不同类型的数据共享服务需求。

7）敏捷响应原则。数据共享服务一旦建设完成，并不需要按数据使用方重复构建集成通道，而是通过"订阅"该数据共享服务快速获取数据。

8）自助使用原则。数据共享的提供者并不需要关心数据使用方怎么"消费"数据，避免了供应方持续开发却满足不了数据使用方灵活多变的数据使用诉求的问题。

9）可溯源原则。数据共享可以管理。数据供应方能够准确、及时地了解"谁"使用了自己的数据，确保合理使用数据。

10）利益平衡和共赢。数据共享应追求利益平衡和共赢。这意味着数据共享应该考虑各方的利益和需求，平衡数据提供者和数据使用者的权益，实现数据共享的双赢效果。

3. 数据共享参与的角色

在数据共享中，有多个不同的角色参与其中，每个角色都承担着特定的职责。以下是一些常见的数据共享参与的角色。

1）数据提供者。数据提供者是指拥有或控制数据的组织或个人。他们可以是企业、政府机构、学术机构或个人用户等。数据提供者负责决定要共享的数据，并确保数据的准确性、完整性和可用性。他们也可以制定数据共享政策和协议，以明确数据的使用限制和许可条件。

2）数据消费者。数据消费者是指使用共享数据进行分析、研究、决策或其他目的的组织或个人。他们可能是企业、研究机构、政府部门或个人用户等。数据消费者需要遵守数据提供者制定的共享协议和许可条件，确保数据的合法使用，并将数据用于预期的目的。

3）数据运营者。数据运营者是指在数据提供者和数据使用者之间进行数据交换和协调的中间机构。他们可以是数据市场、数据交易平台、数据共享平台或数据集成服务提供商等。数据运营者负责建立数据共享平台或市场，促进数据提供者和数据消费者之间的交流和合作，简化数据共享的过程和流程。

4）数据服务者。数据服务者负责在数据拥有者给出的数据的基础上，根据数据消费者的使用需求，提供各类数据服务，一般为技术服务。

5）数据管理者。数据管理者是指负责数据治理和数据管理的组织或个人。他们负责制定数据管理策略，规范数据的采集、存储、传输和使用，确保数据的质量、安全和合规。数据管理者还需要监控数据共享的过程和结果，解决数据共享中的问题和挑战。

6）数据保护专员。数据保护专员是指负责数据隐私和安全保护的专业人员。他们负责制定和执行数据保护政策和措施，确保数据共享过程中的隐私和安全风险得到有效管理和控制。数据保护专员还负责处理数据隐私和安全方面的投诉和违规行为。

7）法律和监管机构。法律和监管机构是指负责制定和执行相关法律法规和政策的机构。它们负责确保数据共享服务的合法性和合规性，监督和管理数据共享的活动，保护数据主体的权益和隐私。

这些角色在数据共享过程中密切合作，共同推动数据共享的实施和发展。他们通过合作，促进数据的流动和利用，实现数据共享的效益和价值。同时，他们也需要遵守相关法律法规和隐私保护政策，确保数据的安全和合规使用。

7.2.2　数据共享的主要活动

1．数据准备

数据准备是以数据共享为目标，从数据采集、数据处理、数据保密等方面进行准备。

数据采集可以用于共享与开发的数据资源。数据采集应该实现自动化的数据抽取、修正和补录过程，为数据存储或分析应用提供基础内容。

数据处理是对已经采集的数据进行清洗、转换和质量检查等操作，从而使得处理后的数据具备可用性，确保被共享和开放的数据能够满足数据消费者的需求。

数据保密通过数据密级分类、数据脱敏、数据加密等手段确保数据在共享过程中的安全。

2．数据资源目录编制

数据资源目录是根据元数据描述，对企业数据资产进行逻辑编目。数据资源目录包含数据资源的业务元数据信息、技术元数据信息和操作元数据信息和数据血缘信息等。基于数据资源目录可以快速检索、定位和获取数据。它是企业数据的统一访问入口，可以达到数据可见、可管、可用的目标。

数据资源目录编制可以基于用户不同视角编目成不同维度的数据资源目录。比如，可以按照主题域维度、数据来源系统以及数据的应用场景进行编目。合适的数据资源目录更便于数据消费者快速定位到需要的数据资源。

3．数据发布

通过数据资源目录将数据发布给数据消费者，数据消费者进行数据资源的检索、定位和查询，结合数据共享的管理流程和规范进行数据的申请使用。

4．数据共享服务

基于数据共享服务的数据封装能力，通过数据文件、数据接口等方式进行数据的推送、订阅和查询。常用的方式是将封装后的数据共享服务以数据商品的形式上架在数据共享服务超市里，以供数据消费者直接申请使用，可以提高数据获取效率，同时避免数据服务接口的重复开发。

常见的数据共享服务形式包括以下几种：

1）数据集：数据的集合，通常以表格形式出现。数据集的服务方式是通过数据库批量导出明细数据提供给数据消费者。

2）数据 API：通过数据封装能力将数据封装成 API，以供数据消费者调用获取数据。数据 API 是主要的服务方式。

3）数据订阅：通过统一、开放的数据订阅通道，使用户高效获取订阅对象的实时增量数据。

4）数据报表：根据业务逻辑，通过统计处理，以数据集合或者图表方式将数据结果展示出来。

5）数据报告、数据应用等其他形式。

5. 数据共享策略制定

数据共享策略是指针对不同的数据以及不同的使用需求明确数据共享的方式。

数据共享策略的制定需要考虑数据消费者的数据需求，也要考虑数据提供者的数据的安全性要求。

数据需求者对数据的需求包括以下几方面：

- 数据粒度：原始明细数据、统计数据。
- 数据更新时间：实时数据、离线数据。
- 数据提供形式：数据服务、数据报告、数据报表、数据应用。
- 数据同步方式：主动推送、被动查询。

数据安全性要求原始数据敏感信息脱敏，通过数据脱敏、数据加密、数据处理、知识提取等方式提供给数据消费者。

数据共享还需要建立配套的数据共享管理制度和流程。

- 数据共享管理制度：明确数据共享的目标、基本原则、数据共享权责等。
- 数据共享管理流程：制定数据共享规范、数据共享申请审批流程等。

6. 数据安全和隐私保护

数据共享需要确保数据的安全性和隐私保护。按照数据安全级别进行数据分级分类管理，针对不同的数据分类和分级制定和执行数据安全策略和措施，防止未经授权的访问、使用和泄露。数据共享还需要遵守相关的法律法规和隐私保护政策，保护数据主体的权益和隐私。

7. 数据监控和治理

数据共享需要进行数据监控和治理，以确保数据共享的有效性和合规性。这包括监控数据共享的过程和结果，解决数据共享中的问题和挑战。数据共享还需要建立数据治理机制，确保数据的质量、安全和合规。

以某电网企业的数据共享过程为例，描述数据监控和治理的过程：

某电网企业以数据资源"盘、规、治、用"的总体思路，遵循数据可理解、可搜索、可获取、可管理的原则，着力解决业务协同不畅、数据不一致、开放共享差、用户体验不佳等问题。按照数据资源采集处理、数据资源盘点及目录构建、数据资源目录发布、数据资源共享、数据安全保护、数据共享监管等步骤开展数据的监控和治理工作。其数据监控和治理的关键步骤如图 7-1 所示。

（1）数据资源采集处理

采集某电网企业整体数据资源。数据来源为全业务统一数据中心贴源区、数据仓库、分析层全量业务数据及源端业务系统，涵盖 20 余套一级业务系统、30 余套二级业务系统。采集内容除数据表详情、字段详情外，还包含数据资源之间的关联关系、系统内创建的视图等，同时具备数据采集台账的历史版本管理，可用来分析业务系统元数据变更情况。

（2）数据资源盘点及目录构建

协同企业的各业务部门对采集到的数据资源进行盘点，在数据资源采集后补充完善数据资源表的中文名称、注释等信息，为采集到的数据资源进行信息标注，区分数据表类型（业务表、代码表、字典表、空表、临时表）、数据标识、数据资源的业务定义等信息。同时，运用大数据分析技术发现数据资源表之间的关联关系，并由对应业务部门核查确认。

图 7-1 某电网企业数据监控和治理的关键步骤

组织编制"数据资源目录体系"，在体系中明确数据资源目录构建方法，按"业务部门—系统—模块—功能—子功能"的层级结构构建包含贴源层、共享层、明细层的数据资源目录。依据"数据资源目录体系"将盘点后的数据资源接入目录的相应层级，构建数据资源目录与数据资源表的映射关系，并依托各业务部门的数据处进行核实确认和补充完善。

（3）数据资源目录发布

在数据资源目录构建完成后，由数据资产管理平台进行统一发布，发布后按"数据资源管理体系"中设计的流程进行线上审批，审批完成后发布到"数据共享门户"进行展示和数据应用支撑。

（4）数据资源共享

数据资源目录发布后，业务人员可通过"数据共享门户"查看数据资源的中英文名、描述信息、字段结构、关联关系及样例数据等资源信息详情，通过表信息检索、目录检索等方式，辅助业务人员快速定位所需数据资源。用户如果通过线上申请使用数据，需要根据各类数据机密级别及共享要求，经过相关数据归口单位及管理单位审批后方可使用。"数据共享门户"通过 API 或者数据集的方式提供数据。

（5）数据安全保护

根据数据资源共享要求制定相应的安全保护措施。首先通过数据申请流程进行管控，不同类型的数据资源按照其相应特征在审批时采用不同的流程，用审批环节进行数据安全保护。其次通过日常安全扫描、IP 扫描等提前设置黑白名单信息，用于日常的数据安全保护。最后从数据的层面分析数据资源的开放属性和共享属性并进行维护，后续以此为依据对数据的访问权限进行控制，以保证数据安全。

（6）数据共享监管

某电网企业搭建了数据共享应用平台，形成了一套数据共享应用运营管理制度、规范和流程，能够在线监管数据资源的共享应用情况，保障数据资源进行更快速、更便捷、更高效的共享应用。

7.2.3　数据共享价值评估

数据共享价值评估是一个重要的过程，它可以帮助组织确定数据共享的潜在益处和回报，并为决策提供依据。数据共享是一项涉及多个部门，涵盖业务、技术和管理等多个方面的复杂工作。只有建立合理的数据共享价值评估体系，才能有助于数据共享高效、有序地开展。可以从以下几个方面开展对数据共享价值的评估：

1）目标和指标的设定：数据共享价值评估需要明确数据共享的目标和期望的结果。这可以通过制定明确的目标和指标来实现。例如，可以设定目标为提高决策的准确性或加速创新的速度，并相应地确定衡量这些目标的指标（如决策的准确率或新产品的推出速度）。

2）数据的质量和可用性评估：数据共享的价值取决于数据的质量和可用性。因此，评估数据的质量和可用性是评估数据共享价值的重要一步。这包括评估数据的准确性、完整性、一致性和时效性，以及数据的可访问性和易用性。例如，对数据资源目录的质量、覆盖度进行评价，对数据服务的共享效率和业务覆盖率进行评价，对数据共享的组织管理能力进行评价，对数据共享应用情况进行评价。

3）数据的潜在用途和影响评估：数据共享的价值还取决于数据的潜在用途和对组织的影响。评估数据的潜在用途可以帮助组织确定数据共享的潜在价值。这可以通过分析数据的关联性、相关性和可挖掘性来实现。同时，评估数据共享对组织的影响可以帮助组织确定数据共享的回报和成本效益。这可以通过制定影响评估模型和指标来实现。

4）风险和合规性评估：数据共享涉及风险和合规性的问题。因此，评估数据共享的价值还需要考虑风险和合规性的因素。这包括评估数据共享可能带来的安全风险、隐私风险和法律合规性要求。专业书籍可以提供风险评估和合规性评估的方法和工具。

5）综合评估和决策：数据共享的价值评估需要综合考虑上述因素，并做出综合评估和决策。这可以通过制定评估模型和权衡不同因素的方法来实现。

7.3　数据开放

数据开放是将数据提供给政府、其他企业或者组织以进行数据流通的行为，通过数据开放可以促进政企、产业的数据融合，加快数据流通。本节主要介绍数据开放的概念、数据开放的主要活动、数据开放价值评估等内容。

7.3.1　数据开放的概念

1.　数据开放的定义

数据开放是指将原本封闭、受限的数据资源向公众或特定用户群体开放的过程和行为。数据开放的目的是促进信息共享、创新和社会发展，通过让更多的人访问和使用数据，实现数据的广泛应用和价值释放。

DCMM 定义：数据开放是指按照统一的管理策略对组织内部的数据进行有选择的对外开

放，同时按照相关的管理策略引入外部数据供组织内部应用。

《数据资产管理》（高伟著）中定义：数据开放是以数据共享为基础，致力于提供各种数据资源和服务，协助数据开发者来开发特色数据应用，帮助数据开发和分析人员更容易地使用共享数据的一种服务模式。

综上，数据开放是组织按照统一的管理策略有选择地提供组织所掌控数据或按照相关的管理策略引入外部数据供组织内应用的行为。

数据开放包括以下几个方面：

1）政府数据开放：政府部门将政府数据以开放的方式提供给公众和社会各界使用，以提升政府透明度、民主参与度和促进社会创新。政府数据开放的场景可以涵盖政府运营数据、公共服务数据、地理信息数据等。

2）企业数据开放：企业将自身拥有的数据资源向合作伙伴、开发者或公众开放。这种场景可以促进创新合作、数据驱动的业务模式和生态系统的发展。

3）学术研究数据开放：学术机构和科研人员将研究数据向同行和公众开放，以促进科学研究的复制、验证和进一步的创新。

4）社会组织数据开放：非营利组织、社会组织或公益机构将其数据资源向公众开放，以推动社会问题的解决、社会创新和社会影响力的提升。

5）个人数据开放：个人将自己的数据向特定的应用程序或服务开放，以获得更好的个性化服务或实现个人目标。

数据开放可以促进信息共享、合作创新和社会发展，但也需要考虑数据隐私、安全性和合规性等问题。

2. 数据共享和数据开放的区别

数据共享和数据开放是数据管理和数据治理领域中两个重要的概念，它们在目标、范围和实践上存在差异，但也有一定的关联。

（1）目标和动机差异

数据共享的目标是促进合作和协作。通过共享数据，实现知识共享、资源共享和协同创新。数据共享通常发生在特定的合作伙伴之间，目的是共同利用数据来实现共同的目标。

数据开放的目标是提升透明度、社会效益，促进创新。通过开放数据，让更多的人能够访问、使用和重新利用数据，从而促进社会和经济的发展。数据开放通常是面向公众或广大用户群体的，目的是促进公众参与和数据的民主化利用。

（2）范围和受众差异

数据共享通常是有限范围的，发生在特定的合作伙伴之间。共享的数据可能是受限的，只提供给特定的用户或组织，以确保数据的安全性和合法性。共享的数据通常是根据合作协议和权限管理进行访问和使用的。

数据开放是面向公众或广大用户群体的，数据的开放范围更广泛。开放的数据通常是以开放的格式和许可协议提供的，让人们可以自由地访问、使用和重新利用数据。开放的数据通常是以开放数据门户、API 等形式提供的，以便公众能够方便地获取和利用数据。

（3）关联性

数据共享和数据开放都强调了数据的共享和利用，都是为了促进数据的价值和效益最大化。数据共享可以作为数据开放的一种形式，即在特定条件下，将数据开放给特定的用户或组织。数据共享可以为数据开放提供基础和前提，通过建立合作关系和共享机制，为数据的开放和利用提供支持。

数据共享和数据开放都需要考虑数据的安全性、隐私保护和合法性。在数据共享和数据开放的过程中，需要建立相应的数据管理和治理机制，包括数据访问和使用的权限管理、数据质量的控制、隐私保护的措施等，以确保数据的安全和合规。

7.3.2　数据开放的主要活动

数据开放的活动包括数据收集和整理、数据发布和共享、数据可视化和解释、数据管理和监控、数据开放评估和改进。

1）数据收集和整理：数据开放的第一步是收集和整理数据。这包括从各种来源收集数据，例如政府部门、企业、学术机构、社会组织等，然后对数据进行清洗、标准化和整合，以确保数据的准确性和可用性。

2）数据发布和共享：数据开放的核心活动是将数据发布和共享给目标用户。这可以通过建立数据门户网站、API、开放数据平台等方式实现。数据发布和共享需要考虑数据格式、访问权限、使用条款等方面的问题，以确保数据能够被用户方便地获取和使用。

3）数据可视化和解释：为了帮助用户更好地理解和利用数据，数据开放活动通常会包括数据可视化和解释的工作。这可以通过制作图表、地图、仪表板等方式来呈现数据，以及提供数据文档、元数据和解释说明等辅助信息。

4）数据管理和监控：数据开放并不是一次性的活动，而是一个持续的过程，因此，数据开放活动还需要包括数据管理和监控的工作，以确保数据的质量、安全性和合规性。这包括数据更新、质量控制、隐私保护、安全防护等方面的工作。

5）数据开放评估和改进：定期评估数据开放的效果和影响，收集用户反馈和需求，并根据评估结果进行改进和优化。这有助于不断提升数据开放的质量和价值，推动数据开放的持续发展。

7.3.3　数据开放价值评估

数据开放是一项面向组织外部提供数据资产的活动，涵盖业务、技术和管理多个方面的复杂工作。数据开放的价值评估可以从以下几个方面开展：

1）经济效益评估。数据开放的活动可以带来经济效益，如促进创新、提高生产效率和创造就业机会等。经济效益评估可以通过分析数据开放对相关产业和经济的影响，评估数据开放的经济效益和回报。经济合作与发展组织（OECD）的报告指出，政府数据开放可以带来显著的经济价值。研究表明，免费开放数据能够促进经济发展，而且数据免费所产生的额外收入要超过出售信息所能获得的收入。

2）社会影响评估。数据开放的活动也会对社会产生影响，如促进公共参与、增加透明度和改善公共服务等。社会影响评估可以通过分析数据开放对社会的影响和效果，评估数据开放的社会价值和影响力。《2022年度中国城市交通报告》中提到：

- 通勤高峰交通拥堵指数改善：百城中超过80%的城市通勤高峰交通拥堵指数同比2021年有所下降，平均降幅为5.62%。其中，贵阳、拉萨和北京的缓堵效果最为明显。
- 绿色通勤指数提升：北京、上海、广州、深圳等一线城市在百城中的绿色通勤指数最高，这表明这些城市在推广绿色出行方面取得了显著成效。
- 新能源充电桩搜索热度飙升：北京、上海、广州、深圳也是新能源充电桩搜索的高热度城市，这反映出公众对于新能源汽车及其配套设施的关注和使用意愿。
- 慢行系统优化：各城市对慢行系统的优化升级，如慢行交通与轨道交通的接驳换乘改善、城市骑行系统的建设，显著提升了通行效率和市民的出行幸福感。

3）利益相关者的价值评估。数据开放价值评估应该充分考虑利益相关者的需求。通过利益相关者的参与，可以更全面地评估数据开放的价值和效益。

开放商业数据可以帮助企业了解市场需求、消费者行为等，从而进行市场分析、产品创新和市场营销，提高企业竞争力，推动商业创新。

开放政府数据和公共服务数据可以帮助公众了解政府决策和公共服务的情况，增加公众参与和社会监督的机会，提高公共事务的透明度和民主参与度。

开放教育数据和学术研究数据可以帮助教育机构和研究机构进行教育研究和学术研究，促进教育改革和学术进步。

7.4　数据赋能业务的典型场景

数字化时代，数据连接一切、数据驱动一切、数据重塑一切，数据是企业数字化转型的核心要素。数据在企业决策过程中，将发挥出越来越重要的作用。

- 数据连接一切。数字化时代，人们所处的环境是一个由现实世界和网络世界组成的虚实交织的世界。人们把现实世界的事物、事实和联系，用数据记录下来，形成了一个抽象的网络世界。在现实世界中的人、事、物，都有着众多的特征和千丝万缕的联系，这一切都通过数据来描述和连接，数据实现了人与人、人与物、物与物之间的互联，形成了对现实世界的抽象。
- 数据驱动一切。数字化时代，在各种数字化技术的影响下，数据的特性和价值发生了很大的变化，从原来数据只是作为业务流程的输入和输出要素，转变为驱动企业经营和管理的要素。企业通过将各业务领域的数据进行收集、融合、加工、分析、挖掘，能够发现业务中的问题，帮助企业做出科学合理的决策。数据是客观的、清晰的，能够帮助企业化繁为简，通过复杂的流程看到商业的本质，更好地优化决策。例如，利用各类运营数据驱动精细化管理，利用客户数据、商品数据、销售数据等实现精准化营销，利用订单数据、商品数据、客户数据制订合理的生产计划。
- 数据重塑一切。数字化时代，数据的价值在于它不仅可以记录历史，还能预测未来。数据对各行各业正在产生天翻地覆的影响。在金融行业，企业通过多维度的数据采集与获取、数据的深度加工和应用，实现实时征信、风险审计、内部管理、精准推荐、客户预测、客户流失分析等诸多应用场景。在制造行业，企业通过对内部应用系统、外部电商平台、物联网以及相关产业链之间的数据打通和融合，探索和实践智能工厂、个性化定制、制造服务化、产业链全面协同等方面的应用，实现数据驱动业务。

7.4.1　数据驱动业务

在数据赋能业务的背景下，一线生产活动涉及生产线上的各个环节和过程，包括原材料采购、生产计划安排、生产设备运行、产品质量监控等。通过数据驱动一线生产活动，企业可以实现以下目标：

1）实时监控和预测：通过数据收集和监控系统，企业可以实时了解生产活动的状态和指标，及时发现问题和异常。同时，基于历史数据和模型，可以进行预测和预警，帮助企业提前做出调整和决策，避免生产中断和质量问题。

2）过程优化和改进：通过对生产数据的分析和挖掘，企业可以深入了解生产过程中的瓶颈和问题，并找到优化和改进的空间。例如，通过分析设备运行数据，可以识别设备故障的早期预警信号，避免停机和生产线的延误。

3）质量控制和产品追溯：数据驱动的一线生产活动可以帮助企业实现更精确的质量控制和产品追溯。通过数据采集和分析，可以监控生产过程中的关键指标和参数，确保产品符合质量标准。同时，通过数据追溯系统，可以查询产品的生产过程和原材料来源，提高产品质量和安全性。

4）绩效评估和决策支持：数据驱动的一线生产活动可以提供数据支持和指标评估，帮助企业进行绩效评估和决策。通过数据分析，可以评估生产活动的效率和成本，并制定相应的改进策略。同时，数据驱动的一线生产活动可以提供决策支持，帮助企业做出更准确和科学的决策。

7.4.2　数据赋能管理

数据赋能管理可以被定义为一种综合性的管理方法，即将数据应用于企业的经营管理活动中，以实现企业的高效运营和持续增长。数据赋能管理的内容包括以下几个方面：

1）数据驱动的决策：数据赋能管理强调基于数据的决策。企业可以建立数据驱动的决策模型和方法，帮助企业管理层和决策者基于数据进行准确、及时的决策。这包括利用数据分析和挖掘技术，从海量数据中发现趋势、模式和关联性，为决策提供科学依据。

2）数据支持的运营管理：数据赋能管理涉及数据在运营管理中的应用。企业可以建立数据支持的运营管理系统和流程，实现对生产、供应链、销售、客户关系等方面的数据监控、分析和优化。这有助于企业提高运营效率、降低成本，并优化客户体验。

3）数据驱动的市场营销：数据赋能管理强调数据在市场营销中的应用。企业可以建立数据驱动的市场营销策略和手段，通过对市场、客户和竞争对手的数据分析，实现精准定位、个性化营销和市场反馈的实时监测。这有助于企业提高市场竞争力和销售业绩。

4）数据驱动的创新和业务发展：数据赋能管理还强调数据在创新和业务发展中的应用。

通过总结和整理数据治理的知识，可以建立数据驱动的创新和业务发展模式，通过对市场趋势、用户需求和技术变革的数据分析，发现新的商机和业务模式，并实施创新项目和业务拓展计划。

随着数据收集和存储变得越来越简单和低价，即使是小公司也能拥有"大数据"，从而基于数据的整合、加工、处理、分析和挖掘，帮助企业发现业务中的问题，并帮助企业做出科学合理的决策。"数据驱动管理"的时代已经到来。

但是世间万物都存在不确定性，企业管理也一样。管理决策、数据分析都存在一定的不确定性，即便拥有了客观的数据分析，也无法保证决策结果完全正确。

企业管理中的不确定性来自影响企业管理决策的各种因素的快速变化和复杂性。这些因素包括企业内部管理因素（组织机构、人员、产品、业务流程、信息系统等），以及外部环境因素（竞争环境、政治环境、法律环境、经济环境等）。复杂性带来信息的膨胀和因素之间的因果关系模糊，快速变化使得决策难以跟上变化的速度。

数据分析中的不确定性来自数据收集、数据处理、数据分析等过程的不确定性，数据收集是否完整和齐全，数据处理是否合理和准确，数据分析是否及时和有效，结果的解读是否标准一致等，几乎每一个环节都存在不确定性。

不确定性让管理变得扑朔迷离，使各种表象掩盖了事实。如果企业管理者缺乏对信息和数据的洞察力，缺乏透过信息表象追溯本源的分析判断能力，缺乏大局观和对利弊差异的决断能力，缺乏对决策后可能产生的后果的预测预防及推算能力，那么即使有了客观完整的数据，也不会使企业管理变得简单。

数据能够为管理赋能，但也要清楚事物是动态变化的，任何预测都存在不确定性，必须结合现状和需求，通过"数据和业务的双引擎驱动"循序渐进地推动企业的数字化转型。

数据赋能管理是指在管理和业务应用中发挥数据更大的价值，以数据驱动业务的落地。数据赋能管理的核心如下：

- 汇聚数据：完善企业内部信息数据化，采集外部数据。
- 治理数据：整合数据，对数据清洗、转换、分析。
- 应用数据：以数据为驱动力，将洞察结果应用到实际业务中去，推动企业业务和管理的创新。

7.4.3　商业模式创新

数据赋能业务下的商业模式创新是指通过数据的收集、分析和应用，为企业带来商业模式的创新和转型。商业模式创新可以从以下几个方面进行考虑：

1）数据驱动的商业模式创新：数据赋能业务可以通过数据的驱动来创新商业模式。数据驱动的商业模式创新是指基于数据的收集、分析和应用，重新设计和优化企业的价值创造方式，从而实现商业模式的创新和转型。

- 亚马逊通过大数据分析和个性化推荐系统，将用户的购买历史、浏览行为等数据进行分析，为用户提供个性化的购物体验和推荐产品。这种数据驱动的商业模式创新使得亚马逊能够更好地了解用户需求，提供更精准的产品推荐，从而提高销售额和用户满意度。

- 谷歌通过数据的收集和分析，构建了强大的搜索引擎和广告平台，为用户提供准确的搜索结果和个性化的广告服务。谷歌利用大数据分析技术，实时分析用户的搜索行为和兴趣偏好，从而为广告主提供更精准的广告投放，实现商业模式创新和盈利增长。
- Uber 通过大数据分析和智能算法，将乘客的位置信息、交通状况等数据进行实时分析和优化，提供更高效、便捷的打车服务。通过数据驱动的商业模式创新，Uber 成功打破传统出租车行业的壁垒，实现了共享经济的商业模式创新。

2）数据资产和价值创造：数据赋能业务可以将数据视为企业的重要资产，并通过数据的分析和应用来创造价值。数据资产和价值创造是指通过数据的整合、挖掘和利用，实现企业的价值创造和增长，从而推动商业模式的创新和发展。

- Netflix 通过大数据分析和个性化推荐算法，深入了解用户的观影偏好和行为习惯，从而为用户提供个性化的内容推荐。Netflix 将数据视为重要资产，并通过数据的分析和应用来创造价值，提高用户满意度和订阅率。
- 金融机构通过数据的收集和分析，了解客户的风险偏好、投资偏好等信息，从而为客户提供个性化的金融产品和服务。金融机构将数据视为重要资产，并通过数据的分析和应用来创造价值，提高客户满意度和业务收益。

3）数据驱动的市场洞察：数据赋能业务可以通过数据的分析和应用，获得更深入、准确的市场洞察。数据驱动的市场洞察是指基于数据的分析和应用，发现市场的需求和趋势，从而为企业的产品、服务和营销策略提供指导，推动商业模式的创新和优化。

- 电商企业通过对用户的购买行为、浏览历史、搜索关键词等数据进行分析，可以了解用户的偏好、需求和购买意向。通过对这些数据的应用，电商企业可以更准确地进行用户画像和市场细分，从而针对不同的用户群体进行个性化推荐和精准营销。
- 零售企业通过对销售数据、库存数据、顾客反馈等数据进行分析，可以了解产品的热销趋势、库存状况和顾客满意度。通过对这些数据的应用，零售企业可以更深入地了解市场需求和竞争环境，优化产品组合、调整库存策略，提高销售额和市场份额。

4）数据合作和生态系统建设：数据赋能业务可以通过数据的合作和共享，构建开放、协同的数据生态系统。数据合作和生态系统建设是指企业通过与合作伙伴共享数据，构建数据共享平台和生态系统，实现数据的跨界融合和创新，从而推动商业模式的创新和升级。

- 金融行业的数据共享可以帮助银行、保险公司和投资机构更好地了解客户的财务状况和风险偏好，提供更准确的金融服务和产品。
- 医疗行业的数据共享可以确保患者隐私的保护和医疗数据的安全共享，促进医疗机构之间的合作和协同。
- 共享经济平台可以通过共享用户数据和交易数据，为用户提供个性化的服务和优惠，同时也可以帮助合作伙伴企业更好地了解用户需求和市场趋势。

7.5　数据分析关键技术

数据分析是指在强大的支撑平台上运行分析算法，并发现隐藏在大数据中的潜在价值的过程。从异构数据源抽取和集成的数据构成了数据分析的原始数据，而大数据分析的核心问题是如何对这些数据进行有效表达、解释和学习。因此，目前学术界一般认为数据可视化、自动化数据建模和情景感知是数据分析过程中的核心环节。而在数据分析过程中的核心环节通常关注数据可视化、统计分析、机器学习和知识图谱等关键技术。

7.5.1　数据可视化

根据不完全统计，数据可视化技术超过了百种。如果将不同的技术进一步细分，则达到上千种，以折线图为例，即存在数十种变种，适用于不同场景。本小节首先介绍数据可视化的定义，然后介绍数据可视化的特征，接下来从方法层面介绍基本满足常用数据可视化需求的通用技术，根据可视化目标分类介绍，最后根据大数据的特点，分别介绍相关的大规模数据可视化、时序数据可视化以及数据可视化技术的应用场景。

1．数据可视化的定义

数据可视化是指有效处理大规模、多类型和快速变化的数据的图形化交互式探索与显示技术。其中，"有效"是指在合理时间和空间开销范围内，"大规模、多类型和快速变化"是指所处理数据的主要特点，"图形化交互式探索"是指支持通过图形化的手段交互式分析数据，"显示技术"是指对数据的直观展示的技术。

数据可视化是大数据系统必要组成之一。根据可视化的目的不同，将可视化分为可视化探索、可视化评估和可视化解释。可视化探索即大数据场景下的"探索式数据分析"，通过可视化对原始数据进行交互式分析，例如数据分布；可视化评估即大数据场景下的"数据与模型调试"，评估数据分析和机器学习方法的有效性；可视化解释即大数据场景下的"信息可视化"，用于知识的交流与传播。

2．数据可视化的特征

数据可视化可以分为 3 个特征，即功能特征、使用人群特征、应用场景特征。

（1）功能特征

从功能特征上看，数据可视化首先要做到艺术呈现，要美观。其次高效传达，保证可视化系统是有用的。最后允许用户根据自身业务需求交互，自行挖掘数据背后的规律。

（2）使用人群特征

从使用人群特征上看，数据可视化系统一般分为 3 类：第一类是运维监测人员；第二类是分析调查人员；第三类是智慧决策人员。在构建系统时要从用户角度来思考，掌握数据之间的整体规律，从而真正帮助用户做出科学的决策。

（3）应用场景特征

从应用场景特征上看，可视化系统也可以分为 3 类：第一类是监测指挥，即指挥监控中心；第二类是分析研判，与分析人员有关，常用在特定的交互分析环境上，更偏向业务应用的场景；第三类是汇报展示，更多的是在汇报工作时使用。

3．常用的数据可视化技术

数据可视化技术在应用过程中，多数不是技术驱动，而是目标驱动。比如分析飞行器气动特性，关注其周围涡结构，其目的是通过涡结构可视化分析飞行器流场数值，反映其动力学特征。再如某公司需要查看公司近期业绩，其目标是对比不同时期公司业绩数据。目前业界广泛使用根据数据可视化目标分类的数据可视化方法。数据可视化目标抽象为对比、分布、组成以及关系。

1）对比：比较不同元素之间或不同时期之间的值。对于不同元素，可以根据元素包含的变量数目分为单元素多变量和单元素单变量。如果是单元素多变量，例如两个企业自身不同产品销量对比，可以采用多变量柱状图。如果是单元素单变量，例如多个企业产值对比，可以采用柱状图。比较不同时刻之间的值，可以根据时间长短细分：如果是长期时序数据，可以根据是否有周期性分别采用周期面积图和折线图；如果是短期时序数据，可以根据类别多少分别采用折线图和柱状图。

2）分布：查看数据分布特征。分布是数据可视化最为常用的场景之一，常用于数据异常发现、数值过滤和数据基本统计性特征分析。单个变量的分布，根据数据点数量多少分别采用折线图和柱状图。两个变量的分布可以采用散点图。多个变量的分布可以采用平行坐标方法。

3）组成：查看数据静态或动态组成。动态组成可以根据数据特点分为短期数据和长期数据。对于短期数据，根据关注相对比例或绝对组成可以分别采用堆叠比例柱状图和堆叠柱状图；对于长期数据，同样根据关注相对比例或绝对组成可以分别采用堆叠比例面积图和堆叠面积图。对于静态组成：如果是简单的总体组成，可以采用饼状图；如果关注相对整体的增减可以采用瀑布图；如果组成元素包含子元素，可以采用堆叠比例柱状图；如果关注组成及其绝对差，可以采用树图。

4）关系：查看变量之间的相关性。这常常用于基于统计学相关性分析方法，通过视觉结合使用者专业知识与场景需求判断多个因素之间的影响关系。根据变量的多少进行划分：若是 2 个变量，可以采用散点图；若是 3 个变量，可以采用气泡图，用散点半径表征第 3 个变量；超过 3 个变量，可以采用平行坐标方法。

4. 大规模数据可视化

大规模数据可视化一般认为是处理数据规模达到 TB 或 PB 级别的数据，常用于科学计算数据，例如气象模拟、数值风洞、核模拟、洋流模拟、星系演化模拟等领域。如图 7-2 所示，该数据模拟了航空领域三段翼周围流场结构，单时间步数据规模达到 30GB，通过大规模数据可视化，可以有效显示机翼周围各尺度涡结构、分布和变化趋势。

经过数十年的发展，大规模数据可视化取得了显著成果，本书重点介绍大规模数据可视化中的并行可视化和原位可视化。

1）并行可视化。并行可视化通常包括 3 种并行处理模式，分别是任务并行、流水线并行、数据并行。任务并行将可视化过程分为独立的子任务，同时运行的子任务之间不存在数据依赖。各子任务分别进行并行的可视化处理，最后进行合成。这一模式的优点是可以根据任务划分子任务并进行并行处理，缺点是当子任务不均匀时等待时间较长，存在资源浪费，且如果子任务时间存在较多的数据依赖，也将显著影响并行性能。流水线并行采用流式读取数据片段，将可视化过程分为多个阶段，计算机并行执行各个阶段，加速处理过程。这一模式的优点是可以充分利用计算机的硬件资源，缺点是处理过程受限于最慢阶段的耗时。数据并行是一种"单程序多数据"方式，将数据划分为多个子集，然后以子集为粒度并行执行程序，以处理不同的数据子集。这一模式的优点是可以实现高并行度，缺点是当数据之间的处理存在依赖时将导致等待耗时。

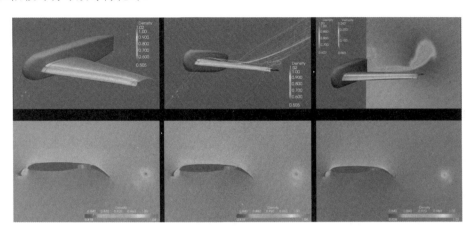

图 7-2　航空领域三段翼周围流场结构模拟

2）原位可视化。数值模拟过程中生成可视化，用于缓解大规模数值模拟输出瓶颈。根据输出不同，原位可视化分为图像、分布数据、压缩数据与特征。输出为图像的原位可视化，在数值模拟过程中，将数据映射为可视化，并保存为图像。输出为分布数据的原位可视化，根据使用者定义的统计指标，在数值模拟过程中计算统计指标并保存，后续进行统计数据可视化。输出为压缩数据的原位可视化采用压缩算法降低数值模拟数据输出规模，将压缩数据作为后续可视化处理的输入。输出为特征的原位可视化采用特征提取方法，在数值模拟过程中提取特征并保存，将特征数据作为后续可视化处理的输入。

5．时序数据可视化

快速变化是大数据的典型特征，可视化数据的时间维度特征是一个有趣的研究课题。一方面，人具有直接感知空间的器官，例如眼睛，但缺少直接感知时间的器官；另一方面，虽然在空间维度，人可以前进和后退，但是在时间维度，人只能向前，不能后退。这些构成了时序数据可视化对于人的互补性，帮助人类通过数据的视角观察过去、预测未来，例如建立预测模型，进行预测性分析和用户行为分析。常用时序数据可视化方法如图 7-3 所示。

面积图可显示某时间段内量化数值的变化和发展，常用来显示趋势，而非表示数值。气泡图可以将其中一条轴的变量设置为时间，或者把数据变量随时间的变化用动画来显示。蜡烛图通常用作交易工具，用来显示和分析证券、衍生工具、外汇货币等商品随着时间的变化而产生的价格变动。

甘特图通常用作项目管理的组织工具，显示活动（或任务）列表和持续时间，也显示每项活动何时开始和结束。热图通过色彩变化来显示数据。当应用在表格时，将其中一行或列设为时间间隔，热图也可用于显示数据随时间的变化。直方图适合用来显示在连续间隔或特定时间段内的数据分布，其中每个条形表示每个间隔或时间段中的频率。直方图的总面积相当于数据总量。

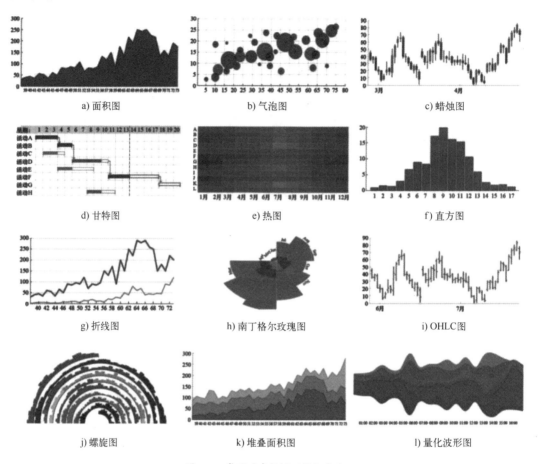

a) 面积图　　　　　　　b) 气泡图　　　　　　　c) 蜡烛图

d) 甘特图　　　　　　　e) 热图　　　　　　　f) 直方图

g) 折线图　　　　　　h) 南丁格尔玫瑰图　　　　　i) OHLC图

j) 螺旋图　　　　　k) 堆叠面积图　　　　　l) 量化波形图

图 7-3　常用时序数据可视化方法

折线图用于在连续间隔或时间跨度上显示定量数值，常用来显示趋势和关系。南丁格尔玫瑰图绘制于极坐标系之上，每个数据类别或间隔在径向图上划分为相等分段，每个分段从中心延伸多远（与其所代表的数值成正比）取决于极坐标轴，适用于周期性时序数据。与蜡烛图类似，OHLC 图通常用作交易工具，显示和分析货币、股票、债券等商品随时间的变化而产生的价格变动。

螺旋图是沿阿基米德螺旋线绘制基于时间的数据的图表，从螺旋的中心开始向外延伸。螺旋图十分多变，可使用条形、线条或数据点，沿着螺旋路径显示。堆叠面积图的原理与面积图相同，但它能同时显示多个数据系列，每一个系列的开始点是先前数据系列的结束点。量化波形图可显示不同类别的数据随着时间的变化而产生的变化，其形状类似河流，因此量化波形图看起来相对美观。

另外，如果将具有空间位置信息的时序数据可视化，常常将上述可视化方法与地图结合，例如轨迹图。

以上从方法层介绍了常用的时序数据可视化方法，结合具体数据与应用需求常常需要个性化定制，这也是诸多研究工作的创新之处。

6. 数据可视化技术的应用场景

数据可视化技术可以应用在任何希望通过数据看到更多知识和价值的地方。总体来说，数据可视化技术在组织数据和展示数据价值上都能起到重要作用。如今，随着数据在无数的研究和实践领域呈现爆发式增长，维度逐渐丰富，关联关系日益复杂，传统的文字或表格的展示很难全面有效地突出数据中蕴含的信息和规律，而数据可视化技术却能很好帮助人们在探索数据的过程中全面和清晰地认知数据。在整个分析过程中，数据可视化技术作为一种辅助工具，可以自主地探索和挖掘数据的价值，从而认知数据全貌和特征，获取信息并进行决策。正因为如此，交互式数据可视化作为一种新的形式应运而生，它使用户与数据可以进行更灵活的交互。

具体来说，首先，在数据认知阶段，企业管理者可以通过 BI 报表、可视化看板或者生产大屏等高效地认知数据的全貌，从生产、销售、财务、人力资源等各方面对各企业的整体运行情况有宏观的把控。其次，企业可以通过数据可视化有效地理解和洞察数据背后的商业活动和业务问题，例如，企业管理者可以有效地评价某次商业推广产生的效果，或者某次人事变动带来的影响。最后，企业决策者可以通过数据可视化敏锐地发现数据的特征，如规律、趋势、异常等，例如，当企业运行出现某些异常状况，可以尽早介入，防止情况的恶化。

接下来，简单介绍一下数据可视化技术在金融业、工业生产、现代农业、医学、教学科研、数据治理等领域的应用。

（1）数据可视化技术在金融业中的应用

1）数据分析和决策支持：数据可视化技术可以将大量的金融数据以图表、仪表盘或热图等形式展示，帮助金融专业人员更好地理解和分析数据。通过数据可视化，他们可以发现数据中的模式、趋势和异常，从而做出更明智的决策。

2）交易分析和监控：数据可视化技术可以帮助交易员和投资者实时监控市场情况，并分析交易数据。通过可视化图表和实时报表，他们可以追踪投资组合的表现、监测市场波动、识别交易机会和风险。

3）风险管理和合规监测：数据可视化技术可以帮助金融机构识别和管理风险。通过可视化仪表盘和图表，风险管理团队可以实时监测风险指标、识别潜在的风险事件，并采取相应的措施。此外，数据可视化技术还可以用于合规监测，帮助金融机构确保金融行为符合法规和政策要求。

4）客户洞察和个性化服务：数据可视化技术可以帮助金融机构了解客户需求和行为模式。通过可视化分析客户数据，金融机构可以洞察客户偏好、预测客户需求，并提供个性化的产品和服务。例如，数据可视化技术可以用于绘制客户旅程地图，帮助金融机构了解客户在不同阶段的需求和体验。

5）市场趋势和竞争分析：数据可视化技术可以帮助金融机构分析市场趋势和竞争情况。通过可视化图表和地理信息系统，它们可以对市场进行可视化分析，了解市场规模、增长趋势、竞争对手和潜在机会。这些信息可以帮助金融机构做出战略决策和市场定位。

（2）数据可视化技术在工业生产中的应用

1）生产监控和优化：数据可视化技术可以帮助工厂监控生产线的运行情况并实时获取数据。通过可视化仪表盘和图表，工厂管理人员可以追踪生产进度、监测设备状态和识别潜在问题。这些信息可以帮助他们优化生产流程、提高生产效率和质量。

2）故障诊断和维护：数据可视化技术可以帮助工厂识别设备故障并提供故障诊断。通过可视化图像和传感器数据，工厂维护人员可以快速定位故障点，并采取相应的维修措施。此外，数据可视化技术还可以提供设备维护计划和实时监测设备健康状况，以预防故障和延长设备寿命。

3）质量控制和检验：数据可视化技术可以帮助工厂实施质量控制和检验。通过可视化图表和图像处理技术，工厂质量控制人员可以分析产品质量数据、检测缺陷和识别异常。这些信息可以帮助他们改进生产过程、降低次品率、提高产品质量。

4）物流和供应链管理：数据可视化技术可以帮助工厂管理物流和供应链。通过可视化地图和实时仪表盘，工厂物流人员可以追踪物料流动、监控库存和协调供应链活动。这些信息可以帮助他们优化物流流程、减少库存成本并提高供应链效率。

5）培训和知识共享：数据可视化技术可以帮助工厂进行培训和知识共享。通过可视化图像、视频和虚拟现实技术，工厂员工可以学习操作技能、了解工艺流程和共享最佳实践。这些信息可以帮助他们提高工作效率、降低人为错误并加快技能培训。

（3）数据可视化技术在现代农业中的应用

1）农田管理和监测：数据可视化技术可以帮助农民和农场管理人员监测农田的生长情况和土壤状况。通过使用无人机、卫星图像或传感器数据，可以获取高分辨率的农田图像，以了解植物的生长状态、水分分布和营养状况。这些信息可以帮助农民优化灌溉和施肥策略，提高农作物产量和质量。

2）病虫害监测和预警：数据可视化技术可以帮助农民监测和预警病虫害的发生和传播。通过使用图像处理和机器学习算法，可以识别农作物病虫害，并及时采取相应的防治措施。此外，数据可视化技术还可以提供病虫害的分布图和预测模型，以帮助农民制定有效的防治策略。

3）智能灌溉和精准农业：数据可视化技术可以帮助农民实施智能灌溉和精准农业。通过使用传感器和可视化仪表盘，可以监测土壤湿度、气候条件和农作物需水量，并自动调节灌溉系统。此外，数据可视化技术还可以帮助农民进行农作物定位施肥、精准喷药和农作物生长模拟，以提高水资源利用效率和农作物产量。

4）农产品质量控制和溯源：数据可视化技术可以帮助农产品质量控制和溯源。通过使用图像处理和传感器技术，可以对农产品进行质量检测和分类。此外，数据可视化技术还可以提供农产品的溯源信息，包括种植地点、生产过程和运输路径，以确保农产品的安全性和可追溯性。

5）农业教育和培训：数据可视化技术可以帮助农民进行农业教育和培训。通过使用图像、视频和虚拟现实技术，可以提供农业知识和操作技能的培训。此外，数据可视化技术还可以帮助农民了解最新的农业科技和最佳实践，以提高农业生产效率和可持续性。

（4）数据可视化技术在医学中的应用

1）医学影像分析：数据可视化技术在医学影像分析中起着重要的作用。通过使用计算机视觉和图像处理技术，医生可以对医学影像（如 X 射线成像、CT、MRI 等）进行分析和诊断。数据可视化技术可以帮助医生更清晰地观察和理解影像中的解剖结构和病变，以提供更准确的诊断和治疗建议。

2）三维可视化和虚拟现实：数据可视化技术可以将医学数据转化为三维模型，并通过虚拟现实技术使医生能够以更直观的方式进行观察和操作。例如，医生可以使用虚拟现实设备来浏览和操纵人体器官的三维模型，以进行手术规划和模拟。

3）医学教育和培训：数据可视化技术在医学教育和培训中也有广泛的应用。通过使用图像、视频和虚拟现实技术，医学生和医生可以进行生理结构的学习和操作技能的培训。数据可视化技术可以提供逼真的模拟场景，帮助医学生和医生熟悉各种疾病和手术过程，提高他们的临床能力和决策水平。

4）医学数据可视化和分析：数据可视化技术可以帮助医生对大量的医学数据进行可视化和分析。通过使用数据可视化工具和技术，医生可以更好地理解和解释患者的生理参数、病历数据和实验结果。数据可视化技术可以帮助医生发现潜在的模式和关联，以支持临床决策和疾病管理。

5）远程医疗和医学图像传输：数据可视化技术可以支持远程医疗和医学图像传输。通过使用图像和视频传输技术，医生可以与患者进行远程会诊和诊断。数据可视化技术可以帮助医生观察和分析远程患者的症状和病情，并提供远程医疗建议和治疗方案。

（5）数据可视化技术在教学科研中的应用

1）数据可视化：数据可视化技术可以将复杂的数据转化为图表、图形或动画等形式，使教师和学生能够更直观地理解和分析数据。例如，在科学研究中，研究人员可以使用数据可视化技术将实验数据以可视化的方式呈现，帮助他们发现数据中的模式和趋势，从而得出科学结论。

2）交互式教学工具：数据可视化技术可以用于开发交互式的教学工具，使学生能够更主动地参与学习过程。例如，通过使用虚拟实验室或模拟软件，学生可以进行实验和操作，观察结果并进行分析。这样的交互式教学工具可以帮助学生更好地理解抽象的概念和原理。

3）虚拟现实和增强现实：数据可视化技术可以支持虚拟现实和增强现实的教学应用。通过使用虚拟现实设备或增强现实应用，学生可以身临其境地体验各种场景和情境，从而提高学习的参与度和效果。例如，学生可以使用虚拟现实设备来探索历史遗迹、观察分子结构或进行解剖学学习。

4）可视化编程和建模：数据可视化技术可以用于教授编程和建模的概念和技能。通过使用可视化编程工具，学生可以通过拖拽和连接图形化的代码块来学习编程思维和逻辑。同样，可视化建模工具可以帮助学生理解和应用建模的概念和方法。

5）数字艺术和设计：数据可视化技术可以用于数字艺术和设计的教学和创作。通过使用图像处理软件、动画制作工具和虚拟现实技术，学生可以学习和实践各种艺术和设计技巧，创作出具有视觉冲击力和创意的作品。

（6）数据可视化技术在数据治理中的应用

1）数据探索和分析：数据可视化技术可以将复杂的数据转化为图表、图形或可交互的界面，帮助数据管理人员更直观地探索和分析数据。通过可视化，数据管理人员可以发现数据中的模式、趋势和异常，从而更好地理解数据的含义和特征。

2）数据质量管理：数据可视化技术可以用于数据质量管理，帮助数据管理人员检测和修复数据质量问题。通过可视化的方式，数据管理人员可以更容易地发现数据中的错误、缺失、重复或不一致，并采取相应的措施进行数据清洗和修复。

3）数据监控和报告：数据可视化技术可以用于数据监控和报告，帮助数据管理人员实时了解数据的状态和变化。通过可视化的仪表盘或报告，数据管理人员可以快速获取关键指标和趋势，从而及时做出决策和调整。

4）数据隐私和安全：数据可视化技术可以用于数据隐私和安全管理。通过可视化，数据管理人员可以更好地理解数据的敏感性和风险，并采取相应的措施来保护数据的隐私和安全。例如，数据可视化技术可以帮助数据管理人员识别和监控潜在的数据泄露或安全漏洞。

5）数据可视化工具开发：数据可视化技术可以用于开发数据可视化工具，帮助数据管理人员和用户更方便地使用和操作数据。通过开发数据可视化工具，数据管理人员可以为用户提供直观、易用的界面，使其能够自主地进行数据管理和分析。

（7）数据可视化技术在其他领域的应用

数据可视化技术还可以应用于卫星运行监测、航班运行情况、气候天气、股票交易、交通监控、用电情况监控、城市应急指挥、智能园区打造、现代旅游等众多领域。其中：卫星可视化可以将卫星的运行数据进行可视化展示，让大众对卫星的运行一目了然；气候天气可视化可以将某地区的大气气象数据进行展示，让用户清楚地看到天气变化；城市应急指挥可视化可以集地理信息、视频监控、警力警情数据于一体，帮助管理者实现城市社会治安管理、安全防范、突发公共安全事情控制等功能；智能园区可视化可以把园区各个系统的数据融会贯通，用于综合管理、监控园区的整体运行态势，包括智能制造、智能楼宇、生产安全等可视化功能。

7.5.2 统计分析

1. 统计分析的定义

统计分析（Statistical Analysis）是指运用统计方法及与分析对象有关的知识，从定量与定性的结合上进行的研究活动，是商业智能的一个类型。统计分析是继统计设计、统计调查、统计整理之后一项十分重要的工作，涉及收集、审查业务数据和趋势报告等内容。

2. 统计分析的特征

掌握、了解统计分析的基本特征，对于进行数据统计分析具有重要的意义。对数据治理后的数据采用统计分析方法进行研究，是研究达到高水平的客观要求。应用统计分析方法进行科学研究，有以下几个基本特征：

1）直观性。现实世界是复杂多样的，其本质和规律难以直接把握。统计分析方法从现实情境中收集数据，通过次序、频数等直观、浅显的量化数字及简明的图表表现出来，并通过对这些数据的处理，将调研与客观世界紧密相连，从而提示和洞悉现实世界的本质及其规律。

2）可重复性。可重复性是衡量研究质量与水平的一个客观尺度，用统计分析方法进行的研究皆是可重复的。从课题的选取、抽样的设计，到数据的收集与处理，皆可在相同的条件下进行重复，并能对研究所得的结果进行验证。

3）科学性。统计分析方法以数学为基础，具有严密的结构，需要遵循特定的程序和规范，从确立选题、提出假设、进行抽样、具体实施，一直到分析解释数据、得出结论，都必须符合一定的逻辑和标准。

3．常用的统计分析方法

（1）线性回归

在统计学中，线性回归是一种通过拟合因变量（Dependent Variable）和自变量（Independent Variable）之间最佳线性关系来预测目标变量的方法。最佳拟合是通过确保每个实际观察点到拟合形状的距离之和尽可能小而完成的，指的是没有其他形状可以产生更小的误差了。线性回归的两种主要类型是简单线性回归（Simple Linear Regression）和多元线性回归（Multiple Linear Regression）。简单线性回归使用单一的自变量，通过拟合出最佳的线性关系来预测因变量；多元线性回归使用多个自变量，通过拟合出最佳的线性关系来预测因变量。

（2）分类

分类是一种数据挖掘技术，它通过确定一组数据所属的类别以实现更准确的预测和分析。分类有时候也称为决策树，是对大型数据集进行分析的利器之一。常用的分类方法有两种：逻辑斯谛回归（Logistical Regression）和判别分析（Discriminant Analysis）。

逻辑回归适用于因变量为二元变量时。像所有的回归分析一样，逻辑回归是一种预测性分析。逻辑回归用于描述数据并解释一个二元因变量与一个或多个名义、序列、时间间隔或比率独立变量之间的关系。逻辑回归可以回答以下问题：

● 每增加 1kg 体重和每天吸烟的包数如何影响患肺癌的概率？

● 热量摄入、脂肪摄入和年龄是否对心脏病发作有影响？

在判别分析中，先知道两个或多个分组或类别（Cluster），然后基于已测量的特征将一个或多个新观测对象分类到一个已知类别中去。判别分析在每个类别下分别对预测变量 X 的分布进行建模，然后使用贝叶斯定理将这些变量转换为给定 X 的对应类别的概率估计。判别分析分为以下两种：

1）线性判别分析（Linear Discriminant Analysis）为每个观测值计算"判别分数"来判断它应该属于哪个类别。判别分数是通过寻找自变量的线性组合得到的。它假设每个类别中的观测值都来自多元正态分布（高斯分布），并且预测变量的协方差在响应变量 Y 的所有 k 个水平上都相同。

2）二次判别分析（Quadratic Discriminant Analysis）提供了一个替代方法。与线性判别分析一样，二次判别分析假设每个类别的观察值都来自高斯分布。与线性判别分析不同的是，二次判别分析假设每个类别都有自己的协方差矩阵。换句话说，预测变量并未假设在 Y 中的

所有 k 个水平上都具有共同的方差。

（3）重采样方法

重采样方法（Resampling Method）是从原始数据中重复采集样本的方法，是一种非参数统计推断方法。换句话说，重采样方法不涉及使用通用分布表来计算近似的 p 概率值。

重采样方法根据实际数据生成一个唯一的采样分布。它使用实验方法而不是分析方法来生成唯一的采样分布。它产生的是无偏估计，因为它是基于研究人员研究的数据的所有可能结果生成的无偏样本。为了理解重采样方法，需要先理解术语 Bootstrapping 和交叉验证（Cross-Validation）。

Bootstrapping 在很多情况下是一种有用的方法，比如评估模型性能、模型集成、估计模型的偏差和方差等。它的工作机制是对原始数据进行有放回的采样，并将"没被选上"的数据点作为测试用例。可以这样操作多次，将平均得分作为对模型性能的评估。

交叉验证是评估模型性能的一种方法，它通过将训练数据分成 k 份，将 $k-1$ 份作为训练集，并将保留的那份作为测试集。以不同的方式将整个过程重复 k 次，最终取 k 个得分的平均值作为对模型性能的评估。

对于线性模型而言，普通最小二乘法是拟合数据的主要标准。不过，接下来的 3 种方法可以为线性模型提供更好的预测准确性和模型可解释性。

（4）子集选择

子集选择（Subset Selection）是先确定与因变量相关的 p 个自变量的一个子集，然后使用子集特征进行最小二乘估计，以进行模型拟合。

最优子集选择（Best-Subset Selection）对 p 个自变量的所有可能组合分别做最小二乘估计，查看最终的模型拟合效果，分为 2 个阶段：拟合所有包含 k 个自变量的模型，其中 k 是模型的最大长度；使用交叉验证误差来选出最佳模型。

使用测试误差或者验证误差而不是训练误差来评估模型很重要，因为 RSS（残差平方和）和 R^2 会随着变量的增加而单调增加。最好的方式是交叉验证并选择测试误差上 R^2 最高而 RSS 最低的模型。有以下三种方式：

1）向前逐步选择（Forward Stepwise Selection）：使用一个更小的自变量子集。它从一个不包含任何自变量的模型开始，将自变量逐个加入模型中，一次一个，直到所有自变量都进入模型。每次只将能够最大限度提升模型性能的变量加入模型中，直到交叉验证误差找不到更多的变量可以改进模型为止。

2）向后逐步选择（Backward Stepwise Selection）：在开始时包含全部 p 个自变量，然后逐个移除贡献最小的自变量。

3）混合方法（Hybrid Method）：遵循向前逐步选择原则，但是在每次添加新变量之后，该方法也可能移除对模型拟合没有贡献的变量。

（5）特征缩放

特征缩放（Feature Scaling）使用所有自变量拟合模型，但相对于最小二乘法，该方法会让一些自变量的估计系数向着 0 衰减。这种衰减又称正则化（Regularization），具有减少方差的作用。根据所使用的缩放方法，一些系数可能被估计为 0。因此，这个方法也用于变量选择。最常用的两种缩减系数方法是岭回归（Ridge Regression）和 L1 范数正则化（L1 Regularization 或 Lasso）。

岭回归与最小二乘法类似，但在原有项的基础上增加了一个正则项。和最小二乘法一样，岭回归也寻求使 RSS 最小化的参数估计，但当待估参数接近 0 时，它会有一个收缩惩罚。这个惩罚会促使缩减待估参数接近 0。就像主成分分析一样，岭回归将数据投影到 d 维空间，然后对比低方差（最小主成分）和高方差（最大主成分）的系数进行剔除和筛选。

岭回归至少有一个缺点：它的最终模型中包含全部 p 个自变量。惩罚项会让许多系数接近 0 但永远不为 0。这一点通常对预测准确性而言并不是问题，但它可能会使模型更难解释。L1 范数正则化克服了这个缺点，只要 s 足够小，它能强迫某些系数为 0。$s=1$ 就是常规的最小二乘法回归，当 s 接近 0 时，系数朝着 0 缩减。因此，正则化也相当于进行了变量选择。

（6）降维

降维（Dimension Reduction）将估计 $p+1$ 个系数减少为 $m+1$ 个系数，其中 $m<p$。这是通过计算变量的 m 个不同的线性组合或投影来实现的。然后，这 m 个投影被用作预测变量，使用最小二乘法来拟合线性回归模型。常用的两种降维方法分别是主成分回归（Principal Component Regression）和偏最小二乘（Partial Least Squares）法。

可以将主成分回归描述为从大量变量中导出低维特征集的方法。数据的第一主成分方向是观测值变化最大的方向。换句话说，第一主成分是一条尽可能拟合数据的直线，可以拟合 p 个不同的主成分。第二主成分是与第一主成分不相关的变量的线性组合，且方差最大。主成分分析的思想是使用正交方向的数据的线性组合来捕获数据中的最大方差。通过这种方式可以组合相关变量的影响，从可用数据中提取更多信息，而在常规最小二乘法中必须丢弃其中一个相关变量。

主成分回归能识别最能代表预测变量 X 的线性组合。这些组合（方向）以无监督的方式被识别，响应变量 Y 并未用于帮助确定主成分方向，因此不能保证最能解释预测变量的方向在预测上也是最好的（尽管通常都这样假定）。

偏最小二乘法是主成分回归的一种监督学习替代方式。它也是一种降维方法，首先识别一个新的较小的特征集，这些特征是原始特征的线性组合，然后通过对新的 m 个特征最小二乘拟合成线性模型。与主成分回归不同的是，偏最小二乘法会利用响应变量来识别新特征。

（7）非线性模型

在统计学中，使用非线性模型（Nonlinear Model）进行非线性回归是回归分析的一种形式，是通过一个或多个自变量的非线性组合函数来建模，数据用逐次逼近的方法进行拟合。下面是一些处理非线性模型的重要方法：

1）如果一个实数域上的函数可以用半开区间上的指示函数的有限次线性组合来表示，则它被称为阶跃函数（Step Function）。换一种不太正式的说法就是，阶跃函数是有限段分段常数函数的组合。

2）分段函数是由多个子函数定义的函数，每个子函数应用于主函数域的某一个区间上。分段实际上是表达函数的一种方式，而不是函数本身的特性，但是加上额外的限定条件，它也可以描述函数的性质。例如，分段多项式函数是这样一个函数，它是每个子域上的多项式，但每个子域上可能是不同的函数。

3）样条曲线（Spline Curve）是由多项式分段定义的特殊函数。在计算机图形学中，样条是指分段多项式参数曲线。因为它们的结构简单，拟合简易而准确，可以近似曲线拟合和交互式曲线设计中的复杂形状，所以样条曲线很流行。

4）广义可加模型（Generalized Additive Model）是一种广义线性模型，其中线性预测变量依赖于某些预测变量的未知光滑函数，侧重于这些光滑函数的推理。

（8）树形方法

树形方法（Tree-Based Method）可以用于回归和分类问题。这涉及将预测空间分层或分割成若干简单区域。由于用于分割预测空间的分裂规则集可以概括成树形，因此这类方法被称为决策树方法。下面的方法都是先生成多棵树，然后将这些树组合在一起以产生单个共识预测。

1）Bagging 是一种从原始数据生成额外的训练数据从而减少预测方差的方法，它通过使用重复的组合来生成与原始数据相同的多样性。通过增加训练集的大小，虽然不能提高模型的预测力，但可以减小方差，将预测调整到预期结果。

2）Boosting 是一种使用多个不同模型计算输出，然后使用加权平均法对结果进行平均的方法。通过改变加权公式，考虑这些模型的优点和缺陷，使用不同的微调模型，可以为更广泛地输入数据提供良好的预测力。

随机森林算法非常类似于 Bagging。它先采集训练集的随机 Bootstrap 样本，然后采集特征的随机子集来训练单棵树，而在 Bagging 时是给出每一棵树的全部特征。由于特征随机选择，因此与常规 Bagging 相比，树彼此之间更加独立。这通常会导致更好的预测性能（因为更好的方差偏差权衡），而且训练速度更快，因为每棵树只从特征的一个子集学习。

（9）支持向量机

支持向量机是一种分类技术，属于机器学习中的监督学习模型。通俗地说，它通过寻找超平面（二维中的线、三维中的平面和更高维中的超平面，超平面是 n 维空间的 $n-1$ 维子空间）以及最大边界（Margin）来划分两类点。从本质上讲，它是一个约束优化问题，因为其边界最大化受到数据点分布的约束（硬边界）。

"支持"这个超平面的数据点被称为"支持向量"。对于两类数据不能线性分离的情况，这些数据点将被投影到一个更高维的空间中，在这个空间里可能会线性可分。多分类问题可以分解为多个一对一或者一对其余类的二分类问题。

（10）无监督学习

到目前为止，只讨论了监督学习，即数据类别是已知的，算法的目标是找出实际数据与它们所属的类别之间的关系。当类别未知时，使用另一种方法——无监督学习，因为它让学习算法自己找出数据中的模式。聚类是无监督学习的一个例子，其中不同的数据被聚类为密切相关的分组。下面是最广泛使用的无监督学习算法。

1）主成分分析：通过识别一组具有最大方差和相互不相关的特征的线性组合来生成低维表示的数据集。这种方法有助于理解变量在无监督环境下的潜在的相互作用。

2）k-means 聚类：根据聚类中心点的距离将数据分为 k 个不同的聚簇。

3）层次聚类：通过创建一棵聚类树来构建多级分层结构。

7.5.3　机器学习

1. 机器学习的定义

机器学习是一种可以自动生成分析模型的数据分析方法，通过使用一定的算法多次迭代从现有的数据中进行学习，使计算机能够在没有被明确编程的情况下，从数据（Data）中提炼出信息。

机器学习是一门人工智能的科学，该领域的主要研究对象是人工智能，特别是如何在经验学习中改善具体算法的性能。机器学习是对能通过经验自动改进的计算机算法的研究。

机器学习是一种人工智能领域的技术，旨在使计算机系统通过学习和经验，从数据中自动识别模式、进行预测和决策，而无须显式地进行编程。通俗来说，机器学习就是让计算机从数据中学习，并根据学习到的知识来进行推断和决策。与传统的编程方式不同，机器学习的核心思想是从大量的数据中自动学习模式和规律，而不是通过人工编写规则和逻辑。通过使用算法和数学模型，机器学习可以从数据中提取特征，并根据这些特征进行预测、分类、聚类等任务。

机器学习的关键是数据学习，而不是显式的规则。它可以处理大规模和复杂的数据，发现数据中的隐藏模式和关联，从而提供有用的洞察和决策支持。机器学习在各个领域都有广泛的应用，如图像识别、语音识别、自然语言处理、推荐系统等。

2. 机器学习和人工智能的关系

机器学习重在寻找数据中的模式并使用这些模式来做出预测。机器学习是人工智能领域的一部分，并且和知识发现与数据挖掘有交集。

3. 机器学习常见的学习方法

使用最广泛的两大机器学习方法是监督学习（Supervised Learning）和无监督学习（Unsupervised Learning）。大多数的机器学习（大概70%）是监督学习，无监督学习占10%～20%。有时也会使用半监督（Semi-Supervised）和强化学习（Reinforcement Learning）这两个学习方法。

（1）监督学习

监督学习的算法利用带有分类标签（Label）的实例训练机器学习模型，例如一系列有关肿瘤良性或恶性的患者信息（年龄、性别、人种、体重等）的数据。通过将数据标记为"B"（Benign，良性）或"M"（Malignant，恶性），使算法收到了一系列有着对应正确输出值的输入数据，并通过对比模型实际输出和正确输出的多次模型修正迭代进行学习，以对模型进行修改，进而减小误差。通过分类、回归、预测和梯度上升的方式，监督学习方法使用模型来预测其他未被标记数据的标签值（例如，新增一个病例，肿瘤是否为恶性）。监督学习普遍应用于使用历史数据预测未来可能发生的事件中，例如，预测什么时候信用卡交易可能是欺诈性的，哪个保险客户可能提出索赔。

（2）无监督学习

无监督学习使用不带分类标签的数据，系统不会被告知"正确答案"，而算法必须自己搞明白这些数据呈现了什么，其目标是探索数据并找到一些内部结构。无监督学习对交易（事务性）数据的处理效果很好。例如，它可以识别有相同特征的顾客群（用于市场营销），或者找到将客户群彼此区分开的特征。流行的无监督学习方法包括自组织映射（Self-Organizing Map）、最近邻映射（Nearest-Neighbor Mapping）、k-means 聚类和奇异值分解（Singular Value Decomposition）。这些算法也用于对文本进行分段处理、推荐项目和确定数据的异常值。

（3）半监督学习

半监督学习的应用与监督学习相同，但它同时使用了有标签和无标签数据进行训练，即在通常情况下，学习的数据为少量的有标签数据与大量的未标记的数据（因为未标记的数据非常容易获得）。这种类型可以使用分类、回归和预测等学习方法。如果一个全标记的监督学习过程的相关标签的成本太高，可以使用半监督学习，例如使用网络摄像头识别人脸。

（4）强化学习

强化学习经常被用于机器人、游戏和导航。算法通过不断试错进行强化学习，使回报最大化。强化学习主要分为三个部分：代理（学习者或决策者）、环境（代理所接触到的一切）和行动（什么是代理可以做的）。强化学习的目标是在给定的时间内，使代理选择的行动回报最大化，即通过一个好的策略，使代理更快地达到目标。

4．机器学习的工作步骤

机器学习的工作步骤通常包括以下几点：

1）选择数据：对原始数据进行数据治理和清洗，去除异常值、缺失值等；将数据分成训练数据、验证数据和测试数据。训练数据用于构建模型，验证数据用于评估模型的性能，测试数据用于最终的模型评估。

2）模型训练：使用训练数据来构建模型。选择合适的算法，通过学习数据的模式和规律来建立模型。算法的选择和模型的建立是根据具体的机器学习任务和数据特征来确定的，可以使用各种机器学习算法，如决策树、支持向量机、神经网络等。

3）模型验证：使用验证数据来评估训练后的模型的性能。通过将验证数据输入到模型中，观察模型的预测结果与真实结果之间的差异，可以评估模型的准确性和泛化能力。根据验证结果，可以对模型进行调整和优化。

4）模型测试：使用测试数据对经过验证的模型进行最终的评估。测试数据是模型之前没有接触过的数据，用于检查模型在真实场景中的表现。通过比较模型的预测结果与真实结果，可以评估模型的性能。

5）使用模型：当模型通过验证和测试后，可以将完全训练好的模型应用于新的数据上进行预测。通过输入新数据，模型可以根据之前学习到的规律和模式进行预测或分类，提供有用的结果或决策支持。

6）模型调优：为了提升模型的性能表现，可以使用更多的数据、不同的特征或调整过的参数来进行模型调优。通过增加训练数据量、调整模型的超参数或使用更复杂的特征工程等方法，可以改善模型的准确性和泛化能力。

通过以上步骤的循环迭代，不断优化模型，可以逐步提高机器学习的预测和决策的准确性和可靠性，使其在各种应用场景中发挥作用。

5. 常见的几种机器学习技术

（1）线性回归和多项式回归

回归分析是一种用于对数值变量之间的关系进行建模的方法，其中包括线性回归和多项式回归。回归分析的目标是通过建立一个数学模型来描述自变量（输入变量）和因变量（输出变量）之间的关系。在回归分析中，我们假设输出变量（单一数值）可以被表示为一系列输入数值变量的线性或非线性组合，其中每个输入变量都有一个对应的权重。线性回归假设输出变量与输入变量之间的关系是线性的，即输出变量可以表示为输入变量的加权和；多项式回归则允许更复杂的关系，可以包含输入变量的高次项。为了建立一个准确的回归模型，我们需要利用模型的预测误差的度量进行迭代优化。常见的度量方法包括最小二乘法，即通过最小化预测值与实际观测值之间的差异来寻找最佳拟合线或曲线。通过回归分析，我们可以预测因变量的值，理解自变量对因变量的影响，并进行趋势分析和预测。回归分析在各个领域都有广泛的应用，如经济学、金融学、医学等。

（2）决策树

决策树是一种以树状流程图的形式展示决策的方法，它通过分支来展示一个决策的所有可能输出。决策树的构建基于数据中的实际值或属性，大部分决策树利用二分法，即每个节点根据某个属性的取值将数据分为两个子集。决策树可以用来处理分类和回归的问题。在分类问题中，决策树根据输入变量的特征将数据分成不同的类别，每个叶子节点代表一个类别。在回归问题中，决策树根据输入变量的特征对输出变量进行预测，每个叶子节点代表一个预测值。对于大规模数据，可以建立多个决策树的随机森林。随机森林是一种集成学习方法，它通过同时构建多个决策树，并将它们的输出进行综合，形成一个共识的决策，这样可以提高模型的准确性和鲁棒性。决策树具有直观、易于理解和解释的特点，同时可以处理多类别和多输出的问题，可用于各种领域，如医疗诊断、金融风险评估、客户分类等。

（3）神经网络

神经网络是受到生物神经系统（如大脑）信息处理方式的启发而发展起来的一种模型。它由大量互相联结的处理单元（神经元）组成，这些神经元共同工作来解决特定的问题，通常是一些分类或模式匹配的问题。在神经网络中，每个神经元都对决策结果进行"投票"，即根据输入的信息进行加权计算，然后将计算结果传递给下一层神经元。这种投票过程可能会激发另一个神经元进行投票，从而形成一个复杂的决策流程。最终，根据所有神经元投票的统计结果，可以生成一个相应结果的排名。神经网络的关键在于通过训练来调整神经元之间的连接权重，以使网络能够学习并适应输入数据的模式。通过反向传播算法，网络可以根据预测结果与实际结果之间的差异来更新权重，从而不断提高模型的准确性。神经网络具有强大的非线性建模能力，可以处理复杂的数据关系和抽象概念。它在图像识别、语音识别、自然语言处理等领域取得了很大的成功。

（4）贝叶斯网络

贝叶斯网络也被称为信念网络，是一种图形化结构，用于表征不确定领域的知识。在贝叶斯网络中，图形是一种因果关系的概率映射，其中每个节点代表一个随机变量，而节点之间的边表示这些变量之间的概率依赖关系。通过贝叶斯网络，我们可以描述和推断随机变量之间的条件依赖关系。假设我们有一个贝叶斯网络，其中一个节点表示"晚霞"，另一个节点表示"好天气"。通过统计和计算方法，我们可以估计出"晚霞"发生时，"好天气"的概率是75%，这意味着"晚霞"的出现可能会导致"好天气"的概率增加。贝叶斯网络的建立和推断基于贝叶斯定理，它允许我们根据已知的条件和观测到的证据来更新对未知事件的概率推断。通过收集和整合多个节点之间的条件依赖关系，贝叶斯网络可以帮助我们进行概率推理和决策。贝叶斯网络在许多领域都有广泛的应用，如医学诊断、风险评估、自然语言处理等，它可以帮助我们处理不确定性和缺乏完整数据的情况下的推理和决策问题。

（5）支持向量聚类

支持向量聚类是一种用于将数据集划分为两个或多个分组的聚类方法，旨在将数据组织成更有意义的集合。聚类的目标是找到数据点之间的相似性，并将它们分配到相应的簇中。例如，我们可以通过分析用户的相似购买行为将用户分组，以便更好地理解他们的偏好和需求。支持向量聚类的核心思想是通过识别包含一种类型的数据点的最小球面来完成聚类。该算法先将数据点映射到高维空间中，然后在该空间中找到一个最小球面，使得这个球面能够最好地包围同一类别的数据点。支持向量聚类通过最大化球面与数据点之间的间隔来确定最佳的聚类边界。与传统的聚类方法相比，支持向量聚类具有以下优势：

- 高维空间映射：支持向量聚类可以将数据点映射到高维空间中，从而更好地捕捉数据之间的非线性关系和复杂结构。
- 鲁棒性和泛化能力：支持向量聚类通过最大化球面与数据点之间的间隔，具有较强的鲁棒性和泛化能力，可以处理噪声数据和异常值。
- 稀疏性：支持向量聚类仅使用一小部分数据点作为支持向量，这使得算法更加高效，并且可以处理大规模数据集。

支持向量聚类在许多领域都有广泛的应用，如图像分割、文本聚类、生物信息学等。它可以帮助我们发现数据中的隐藏模式和结构，从而更好地理解数据集并做出更准确的决策。

（6）马尔可夫链

马尔可夫链是描述从一种"状态"（一种情形或者数值集合）到另外一种"状态"的数学系统。它假设未来的状态仅仅依赖于现在的状态，而与此之前的其他事件序列无关。例如，如果用一个马尔可夫链来模拟婴儿的行为，可能会包含"玩""吃""睡"和"哭"这些状态，这些状态与其他行为共同组成了一个状态空间，即一个所有可能状态的列表。除此之外，马尔可夫链还能得到一个状态跳跃或者转移到另外一个状态的概率，例如，婴儿从当前玩的状态到五分钟后睡着而不先哭的状态的概率。

7.5.4　知识图谱

1．知识图谱的定义

知识图谱目前并没有一个统一的定义，维基百科认为"知识图谱是谷歌用于增强其搜索引擎功能的知识库"，百度百科将其解释为"在图书情报界称为知识域可视化或知识领域映射地图，是显示知识发展进程与结构关系的一系列各种不同的图形，用可视化技术描述知识资源及其载体，挖掘、分析、构建、绘制和显示知识及它们之间的相互联系"。

本质上，知识图谱是一种揭示实体之间关系的语义网络，是结构化的语义知识库，用于以符号形式描述物理世界中的概念及其相互关系。其基本组成单位是"实体-关系-实体"三元组，以及实体及其相关"属性-值"对，实体间通过关系相互联结，构成网状的知识结构。通过知识图谱，可以实现 Web 从网页链接向概念链接转变，支持用户按主题而不是字符串检索，从而真正实现语义检索。基于知识图谱的搜索引擎，能够以图形方式向用户反馈结构化的知识，用户不必浏览大量网页，就可以准确定位和深度获取知识。

2．知识图谱的架构

知识图谱的架构包括知识图谱自身的逻辑结构以及构建知识图谱所采用的体系架构。

从逻辑上将知识图谱划分为两个层次：数据层和模式层。在知识图谱的数据层，知识以事实为单位存储在图数据库中。例如，谷歌的 GraphD 和微软的 Trinity 都是典型的图数据库。如果以"实体-关系-实体"或者"实体-属性-值"三元组作为事实的基本表达方式，则存储在图数据库中的所有数据将构成庞大的实体关系网络，形成知识的"图谱"。模式层在数据层之上，是知识图谱的核心。在模式层存储的是经过提炼的知识，通常采用本体库来管理知识图谱的模式层，借助本体库对公理、规则和约束条件的支持能力来规范实体、关系以及实体的类型和属性等对象之间的联系。本体库在知识图谱中的地位相当于知识库的模具，拥有本体库的知识库冗余知识较少。

知识图谱的体系架构是指其构建模式结构，如图 7-4 所示。知识图谱的构建过程需要随人的认知能力不断更新迭代。知识图谱的构建过程是从原始数据出发，采用一系列自动或半自动的技术手段，从原始数据中提取出知识要素（即事实），并将其存入知识库的数据层和模式层的过程。这是一个迭代更新的过程，根据知识获取的逻辑，每一轮迭代包含 3 个阶段：知识抽取、知识融合以及知识加工。

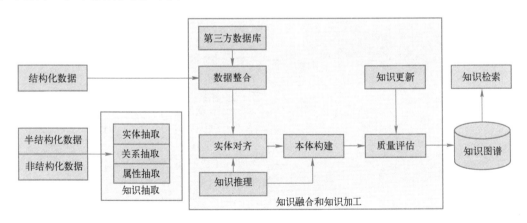

图 7-4　知识图谱的体系架构

知识图谱的构建过程可以分为自顶向下和自底向上两种方式。

自顶向下的构建过程如图 7-5 所示。首先从数据源中学习本体，得到术语、顶层的概念、同义和层次关系以及相关规则，然后进行实体学习，最后将实体纳入前面的概念体系中。

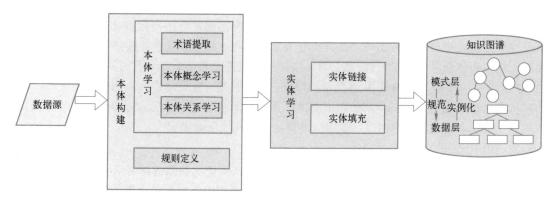

图 7-5　自顶向下构建知识图谱

　　自底向上的构建过程与此相反，从归纳实体开始，进一步进行抽取，逐步形成分层的概念体系，如图 7-6 所示。在实际的构造过程中，可以混合使用两种方式，来提高实体抽取的准确度。

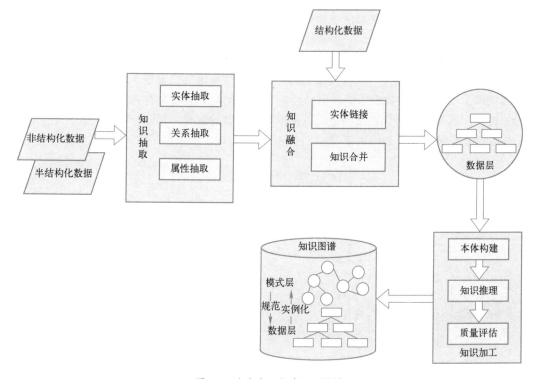

图 7-6　自底向上构建知识图谱

　　3．知识图谱的构建技术

　　构建知识图谱的过程是一个迭代更新的过程，每一轮更新包括三个步骤：一是知识抽取，即从各种类型的数据源中提取出实体（概念）、属性以及实体间的相互关系，在此基础上形成本体化的知识表达；二是知识融合，在获得新知识之后，需要对其进行整合，以消除矛盾和歧义，比如某些实体可能有多种表达，某个特定称谓也许对应于多个不同的实体等；三是知识加工，对于经过融合的新知识，需要经过质量评估之后（部分需要人工参与甄别），才能将合格的部分加入到知识库中，以确保知识库的质量。新增数据之后，可以进行知识推理，以拓展现有知识、得到新知识。

（1）知识抽取

知识抽取主要是指面向开放的链接数据，通过自动化的技术抽取出可用的知识单元，并以此为基础，形成一系列高质量的事实表达，为上层模式层的构建奠定基础。知识单元主要包括实体（概念的外延）、关系以及属性 3 个知识要素。知识抽取涉及的关键技术包括实体抽取、关系抽取和属性抽取。

1）实体抽取。早期的实体抽取也称为命名实体学习（Named Entity Learning）或命名实体识别（Named Entity Recognition），指的是从原始语料中自动识别出命名实体。由于实体是知识图谱中的最基本元素，其抽取的完整性、准确率、召回率等将直接影响知识库的质量。因此，实体抽取是知识抽取中最为基础与关键的一步。

实体抽取的方法分为三种：基于规则与词典的方法、基于统计机器学习的方法以及面向开放域的抽取方法。基于规则与词典的方法通常需要为目标实体编写模板，然后在原始语料中进行匹配。基于统计机器学习的方法主要是通过机器学习的方法对原始语料进行训练，然后利用训练好的模型去识别实体。面向开放域的抽取方法旨在开发更为灵活和自动化的技术处理来自广泛领域的数据，以实现在不同上下文中有效地识别和分类实体。这些方法通过减少人工干预、利用先进的机器学习技术以及迭代优化模型，提高了实体抽取的效率和准确性。

2）关系抽取。关系抽取是将文本中实体间的语义关系识别出来，完成对实体间的语义联系。关系抽取主要有三种方法：无监督的关系抽取、半监督的关系抽取和有监督的关系抽取。知识图谱的基本构成元素就是实体和实体间的语义关系，因此关系抽取也是知识图谱构建中的一个重要环节。关系抽取和实体抽取类似，都属于知识图谱构建流程中的知识获取模块。一般来说，关系抽取是在抽取出实体的基础上再对实体间的关系进行抽取，但如此串行就可能引起前面步骤的错误，造成误差放大，降低抽取准确率。因此，近年来提出了几种联合抽取模型，在抽取实体时一同抽取实体间的关系，即使用两个神经网络分别作为对应的分类器对两种抽取内容进行联合编码抽取。

3）属性抽取。属性抽取主要是针对实体而言的，通过属性可形成对实体的完整勾画。由于实体的属性可以看成是实体与属性值之间的一种名称性关系，因此可以将实体属性的抽取问题转换为关系抽取问题。实验表明，该算法的抽取准确率可达到 95%。大量的属性数据主要存在于半结构化、非结构化的大规模开放域数据集中。抽取这些属性的方法：一种是将抽取的结构化数据作为可用于属性抽取的训练集，然后再将抽取模型应用于开放域中的实体属性抽取；另一种是根据实体属性与属性值之间的关系模式，直接从开放域数据集上抽取属性，但是由于属性值附近普遍存在一些限定属性值含义的属性名等，因此该抽取方法的准确率并不高。

（2）知识融合

通过知识抽取，实现了从非结构化和半结构化数据中获取实体、关系以及实体属性信息的目标，然而，这些结果中可能包含大量的冗余和错误信息，且数据之间的关系也是扁平化的，缺乏层次性和逻辑性，因此有必要对其进行清理和整合。知识融合包括两部分内容：实体链接和知识合并。通过知识融合，可以消除概念的歧义，剔除冗余和错误概念，从而确保知识的质量。

1）实体链接。实体链接（Entity Linking）是指对于从文本中抽取得到的实体对象，将其链接到知识库中对应的正确实体对象的操作。实体链接的基本思想是根据给定的实体指称项，从知识库中选出一组候选实体对象，然后通过相似度计算将指称项链接到正确的实体对象。早期的实体链接研究仅关注如何将从文本中抽取到的实体链接到知识库中，忽视了位于同一文本的实体间存在的语义联系。近年来，学术界开始利用实体的共现关系，同时将多个实体链接到知识库中，称为集成实体链接。实体链接的一般流程是：首先，从文本中通过实体抽取得到实体指称项；然后进行实体消歧和共指消解，判断知识库中的同名实体与之是否代表不同的含义，以及知识库中是否存在其他命名实体与之表示相同的含义；最后，在确认知识库中对应的正确实体对象之后，将该实体指称项链接到知识库中的对应实体。

2）知识合并。构建知识图谱时，可以从第三方知识库产品或已有结构化数据获取知识输入。例如，关联开放数据（Linked Open Data）项目会定期发布其经过积累和整理的语义知识数据。除了关系数据库之外，还有许多以半结构化方式存储（如 XML、CSV、JSON 等格式）的历史数据也是高质量的知识来源，可以采用 RDF 数据模型将其合并到知识图谱当中。

（3）知识加工

要想最终获得结构化、网络化的知识体系，还需要经历知识加工的过程。知识加工主要包括三方面内容：本体构建、知识推理和质量评估。

1）本体构建。本体（Ontology）是对概念进行建模的规范，是描述客观世界的抽象模型，以形式化方式对概念及其之间的联系给出明确定义。本体构建是构建知识图谱的模式层，从最顶层的概念开始构建顶层本体，然后细化概念和关系，形成结构良好的概念层次树，需要利用一些数据源提取本体，即本体学习。

2）知识推理。知识推理是在已有的知识库基础上进一步挖掘隐含的知识，从而丰富、扩展知识库。在推理的过程中，往往需要关联规则的支持。由于实体、实体属性以及关系的多样性，很难穷举所有的推理规则，一些较为复杂的推理规则往往是手动总结的。知识推理的对象可以是实体、实体的属性、实体间的关系、本体库中概念的层次结构等。知识推理方法主要分为基于逻辑的推理与基于图的推理两种类别。

3）质量评估。基于本体形成的知识库不仅层次结构较强，并且冗余程度较小。由于技术的限制，得到的知识元素可能存在错误，因此在将知识加入知识库以前，需要有一个评估过程。通过对已有知识的可信度进行量化，保留置信度高的知识来确保知识库的准确性。例如：有研究采用人工标注的方式对 1000 个句子中的实体关系三元组进行了标注，并以此作为训练集，使用逻辑斯谛回归模型计算抽取结果的置信度；谷歌的 Knowledge Vault 项目则根据指定数据信息的抽取频率对信息的可信度进行评分，然后利用从可信知识库中得到的先验知识对可信度进行修正，实验结果表明，该方法可以有效地降低对数据信息正误判断的不确定性，提高知识的质量。

4. 知识图谱的应用

知识图谱为互联网上海量、异构、动态的大数据表达、组织、管理以及利用提供了一种更为有效的方式，使得网络的智能化水平更高，更加接近人类的认知思维。目前，知识图谱已在语义搜索、智能问答、个性化推荐以及一些垂直行业中有所应用，成为支撑这些应用发展的动力源泉。

（1）语义搜索

知识图谱是语义搜索（也称为语义检索）的"大脑"。传统搜索引擎基于用户输入的关键词检索后台数据库中的 Web 网页，将包含搜索关键词的网页的链接反馈给用户。语义搜索则将用户输入的关键词映射至知识图谱中的一个或一组实体或概念，然后根据知识图谱中的概念层次结构进行解析和推理，向用户返回丰富的相关知识。谷歌提出语义搜索后，国内百度的"知心"与搜狗的"知立方"也致力于利用知识图谱技术提升用户的搜索体验。基于知识图谱的语义搜索能够实现以下功能：

1）以知识卡片的形式提供结构化的搜索结果。例如，当用户搜索四川大学时，知识卡片呈现出的内容有学校的地址、邮编、简介、创办年份等相关信息。

2）理解用户用自然语言描述的问题，并且给出相应的答案，即简单的智能问答。例如，当用户在搜索中以提问的方式输入"世界上最大的湖泊是什么"，反馈的页面能够精确地给出里海相关的信息。

3）通过已有知识图谱中实体的关联，扩展用户搜索结果，发现更多内容，反馈丰富的关联结果。例如，当用户搜索达·芬奇时，除了达·芬奇的个人简介之外，语义搜索还能返回他的相关画作《最后的晚餐》《蒙娜丽莎》及其相关人物等信息。

（2）智能问答

智能问答是指用户以自然语言提问的形式提出信息查询需求，系统依据对问题的分析，从各种数据资源中自动找出准确的答案。智能问答系统是一种信息检索的高级模式，能提升效率、降低人工参与成本。智能问答系统将知识图谱视为一个大型知识库，首先对用户使用自然语言提出的问题进行语义分析和语法分析，其次将其转化成对知识图谱的查询，最后在知识图谱中查询答案。

（3）个性化推荐

个性化推荐是指基于用户画像，不同的用户会看到不同的推荐结果，有着重要的商业价值。电子商务网站是运用个性化推荐的最典型的应用，能通过行业知识图谱的丰富知识帮助实现精准营销与推荐。例如：基于商品间的关联信息以及从网页抽取的相关信息，构建知识图谱，当用户输入关键词查看商品时，基于知识图谱向用户推荐可能需要的相关知识，包括商品结果、使用建议、搭配等，通过"你还可能感兴趣的有""猜您喜欢"或者"其他人还在搜"进行相关的个性化推荐。推荐算法可以自主分析用户历史行为以及用户、项目之间的关系，分析出用户的偏好，并基于此偏好，为用户提供个性化推荐服务，满足用户个性化需求。

5．知识图谱技术面临的挑战

知识图谱技术可以使人们更加便捷、准确地获取自己需要的信息，具有重大的价值和研究意义。在未来信息爆炸的世界中，知识图谱技术作为人们访问知识信息的接口，将扮演越来越重要的角色。显然，现有的知识图谱技术还远不能满足人们的应用需求，构建一个健壮的、完善的知识图谱系统仍然面临诸多的挑战。

信息抽取还普遍存在算法准确性和召回率低、限制条件多、扩展性不好的问题。因此，要想建成面向全球的知识图谱系统，第一个挑战来自开放域信息抽取，主要的问题包括实体抽取、关系抽取以及属性抽取。其中，多语种、开放领域的纯文本信息抽取问题是当前面临的重要挑战。

知识融合的挑战主要有两点：数据质量上，通常会有命名模糊、数据格式不一致、同一实体的不同名称差异性；数据规模上，数据量大（并行计算）、数据种类多、不同关系所连接的同一实体等。

知识加工是最具特色的知识图谱技术，同时也是该领域最大的挑战。主要的研究问题包括：本体的自动构建、知识质量评估手段、推理的方法和应用、知识推理技术的创新。目前，本体的自动构建问题的研究焦点是聚类问题。对知识质量评估手段问题的研究则主要关注建立完善的质量评估技术标准和指标体系。知识推理的方法和应用研究是当前该领域最困难的问题，同时也是最吸引人的问题，需要突破现有技术和思维方式的限制。知识推理技术的创新也将对知识图谱的应用产生深远影响。

知识图谱技术面临的最基本的挑战是如何解决知识的表达、存储与查询问题，这个问题将伴随知识图谱技术发展的始终，对该问题的解决将反过来影响上述挑战和问题。当前的知识图谱主要采用图数据库进行存储，在受益于图数据库带来的查询效率的同时，也失去了关系数据库的优点，如 SQL 语言支持和集合查询效率等。在查询方面，如何处理自然语言查询，对其进行分析推理，翻译成知识图谱可理解的查询表达式以及等价表达式等也都是知识图谱应用需要解决的关键问题。

本章小结

本章主要阐述了以下几个方面：数据分析的概念，涉及数据的收集、整理、清洗、转换和分析，用以揭示数据中的模式、趋势和关联，从而支持决策和解决问题；数据共享的概念、模式、主要活动和步骤，以及数据共享的价值评估方式；数据开放的概念、主要活动、价值评估等；数据赋能业务的典型场景；数据分析的关键技术，包括数据可视化、统计分析、机器学习、知识图谱等。

本章习题

1．数据分析的目标是什么？

2．数据分析的过程包括哪些步骤？

3. 数据分析可以借助哪些工具和技术来实现?

4. 数据治理和数据质量在数据分析中的作用是什么?

5. 数据分析可以应用于哪些领域和行业?

6. 数据分析的方法有哪些?

7. 数据共享的概念是什么?

8. 数据共享应该遵循的原则是什么?

9. 数据共享的主要活动有哪些?

10. 数据开放和数据共享的区别有哪些?

11. 数据开放的主要活动是什么?

12. 数据开放的价值有哪些?

13. 数据赋能业务的典型场景是什么?

14. 数据连接一切是指什么?

15. 数据驱动一切是指什么?

16. 数据重塑一切是指什么?

17. 数据赋能业务中的数据驱动一线生产活动有哪些作用?

18. 数据赋能管理和商业模式创新是什么?

19. 数据赋能业务对各行各业有哪些重大影响?

第 8 章

数据治理价值评估

数据治理价值评估是数据治理体系中的一个重要环节，旨在评估数据治理实践的效果和价值。通过数据治理价值评估，组织可以了解其数据治理工作的成果，并确定数据治理对组织业务目标的贡献程度。评估结果可以为组织提供有关数据治理实践的反馈和建议，帮助组织改进其数据治理策略和实践，以更好地实现业务目标。

8.1　数据治理价值评估的概念

数据治理价值评估是指通过评估和量化数据治理实践的效益和价值，帮助组织了解数据治理对业务和组织的影响，从而更好地决策和规划数据治理项目和策略。它是一种系统性的评估方法，旨在量化数据治理的投资回报和成本效益，并评估其对业务流程改进、数据质量提升、风险管理和组织能力的影响。

数据治理价值评估包括以下几个方面：

1）业务价值评估：评估数据治理对业务活动的影响和贡献。这包括评估数据治理对业务流程的改进、决策的准确性和效率的提升、业务创新和增长的支持等方面的影响。通过分析数据治理对业务的直接价值和间接价值，可以帮助组织确定数据治理的优先级和关注点。

2）成本效益评估：评估数据治理的成本和效益。这包括评估数据治理带来的成本节约、效率提升和风险降低等方面的效益，以及与实施数据治理相关的成本和投资回报。通过比较数据治理的成本和效益，可以帮助组织确定数据治理的可行性和优化方案。

3）风险管理评估：评估数据治理对风险管理的贡献。这包括评估数据治理对数据安全、合规性和隐私保护等方面的风险管理效果，以及识别和评估数据治理过程中的潜在风险。通过评估数据治理对风险的控制和管理效果，可以帮助组织提高数据治理的可信度和可持续性。

4）组织能力评估：评估组织在数据治理方面的能力和成熟度。这包括评估组织在数据治理策略、组织结构、流程和技术等方面的能力和成熟度，以及评估组织在数据治理实践中的持续改进和学习能力。通过评估组织的数据治理能力，可以帮助组织确定数据治理的发展方向和培养重点。

5）持续改进评估：评估数据治理的持续改进效果。这包括评估数据治理在实施过程中的改进和优化效果，以及评估数据治理对组织的学习和创新能力的促进效果。通过评估数据治理的持续改进效果，可以帮助组织不断提升数据治理的效能。

8.2　数据治理价值评估的原则

数据治理评估工作应纳入企业绩效考核工作，数据治理价值评估工作需要遵循以下原则：

1. 目标明确原则

目标明确原则是指在制订计划或进行决策时，需要明确具体、可实现的目标，并以此为基础制定相关措施。目标明确原则在面对日常工作和未来发展规划时都非常重要。目标明确原则主要包含以下几个方面：

1）目标具体。目标明确原则要求目标必须具体，也就是说，目标应该具有明确的表述和可衡量的指标，便于实际操作和管理。具体的目标可以让人们更清楚地知道目标的内容和实现方式，有助于明确目标实现的难度。

2）目标可实现。目标明确原则要求目标是可实现的，也就是说，目标必须在一定的时间范围内实现，与实际情况相符合，不过于理想化和难以实现。可实现的目标可以提高目标的可行性和执行过程中的成功率。

3）目标可测量。目标明确原则要求目标可以测量，也就是说，目标必须有明确的衡量标准，便于进行监督和评估。可测量的目标可以让人们了解目标的具体实现情况，发现存在的问题，及时调整、修正策略。

4）目标分解。目标明确原则要求对整体目标进行分解，即将目标分解成小而具体的子目标，便于实现目标的监控、管理和执行。目标分解能够让人们更清楚自己需要做哪些事情，并在执行的过程中建立有效的跟踪和监督机制。

2．综合性原则

在数据治理价值评估过程中，需要确保评估的可度量、可操作和可重复性。数据治理价值评估所得的结果需要基于数据的有效性和准确性。

1）可度量性：数据治理价值评估必须能够度量数据治理工作的效果和成果，或者说评估时要有明确的可衡量的数据指标。通过量化数据指标进行评估会更具有客观性，并且可以使评估更加清晰、明了。

2）可操作性：数据治理价值评估过程必须是操作性的，也就是说必须能够为数据治理工作提供实际的建议，并有所改进。数据治理价值评估不应成为一门学术研究工作而远离实际应用。

3）可重复性：数据治理价值评估结果必须能够在不同的时间或环境下重复出现。这表示不是单次的评估工作，而是针对数据治理工作进行长期的监测和改进，确保长期效益。

3．透明度原则

数据治理价值评价的指标和方法应该公开透明，以确保数据治理工作的公正性、客观性和可信度。需要确保数据治理价值评估的过程透明、公开、客观、无歧义，并遵守相关法律法规和道德规范。

4．可比性原则

评估结果需要与其他企业的数据治理评估结果进行比较，以帮助企业识别自身短板并提高数据治理能力。

以上原则的遵循有助于确保数据治理价值评估的有效性和可信度，使企业能够更好地了解其数据治理情况，并制订改进计划，提高数据治理效能，并为业务决策提供有力支持。

8.3 业务价值评估

8.3.1 数据治理对业务活动的影响和贡献

数据治理对业务活动的影响和贡献可以包括以下几个方面：

1）**数据质量提升**：数据治理可以确保数据的准确性、完整性、一致性和可信度，从而提高数据质量。高质量的数据可以为业务决策提供可靠的基础，减少错误和风险，提高业务活动的效率和准确性。

2）决策支持：数据治理可以提供可靠的数据和分析结果，为业务决策提供支持。通过数据治理，企业可以获得全面、准确的数据视图，帮助管理层做出更明智的决策，优化业务流程，提高业务绩效。

3）风险管理：数据治理可以帮助企业识别和管理数据风险。通过确保数据的安全性、合规性和隐私保护，数据治理可以减少数据泄露、违规使用和法律风险，保护企业的声誉和利益。

4）业务创新：数据治理可以推动业务创新。通过整合和分析多源数据，数据治理可以帮助企业发现新的商机、洞察市场趋势，提供个性化的产品和服务，增强企业的竞争力。

5）数据共享与协作：数据治理可以促进数据共享与协作。通过建立数据标准、规范和共享机制，数据治理可以打破数据孤岛，促进不同部门和业务之间的数据共享与协作，提高工作效率和协同能力。

6）合规与监管：数据治理可以帮助企业满足合规与监管要求。通过建立数据管理策略、流程和控制机制，数据治理可以确保企业遵守相关法律法规，保护用户隐私，降低合规风险。

通过有效的数据治理，企业可以更好地利用数据资源，提升业务活动的效率和价值。

在数据治理对业务活动的影响和贡献中，有些是显性、可度量的，而有些是隐性、不容易度量的。

1. 显性、可度量的影响和贡献

1）数据质量：数据治理可以通过度量数据准确性、完整性、一致性等指标来衡量数据质量的提升程度。

2）决策效果：通过比较在数据治理实施前后的决策质量和效果，可以评估数据治理对决策的影响和贡献。

3）风险管理：通过监测数据泄露、违规使用等风险事件的发生率和影响程度，可以评估数据治理对风险管理的影响。

4）新产品或服务推出：可以通过比较在数据治理实施前后新产品或服务的数量和质量来评估数据治理对业务创新的影响。

5）数据共享和协作：可以通过度量数据共享和协作的频率、范围和效果来评估数据治理对数据共享和协作的促进作用。

2. 隐性、不容易度量的影响和贡献

1）决策质量的提升：虽然可以通过比较决策效果来评估数据治理对决策的影响，但决策质量本身是一个主观的概念，不容易进行量化和度量。

2）创新能力的提升：数据治理可以促进业务创新，但创新能力的提升往往是一个综合性的评估，涉及多个因素，不容易单独度量数据治理的影响。

3）合规和监管的风险降低：虽然可以通过监测合规和监管风险事件的发生率和影响程度来评估数据治理对风险降低的影响，但合规和监管的风险本身是复杂的，受到多个因素的影响，不容易单独度量数据治理的贡献。

虽然有些影响和贡献不容易直接度量,但可以通过定性的方法,如用户反馈、案例研究等,来评估数据治理对业务活动的影响和贡献。

8.3.2 业务价值评估方法

评估数据治理对业务活动的影响和贡献可以采用以下方法:

1)业务流程分析:通过对业务流程的分析,了解数据在业务活动中的使用情况,以及数据质量、数据可用性、数据一致性等问题对业务流程的影响。可以通过流程图、价值链分析等方法,识别数据治理对业务流程改进的潜在机会和影响。

2)业务指标评估:通过评估业务指标的改进情况,来衡量数据治理对业务活动的影响和贡献。可以比较实施数据治理前后的业务指标,如销售额、客户满意度、运营效率等,以评估数据治理对业务绩效的提升效果。

3)数据价值链分析:通过分析数据在业务活动中的价值链流程,识别数据治理对数据价值链各环节的影响和贡献。可以从数据采集、数据存储、数据处理、数据分析等环节入手,评估数据治理对数据价值链的效率、准确性和可靠性的提升效果。

4)利益相关者访谈:与业务部门和利益相关者进行访谈,了解他们对数据治理的需求和期望,以及数据治理对他们的业务活动的影响和贡献。可以通过访谈收集利益相关者的反馈和意见,综合考虑不同利益相关者的观点,评估数据治理的效果和价值。

5)成本效益分析:通过评估数据治理的成本和效益,来判断数据治理对业务活动的价值。可以比较数据治理的实施成本和维护成本,与业务活动中的成本节约、风险降低、效率提升等效益进行对比,以评估数据治理的投资回报率和成本效益。

6)案例研究和经验分享:通过研究和分享其他组织或行业在数据治理方面的成功案例和经验,了解数据治理对业务活动的实际影响和贡献。可以借鉴它们的经验和做法,评估数据治理在类似业务活动中的潜在效果和价值。

综上所述,评估数据治理对业务活动的影响和贡献可以采用多种方法和内容,包括业务流程分析、业务指标评估、数据价值链分析、利益相关者访谈、成本效益分析以及案例研究和经验分享等。通过综合考虑这些方法和内容,可以更全面地评估数据治理对业务活动的影响和贡献。

8.4 成本效益评估

8.4.1 数据治理对成本效益的影响和贡献

数据治理对成本效益的影响和贡献主要体现在以下几个方面:

1)数据准确性和完整性的提升:通过数据治理措施,可以提升数据的准确性和完整性,减少数据错误和缺失的发生。这可以降低由于错误数据引起的成本,如客户投诉、退货、退款等。

2)数据共享和协作的促进:数据治理可以建立数据共享和协作的机制,提供可靠的数据访问和共享平台。这样可以避免重复收集和维护数据的成本，同时促进不同部门之间的协作和信息共享，提高工作效率。

3）数据隐私和安全的保护：数据治理可以确保数据隐私和安全的合规性，减少数据泄露和违规使用的风险。这可以避免因数据泄露引起的法律诉讼、罚款等成本，并保护企业的声誉。

4）数据质量管理的效益：通过数据治理的数据质量管理措施，可以减少数据清洗和纠错的成本。同时，高质量的数据可以提高决策的准确性和效果，降低错误决策带来的成本。

5）数据资产管理的优化：数据治理可以帮助企业更好地管理和优化数据资产，避免数据冗余和过度存储的成本。通过合理的数据分类、标准化和归档，可以降低存储成本，并提高数据的可用性和可查找性。

6）合规和监管的风险降低：数据治理可以确保数据的合规性，降低合规和监管风险。这可以减少因违反法规而引起的罚款和法律诉讼的成本。

这些是数据治理对成本效益的一些典型影响和贡献，具体的影响和贡献还会根据不同的行业和组织而有所差异。

8.4.2　成本效益评估方法

评估数据治理对成本效益的影响和贡献可以采用以下方法：

1）成本效益分析（Cost-Benefit Analysis）：通过比较数据治理实施前后的成本和效益，评估数据治理对成本的降低和效益的提升程度。这可以包括直接成本（如数据清洗、数据安全措施的投入成本）和间接成本（如数据错误引起的客户投诉成本），以及直接效益（如数据质量的提升带来的决策准确性提升）和间接效益（如数据共享和协作的效率提升）。

2）ROI 分析（Return on Investment Analysis）：通过计算数据治理实施所带来的投资回报率，评估数据治理对成本效益的影响和贡献。ROI 分析可以将数据治理的投资与实际收益进行比较，包括成本节约、效率提升和风险降低等方面。

3）效果评估（Impact Assessment）：通过定性和定量的方法，评估数据治理对成本效益的影响和贡献。这可以包括通过用户反馈、案例研究、指标分析等方式，评估数据治理对数据质量、决策效果、风险管理、创新能力等方面的影响。

4）效率评估（Efficiency Assessment）：评估数据治理对业务流程和工作效率的改进程度。这可以通过比较数据治理实施前后的工作流程、数据处理时间、数据共享和协作效果等方面来评估数据治理对成本效益的影响和贡献。

5）案例分析（Case Studies）：通过研究和分析已经实施数据治理的组织的案例，评估数据治理对成本效益的影响和贡献。这可以包括不同行业和组织的案例，从中了解数据治理对成本效益的具体影响和贡献。

6）逻辑模型（Logic Model）：通过建立逻辑模型，明确数据治理的输入、活动、输出和结果，评估数据治理对成本效益的影响路径。这可以帮助理解数据治理的关键环节和关联因素，从而更好地评估其成本效益。

7）关键绩效指标（Key Performance Indicators，KPI）：通过制定和监测关键绩效指标，评估数据治理对成本效益的影响和贡献。这可以包括数据质量指标（如数据准确性、完整性）、决策效果指标（如决策准确率、决策时间）和成本指标（如数据处理成本、风险成本）等。

8）问卷调查和访谈：通过向利益相关者（如数据管理人员、业务部门负责人）进行问卷调查和访谈，获取他们的感知和评估。这可以提供定性和定量的数据，帮助评估数据治理对成本效益的实际影响和贡献。

9）实证研究：通过进行实证研究，采集实际数据并进行统计分析，评估数据治理对成本效益的影响和贡献。这可以通过实验设计、随机对照试验、数据分析等方法来进行，以获取更准确的评估结果。

10）经验分享和行业标准：通过参考其他组织的经验分享和行业标准，评估数据治理对成本效益的影响和贡献。这可以通过参加行业研讨会、阅读行业报告和文献等方式获取相关信息，从而了解数据治理的最佳实践和成本效益。

综合运用这些评估方法，可以更全面地评估数据治理对成本效益的影响和贡献，为组织提供决策支持和优化数据治理策略。

8.5 风险管理评估

8.5.1 数据治理对风险管理的影响和贡献

数据治理对风险管理的影响和贡献主要体现在以下几个方面：

1）数据质量管理：数据治理可以确保数据的准确性、完整性和一致性，从而降低数据错误和不准确数据带来的风险。例如，在金融行业，数据治理可以确保客户信息的准确性和一致性，减少身份盗窃和欺诈风险。

2）数据隐私和安全管理：数据治理可以确保合规性和数据隐私保护，从而降低数据泄露和安全漏洞带来的风险。例如，在医疗行业，数据治理可以确保患者的个人健康信息得到妥善保护，防止患者隐私泄露和违规使用的风险。

3）数据访问和权限管理：数据治理可以确保合适的数据访问和权限控制，从而降低未经授权的数据访问和滥用的风险。例如，在企业内部，数据治理可以限制员工对敏感数据的访问权限，减少数据泄露和内部滥用的风险。

4）数据备份和灾备管理：数据治理可以确保数据的备份和灾备策略的有效实施，从而降低数据丢失和业务中断的风险。例如，在 IT 行业，数据治理可以确保数据的定期备份和恢复策略的有效实施，以应对硬件故障、自然灾害等风险。

5）风险报告和监测：数据治理可以提供可靠的数据基础和报告机制，帮助组织识别、监测和管理风险。例如，在风险管理部门，数据治理可以提供准确的数据指标和报告，帮助识别风险事件和制定相应的风险管理策略。

总之，数据治理通过确保数据质量、数据隐私和安全、数据访问和权限、数据备份和灾备、风险报告和监测等方面的有效管理，能够降低数据相关风险的发生概率和影响程度。这些措施可以帮助组织更好地管理风险，提高业务的可持续性和稳定性。

8.5.2 风险管理评估方法

评估数据治理对风险管理的影响和贡献可以使用以下方法：

1）风险事件分析：通过分析过去发生的风险事件，评估数据治理在风险管理中的作用。可以考虑风险事件的类型、频率、影响程度等指标，并与数据治理实施前后的情况进行对比，以了解数据治理对风险事件的减少或改变的影响程度。

2）数据质量评估：评估数据治理对数据质量的影响，从而间接评估其对风险管理的影响和贡献。可以使用数据质量指标（如准确性、完整性、一致性等）来衡量数据治理的效果，并与风险管理的目标进行对比，以确定数据治理对风险管理的影响和贡献。

3）控制效力评估：评估数据治理对风险管理控制措施的效力。可以考虑数据访问控制、数据备份和恢复、数据隐私保护等控制措施的实施情况和效果，并与风险管理的目标进行对比，以确定数据治理对风险管理的影响和贡献。

4）利益相关者评估：通过对利益相关者进行问卷调查和访谈，了解他们对风险管理的感知和评估情况。可以考虑风险管理部门、数据管理人员、业务部门负责人等的意见和反馈，以获取定性和定量的数据，评估数据治理对风险管理的影响和贡献。

5）成本效益分析：评估数据治理对风险管理成本效益的影响。可以考虑数据治理的投入成本、风险管理的减少成本、风险事件的损失减少等因素，并进行成本效益分析，以确定数据治理对风险管理的影响和贡献。

综合运用这些评估方法，可以更全面地评估数据治理对风险管理的影响和贡献，为组织提供决策支持和优化数据治理策略。

8.6 组织能力评估

8.6.1 组织在数据治理能力方面的评估内容

组织在数据治理能力方面的评估通常包括以下内容：

1）数据战略和愿景：评估组织是否制定了明确的数据战略和愿景，明确了数据治理的目标和重要性，并将其与组织的战略目标相结合。

2）组织结构和责任：评估组织是否建立了适当的数据治理组织结构，明确了数据治理的责任和角色，并确保数据治理的责任被分配到相关的部门和人员。

3）数据质量管理：评估组织是否有一套完善的数据质量管理流程和方法，包括数据收集、数据清洗、数据验证和数据监控等环节，以确保数据的准确性、完整性和一致性。

4）数据安全和隐私保护：评估组织是否采取了适当的措施来保护数据的安全性和隐私性，包括数据访问控制、数据加密、数据备份和灾备管理等措施，以确保数据不被未经授权的访问和使用。

5）数据治理流程和规范：评估组织是否建立了一套完整的数据治理流程和规范，包括数据采集、数据存储、数据共享和数据使用等环节，以确保数据的合规性和规范化。

6）数据治理技术和工具：评估组织是否采用了适当的数据治理技术和工具，包括数据管理平台、数据集成工具、数据质量工具和数据安全工具等，以支持数据治理的实施和管理。

7）组织文化和意识：评估组织是否建立了数据驱动的文化和意识，促进数据治理的重要性和参与度提升，包括培训和教育、沟通和宣传等方面的工作。

8）持续改进和监控：评估组织是否建立了持续改进和监控机制，且定期评估数据治理的成果和效果，并根据评估结果进行调整和改进。

通过对以上内容的评估，可以全面了解组织在数据治理方面的能力，为进一步的改进和提升提供指导和建议。

8.6.2   组织能力评估方法

评估组织在数据治理方面的能力可以采用多种方法，以下是一些常用的方法：

1）成熟度模型评估：使用成熟度模型（如数据管理能力成熟度模型等），对组织在数据治理方面的能力进行评估。这些模型通常将数据治理的能力划分为不同的层次或阶段，通过考察组织在不同层次或阶段上的成熟度来评估组织的数据治理的能力。

2）自评工具和问卷调查：使用自评工具或问卷调查来评估组织在数据治理方面的能力。这些工具和问卷通常包含一系列问题，涵盖了数据治理的各个方面，组织可以根据自身情况回答问题，并根据评估结果来确定自己在数据治理方面的能力。

3）定性和定量指标评估：通过制定一系列定性和定量指标，评估组织在数据治理方面的能力。定性指标可以包括对组织的数据治理政策、流程和规范等方面的评估，而定量指标可以包括对组织的数据质量、数据安全和数据使用等方面的评估。通过对这些指标的评估，可以得出组织在数据治理方面的能力。

4）对比分析和最佳实践评估：通过对比组织与行业内其他组织或领先组织的数据治理实践进行分析，评估组织在数据治理方面的能力。这种方法可以帮助组织了解自身在数据治理方面与领先组织的差距，并借鉴领先组织的最佳实践来提升自身的数据治理能力。

以上方法可以根据组织的需求和实际情况单独或结合使用。评估的结果可以为组织制订数据治理改进计划和策略提供指导和依据。

8.7   持续改进评估

8.7.1   数据治理的持续改进效果的评估内容

数据治理的持续改进效果可以从以下几个方面进行评估：

1）数据质量改进：评估数据治理活动对数据质量的改进效果。可以通过比较改进前后的数据质量指标，如准确性、完整性、一致性和时效性等，来评估数据治理对数据质量的改进效果。

- 数据准确性：评估数据治理活动对数据准确性的改进效果，比如通过比对数据源的准确性来评估。

- 数据完整性：评估数据治理活动对数据完整性的改进效果，比如通过比较缺失数据的数量或比例来评估。
- 数据一致性：评估数据治理活动对数据一致性的改进效果，比如通过比较不同数据源之间的数据一致性来评估。
- 数据时效性：评估数据治理活动对数据时效性的改进效果，比如通过比较数据更新的频率或延迟时间来评估。

2）数据安全提升：评估数据治理活动对数据安全的提升效果。可以通过比较改进前后的数据安全指标，如数据访问控制、数据加密和数据备份等，来评估数据治理的效果。

- 数据访问控制：评估数据治理活动对数据访问控制的改进效果，比如通过比较访问权限的精细程度或违规访问事件的减少来评估。
- 数据加密：评估数据治理活动对数据加密的改进效果，比如通过比较加密数据的数量或比例来评估。
- 数据备份：评估数据治理活动对数据备份的改进效果，比如通过比较备份数据的完整性和可恢复性来评估。

3）数据可用性增加：评估数据治理活动对数据可用性的增加效果。可以通过比较改进前后的数据可用性指标，如数据集成、数据共享和数据访问速度等，来评估数据治理的效果。

- 数据集成：评估数据治理活动对数据集成的改进效果，比如通过比较数据集成的速度和成功率来评估。
- 数据共享：评估数据治理活动对数据共享的改进效果，比如通过比较数据共享的范围和频率来评估。
- 数据访问速度：评估数据治理活动对数据访问速度的改进效果，比如通过比较数据查询或传输的响应时间来评估。

4）决策支持改善：评估数据治理活动对决策支持的改善效果。可以通过比较改进前后的决策质量和决策速度等指标，来评估数据治理的效果。

- 决策质量：评估数据治理活动对决策质量的改进效果，比如通过比较决策的准确性或决策的效果来评估。
- 决策速度：评估数据治理活动对决策速度的改进效果，比如通过比较决策的时间周期或决策的执行效率来评估。

5）组织文化变革：评估数据治理活动对组织文化的变革效果。可以通过调查员工对数据治理的认知和参与程度，以及组织内部对数据治理的重视程度等，来评估数据治理的效果。

- 员工参与度：评估数据治理活动对员工参与度的改进效果，比如通过调查员工对数据治理的认知和参与程度来评估。
- 组织重视程度：评估组织对数据治理的重视程度的改进效果，比如通过调查组织内部对数据治理的重要性和投入程度来评估。

6）业务价值提升：评估数据治理活动对业务价值的提升效果。可以通过比较改进前后的业务指标，如销售额、客户满意度和市场份额等，来评估数据治理的效果。

- 销售额增长：评估数据治理活动对销售额的提升效果，比如通过比较销售额的增长率或销售额的贡献度来评估。

● 客户满意度提升：评估数据治理活动对客户满意度的提升效果，比如通过调查客户满意度指标的变化来评估。

● 市场份额增加：评估数据治理活动对市场份额的提升效果，比如通过比较市场份额的增长率或市场份额的变化来评估。

举例说明：假设一个电商公司实施了数据治理活动，并评估了其持续改进效果。评估结果显示，数据准确性提高了 10%，数据完整性提高了 15%，数据访问控制的违规访问事件减少了 30%，数据集成的速度提升了 20%，决策质量提高了 12%，销售额增长了 8%。这些数据指标的改进显示了数据治理活动对数据质量、数据安全、数据可用性、决策支持和业务价值的改进效果。

评估数据治理的持续改进效果需要综合考虑以上多个方面的指标和评估方法，以全面了解数据治理活动的效果和对组织的影响。评估的结果可以为进一步改进数据治理策略和实践提供指导和依据。

8.7.2 数据治理的持续改进效果的评估方法

评估数据治理的持续改进效果可以采用以下几种方法：

1）指标评估：通过设定关键指标，比如数据质量、数据安全、数据可用性等，对数据治理的持续改进效果进行定量评估。可以通过跟踪这些指标的变化，比较改进前后的数值差异，来评估数据治理的持续改进效果。

2）用户反馈调查：通过定期的用户反馈调查，了解用户对数据治理的感受和满意度。可以通过问卷调查、访谈等方式，收集用户的意见和建议，评估数据治理的持续改进效果。

3）成本效益分析：评估数据治理的改进效果是否带来了成本效益。可以通过比较改进前后的成本投入和效益产出，来评估数据治理的持续改进效果。

4）对比分析：通过与其他组织或行业的数据治理实践进行对比分析，评估数据治理的持续改进效果。可以借鉴其他组织的最佳实践，比较自身的改进情况，来评估数据治理的持续改进效果。

5）持续监测和评估：建立持续的监测和评估机制，跟踪数据治理的持续改进效果。可以定期进行数据质量检查、安全漏洞扫描、用户满意度调查等，及时发现问题并采取措施进行改进。

举例说明：一家银行实施了数据治理活动，并使用了上述评估方法来评估其持续改进效果。它使用数据质量度量工具定期检查数据质量指标，发现数据准确性和数据完整性得分分别提高了 15% 和 20%。同时，它进行了用户满意度调查，发现用户对数据访问和数据集成的满意度提高了 10% 和 12%。它还进行了业务价值评估，发现销售额增长了 8%。通过这些评估方法，银行能够全面了解数据治理活动的持续改进效果，并根据评估结果进行优化和改进。

以上方法可以根据组织的需求和实际情况单独或结合使用。评估的结果可以为进一步改进数据治理策略和实践提供指导和依据。同时，持续的评估和监测也能够帮助组织不断优化数据治理的效果，实现持续改进。

8.8　价值评估工作的开展

企业组织数据治理价值评估工作的开展通常包括以下步骤：

1）确定评估目标：明确评估的目标是什么，例如评估数据治理活动对业务绩效的影响、评估数据治理活动的成本效益等。

2）确定评估指标：根据评估目标，确定需要评估的指标和度量方法。例如，如果评估数据治理对业务绩效的影响，可以选择业务指标（如销售额、市场份额、客户满意度等）作为评估指标。

3）收集数据：收集与评估指标相关的数据。可以从不同的数据源、系统和部门收集数据，可能需要进行数据清洗和整合。

4）分析数据：对收集到的数据进行分析，根据评估指标进行计算和比较。可以使用统计分析、数据可视化等方法来揭示数据治理活动的效果。

5）解释结果：根据数据分析的结果，解释数据治理活动的效果。可以将结果与评估目标进行对比，分析差距和原因，并提供解决方案和改进建议。

6）编写评估报告：总结评估过程、结果和结论。报告应该清晰地呈现评估目标、指标、数据分析和解释结果，同时提供对数据治理的改进建议。

7）反馈和改进：将评估报告反馈给相关的利益相关者，包括数据治理团队、管理层和其他相关部门。根据评估结果和反馈，进行数据治理活动的改进和优化。

需要注意的是，数据治理的价值评估是一个持续的过程，需要定期进行评估和反馈。评估工作应该与数据治理活动的规划和执行相结合，形成一个闭环，以持续改进数据治理的效果。

8.8.1　确定评估目标

确定数据治理价值评估的目标时，可以考虑以下几个方面：

1）业务绩效改进：评估数据治理活动对业务绩效的影响。例如，通过数据治理提高数据质量，减少数据错误和重复，从而提高销售额、降低成本、提升客户满意度等。

2）决策支持能力提升：评估数据治理活动对决策支持能力的影响。例如，通过数据治理建立完善的数据仓库和数据分析能力，提供准确、及时的数据支持，帮助管理层做出更明智的决策。

3）风险管理和合规性：评估数据治理活动对风险管理和合规性的影响。例如，通过数据治理确保数据安全、隐私保护和合规性，降低数据泄露和违规风险。

4）数据资产价值最大化：评估数据治理活动对数据资产价值的影响。例如，通过数据治理提高数据可发现性和可重用性，促进数据共享和协作，提高数据资产的价值和利用率。

举例说明：一个电商企业的评估目标是通过数据治理活动提高销售额。它可以通过评估数据质量、数据一致性、数据可用性等指标，分析数据治理活动对销售额的影响。比如，它可以比较数据治理前后的销售额增长率，或者比较数据质量指标与销售额的相关性，来评估数据治理对销售额的改进效果。

定义数据价值的评估目标和范围是数据价值评估的重要一步，通常可使用自上而下的定义法和自下而上的访谈法两种方法。

定义法是通过收集企业战略、企业数字化转型战略、企业数据战略、行业监管要求、最佳行业企业实践等资料自上而下地分析企业内外部对企业数据治理能力的要求。企业可通过以上分析来定义数据治理价值评估的目标和范围，具体步骤如下：

1）构建具体的评估目标，明确评估的内容和方向。例如，建立数据质量管理能力、提高数据使用准确率等。

2）明确评估的指标和量化标准。例如，选取数据治理能力与数据治理效果两个领域以及相应的评估指标。

3）确保评估目标可以实现，并设定合理的时间范围。例如，根据企业现有的资源评估当前目标评估所需的时间是否太长或太短。

4）确认评估目标与企业战略和业务目标的相关性。

5）设定明确的时间节点和时间范围，以便评估和比较。

访谈法是通过访谈方式了解企业的数据治理现状和需求，并根据访谈结果来确定评估目标和范围。访谈法可通过以下方式进行：

1）启动式会议：在会议中，与参与者共同讨论并确定评估目标和范围。

2）个人访谈：与企业管理层和数据管理人员进行面对面访谈，确定评估范围和目标。

3）群体访谈：与多个部门和团队代表进行群体讨论，共同确定评估目标和范围。

这些方法可以帮助确定评估目标和范围，以便对数据治理内容进行准确评估，并制订数据治理的改进计划，从而提高数据治理效能。

8.8.2   确定评估指标

确定数据治理价值评估的指标时，可以考虑以下几个方面：

1）数据质量指标：评估数据的准确性、完整性、一致性和及时性等方面的指标。例如，数据错误率、数据缺失率、数据重复率等。

2）数据可用性指标：评估数据的可访问性和可用性。例如，数据可发现性、数据可访问性、数据共享率等。

3）数据安全指标：评估数据的安全性和隐私保护程度。例如，数据泄露事件数量、数据备份和恢复能力、数据访问权限控制等。

4）数据价值指标：评估数据对业务决策和价值创造的贡献。例如，数据对业务绩效的影响、数据对决策精度的提升、数据对客户满意度的影响等。

5）数据治理成本指标：评估数据治理活动的成本效益。例如，数据治理投入的成本、数据治理活动的效率、数据治理活动的 ROI 等。

举例说明：一个银行的评估指标是数据质量。它可以通过评估数据错误率、数据缺失率和数据一致性等指标来衡量数据质量的改进情况。比如，在进行数据治理之前，数据错误率可能较高，数据缺失率较大，而在数据治理之后，这些指标可能会有所改善。它可以通过比较不同时间段的数据质量指标，来评估数据治理对数据质量的影响。

8.8.3　收集数据

在数据治理价值评估工作中，收集数据的方式包括以下几个方面：

1）数据源调研：进行调研，了解组织内外的数据源情况，包括数据系统、数据仓库、数据湖、数据文件等。可以通过与相关部门沟通、查阅文档和系统记录等方式获取相关信息。

2）数据质量评估：收集数据质量指标的数据，包括数据错误率、数据缺失率、数据重复率等。可以通过数据质量工具或者数据采样的方式进行数据质量评估，收集相应的数据。

3）数据可用性评估：收集数据可用性指标的数据，包括数据可发现性、数据可访问性、数据共享率等。可以通过调查问卷、数据访问日志等方式收集相关数据。

4）数据安全评估：收集数据安全指标的数据，包括数据泄露事件数量、数据备份和恢复能力、数据访问权限控制等。可以通过安全审计记录、安全事件报告等方式收集相关数据。

5）业务绩效数据：收集与数据治理活动相关的业务绩效数据，例如销售额、成本、客户满意度等。可以通过企业内部系统、报表、调查问卷等方式收集相关数据。

举例说明：一个电商企业进行数据治理价值评估。它可以通过以下方式收集数据：调研各个部门的数据系统和数据源，了解数据的来源和质量情况；使用数据质量工具对一部分数据进行抽样评估，获取数据质量指标；通过调查问卷收集用户对数据可用性和数据安全性的评价；收集销售额、成本、客户满意度等业务绩效数据。通过收集这些数据，可以进行数据治理价值评估的分析和计算。

如何有效地收集数据？以下是在收集数据时需要注意的几个方面：

1）收集哪些数据。在收集数据之前，要确定需要收集哪些数据。收集的数据应与评估的目标和范围对应，例如数据质量、数据流程、业务关系和数据规程等。在进行数据收集前，可以做一次数据识别和分类工作，例如，将数据分为结构化数据（Excel 形式）和非结构化数据（Word 形式），然后确定收集的数据对象。

2）数据来源。通常情况下，数据来源主要有内部数据和外部数据。内部数据主要指企业内部的数据、报告和文件等；外部数据主要包括公开数据、市场研究数据等。在确定数据来源时，需要了解数据的质量和数据的限制条件。

3）收集方法。数据收集方法可以是定量收集和定性收集。定量收集数据使用测量工具和系统，例如调查问卷、记录表、会议纪要等。定性收集数据则强调数据质量和深度，采用访谈、记录等方式。通常可以根据需要综合采用两种方法进行收集数据，以提高数据收集的准确性和全面性。

4）数据管理。在数据收集过程中，对数据进行集中管理和系统化管理非常关键，针对每个数据对象不同的现状和数据属性，可以使用分类、整理与建模等手段帮助提高数据收集和管理的效率。

综上所述，收集数据需要遵循以上要求，通常会根据评估目标、范围、数据来源和数据收集方法，选择相应的数据收集工具和方法，例如问卷调查、访谈、记录、数据分析等方法，并通过数据分类、整理、建模和管理等手段，对收集的数据进行分析评估。

8.8.4　分析数据

在数据治理价值评估工作中，分析数据可以包括以下几个步骤：

1）数据清洗和整理：对收集到的数据进行清洗和整理，去除重复数据、处理缺失值和异常值等，确保数据的准确性和一致性。

2）数据可视化：使用数据可视化工具，将数据转化为图表、图形或仪表盘等形式，以便更直观地理解数据的分布和趋势。通过可视化，可以发现数据之间的关联和规律。

3）数据分析方法：选择适当的数据分析方法，根据评估目标和问题，进行统计分析、相关性分析、回归分析等。这些分析方法可以帮助揭示数据之间的关系和影响。

4）指标计算：根据评估指标的定义和计算公式，对数据进行计算，得出各个指标的数值。例如，计算数据质量指标的错误率、缺失率，计算数据可用性指标的可发现性、可访问性等。

5）数据模型建立：根据评估目标和问题，通过建立数据模型来分析数据。可以使用机器学习算法、回归模型、决策树等方法来建立模型并进行预测和模拟。

举例说明：一个公司进行数据治理价值评估。它收集了数据质量、数据可用性、数据安全和业务绩效等方面的数据。首先，对数据进行清洗和整理，去除重复数据并处理缺失值。然后，使用数据可视化工具将数据可视化为图表和仪表盘，以便更好地理解数据的分布和趋势。接下来，使用统计分析方法，计算数据质量指标的错误率、缺失率，计算数据可用性指标的可发现性、可访问性等。最后，建立数据模型，使用回归模型或决策树等方法，来分析数据的影响因素和预测数据治理对业务绩效的影响。通过这些分析，可以得出数据治理的价值评估结果。

下面是数据分析部分需要注意的一些重点问题和一些常用的方法。

（1）数据分析需要注意的重点问题

在分析数据时，需要注意以下重点问题：

1）数据质量：需要对数据的准确性、完整性、一致性和可靠性进行评估，检查数据是否存在错误和重复。

2）数据价值和影响：需要分析数据的使用情况和影响，确定数据是否对业务过程产生了积极的影响和价值。

3）数据应用场景：需要分析数据在多种不同的业务场景中的表现，帮助评估者更好地确定数据的应用和改进效果。

（2）常用的数据分析方法

常用的数据分析方法包括以下几种：

1）统计分析：使用统计工具和方法来分析数据是否具有预期的分布和相关性。

2）数据挖掘：使用数据挖掘工具来识别数据中隐含的规律和模式。

3）可视化分析：将数据转化为图表，便于评估者理解数据表达的含义和数据之间的关系。

4）单因素和多因素分析：通过数据分析，确定对象之间的关系和影响。

在进行数据分析时，需要注意以下几点：

1）确认数据的来源和可靠度，以免分析结果出现误差。

2）保持数据的准确性和完整性，确认数据具有一致性和正确性。

3）确认分析结果的可重复性和稳定性，以提高数据分析的可靠度。

总之，在进行数据分析的过程中，需要全面、客观、准确地评估数据的价值和影响，并且采取合适的方法，旨在发现目标对象之间的联系和问题。另外，为了保证分析结果的准确性、可靠性和可重复性，在数据收集和管理的过程中，需要对数据进行有效管理，避免数据偏差的情况。

8.8.5　解释结果

在数据治理价值评估工作中，分析数据后的结果解释工作是非常关键的，它帮助人们理解数据的意义和对业务的影响。以下是一些开展结果解释工作的步骤和示例：

1）结果汇总和可视化：将分析得到的结果进行汇总，并使用可视化工具将结果转化为易于理解的图表、图形或仪表盘等形式。例如，将数据质量指标的错误率、缺失率以柱状图的形式展示，将数据可用性指标的可发现性、可访问性以折线图的形式展示。

2）解释结果的含义：对于每个指标和图表，解释其背后的含义和影响，说明数值的高或低代表了什么，以及这些数值对业务的影响是什么。例如，如果数据质量指标的错误率很高，可以解释为数据中存在许多错误，可能导致决策的不准确性，从而影响业务绩效。

3）分析结果的原因：尝试分析结果背后的原因和驱动因素。探索可能的因素，如数据采集过程中的错误、数据存储和传输中的问题、数据质量控制措施的不足等。通过这样的分析，可以帮助识别数据治理的改进方向和重点。

4）提供建议和行动计划：基于结果的解释和原因分析，提供相应的建议和行动计划。这些建议可以包括改进数据采集和清洗流程、加强数据质量控制、提升数据安全性等。确保建议和行动计划具体、可操作，并与业务目标和需求相符合。

举例说明：假设一个公司进行数据治理价值评估，它分析了数据质量和数据可用性指标。首先，它汇总了数据质量指标的错误率和缺失率，并使用柱状图将其可视化。结果显示，错误率较高，缺失率较低。其次，它解释了这些结果的含义，指出高错误率可能导致决策的不准确性，而低缺失率意味着数据的完整性较好。然后，它分析了结果背后的原因，发现数据采集过程中存在一些错误和质量控制措施不足的问题。最后，它提供了相应的建议和行动计划，包括改进数据采集流程、加强数据质量控制和培训相关人员等。通过这样的结果解释，公司可以更好地理解数据治理的价值，并采取相应的措施来提升数据质量和可用性。

8.8.6　编写评估报告

在编写数据治理价值评估报告时，可以按照以下结构进行组织：

1）引言。

● 简要介绍数据治理价值评估的目的和背景。

● 说明报告的范围和内容。

2）方法和数据来源。

- 描述用于数据分析的方法和技术。
- 列出所使用的数据来源和样本规模。

3）结果概览。

- 提供对整体结果的概述和总结。
- 使用图表或表格展示主要指标和数据质量的概况。

4）结果解释。

- 逐一解释每个指标的含义和影响。
- 使用图表、图形或表格来支持解释，例如展示数据质量指标的变化趋势或数据可用性的改进情况。

5）结果分析。

- 分析结果背后的原因和驱动因素。
- 探讨可能的改进方向和重点，例如数据采集流程的改进、数据质量控制的加强等。

6）建议和行动计划。

- 提供具体的建议和行动计划，以解决发现的问题和改进数据治理。
- 确保建议和行动计划与业务目标和需求相符合。

7）结论。

- 总结报告的主要发现和建议。
- 强调数据治理价值评估的重要性和对业务的影响。

举例说明：在结果解释部分，假设其指标是数据质量指标的错误率。一方面，可以使用折线图展示错误率的变化趋势，并解释每个时间点的结果。例如，解释错误率在某个时间点上升的原因可能是数据采集过程中的错误增加或者数据质量控制措施的不足。另一方面，提供相应的建议和行动计划。例如，加强数据采集过程中的验证步骤，提供培训和支持给数据采集人员，以降低错误率。通过这样的结果解释和分析，评估报告可以帮助业务决策者更好地理解数据质量的变化和改进方向，以支持数据治理的实施。

8.8.7　反馈和改进

在数据治理价值评估工作中，反馈和改进是非常重要的环节，可以按照以下步骤开展：

1）收集反馈。

- 设立反馈渠道，例如通过问卷调查、面对面访谈或定期会议等方式，收集利益相关者的意见和建议。
- 了解利益相关者对数据治理工作的看法和对现有数据质量与数据可用性的评价，以及对改进的期望。

2）分析反馈。

- 对收集到的反馈进行整理和分析，找出共性问题和关键痛点。
- 识别反馈中的改进机会和优化点，以及可能的障碍和挑战。

3）制订改进计划。
- 基于分析结果，制订具体的改进计划。
- 确定改进的优先级和时间表，考虑资源和预算限制。

4）实施改进措施。
- 根据改进计划，逐步实施相应的改进措施。
- 改进措施可以涉及数据采集流程的优化、数据质量控制的加强、数据治理流程的改进等方面。

5）监测和评估。
- 建立监测机制，跟踪改进措施的实施情况和效果。
- 定期评估改进措施的有效性，根据反馈和数据指标进行调整和优化。

举例说明：假设通过收集反馈，发现一些利益相关者对数据质量不满意，认为数据中存在错误和不一致。分析反馈后发现，这些问题主要是由数据采集过程中的人为错误和缺乏有效的数据验证措施导致的。为了改进这一问题，制订了以下改进计划：
- 增加对数据采集人员的培训，以提升其数据采集意识，进而减少人为错误的发生。
- 引入更严格的数据验证步骤和机制，例如双重校验、数据质量规则的自动检测等。
- 设立数据质量监测指标和报告机制，定期跟踪和评估数据质量的改进情况。

随后，根据改进计划，逐步实施这些措施，并建立监测机制来评估改进的效果。通过这样的反馈和改进过程，数据治理工作可以不断优化，提高数据质量，促进数据价值的实现。

本章小结

数据治理价值评估是一种系统性的评估方法，旨在量化数据治理的投资回报和成本效益，并评估其对业务流程改进、数据质量提升、风险管理和组织能力的影响。评估内容包括业务价值评估、成本效益评估和风险管理评估。通过评估数据治理的影响和贡献，组织可以确定数据治理的优先级和关注点，同时比较成本和效益，确定数据治理的可行性和优化方案，还可以提高数据治理的可信度和可持续性。评估工作应遵循一些原则，包括将数据治理评估纳入企业绩效考核工作中，并遵循业务价值评估的原则。

本章习题

1. 什么是数据治理价值评估？它的目的是什么？
2. 数据治理价值评估包括哪些方面？
3. 请列举至少三个业务价值评估的指标。
4. 成本效益评估的内容包括哪些方面？
5. 风险管理评估的目的是什么？它涵盖哪些方面？
6. 数据治理评估工作应遵循哪些原则？

保障篇

第 9 章

数据治理组织、制度与规范

　　数据治理组织、制度及规范作为数据治理体系的基石，对于构建高效的数据治理体系具有至关重要的作用。通过建立明确的数据治理组织架构和配备具有相关技能与知识的人员，以及制定科学合理的制度和规范，组织可以确保数据的准确性、完整性和安全性，提高数据的利用效率和协同效应，为组织的业务发展和竞争提供有力支持。同时，数据治理组织、制度与规范的持续改进和完善也是组织不容忽视的重要方面。

9.1 数据治理组织

9.1.1 数据治理组织的概念

首先，从定义的角度理解数据治理组织。

数据治理组织是指在企业或组织中负责制定、实施和维护数据管理政策和程序的专门部门或团队。数据治理组织通常由高级管理人员组成，其职责包括确保数据的完整性、准确性、可用性和保密性，以及为业务决策提供可靠的数据支持。

组织的名词含义是：为了保证管理目标的顺利实现而对组织进行设计以及对各组织成员在工作执行中的分工协助关系进行合理的安排。数据治理组织是保证数据治理工作目标顺利实现的重要保障。数据治理是一项需要企业通力协作的工作，而有效的组织架构是企业数据治理能够成功的有力保障。

数据治理对任何企业来说都是一项复杂且规模浩大的体系化工程，需要充分调动企业相关的资源，只有形成全面、有效的组织体系，才能确保数据治理各项工作在企业内部有序推进。从这个角度看，企业的数据治理组织是让数据治理活动行之有效且不可缺失的落地保障和能力支撑。

其次，从过程的角度理解建立数据治理组织需要完成的相关工作。

2018 年 6 月，国家标准化管理委员会发布了《信息技术服务 治理 第 5 部分：数据治理规范》（GB/T 34960.5—2018 以下简称《数据治理规范》）。《数据治理规范》指出，组织构建应聚焦责任主体及责权利，通过完善组织机制，获得利益相关方的理解和支持，制定数据管理的流程和制度，以支撑数据治理的实施，至少应：

1）建立支撑数据战略的组织机构和组织机制，明确相关的实施原则和策略。

2）明确决策和实施机构，设立岗位并明确角色，确保责权利的一致。

3）建立相关的授权、决策和沟通机制，保证利益相关方理解、接受相应的职责和权利。

4）实现决策、执行、控制和监督等职能，评估运行绩效并持续改进和优化。

参考 2018 年我国颁布的国家标准《数据管理能力成熟度评估模型》（GB/T 36073—2018，以下简称 DCMM），数据治理能力域包括数据治理组织、数据制度建设和数据治理沟通三个能力项。

数据治理组织包括组织架构、岗位设置、团队建设、数据责任等内容，是各项数据职能工作开展的基础，对组织在数据管理和数据应用方面行使权利进行规划和控制，并指导各项数据职能的执行，以确保组织能有效执行数据战略目标。

DCMM 对数据治理组织过程描述如下：

1）建立数据治理组织。建立数据体系配套的权责明确且沟通顺畅的组织，确保数据战略的实施。

2）岗位设置。建立数据治理所需的岗位，明确岗位的职责、任职要求等。

3）团队建设。制订团队培训、能力提升计划，通过引入内部、外部资源定期开展人员培训，提升团队人员的数据治理技能。

4）数据归口管理。明确数据所有人、管理人等相关角色，以及数据的归口的具体管理人员。

5）建立绩效评价体系。根据团队人员职责、管理数据范围的划分，制定相关人员的绩效考核体系。

对比《数据治理规范》和 DCMM 两份国家标准对于数据治理组织的相关描述，两者都明确了为确保数据战略实施而建立的数据治理组织要"做什么"，而 DCMM 比《数据治理规范》多出了团队建设和建立绩效评价体系的工作内容，可以看成在明确"做什么"的基础上增加了"怎么做"方面的指引。

国际上，根据 IBM 商业价值研究院发表的文章，作为企业数据治理的领头人，CDO（首席数据官）及其团队在企业中的职能范围及团队的优先任务是如何使企业数据管理与业务战略保持一致。由此可见，构建数据治理组织要依据数字化转型战略要求，从战略角度考虑组织的持续建设工作。

不同组织对数据治理工作的期望和要求也可能不同，因此，构建数据治理组织的首要工作是明确企业自身的数字化战略目标对数据治理的要求，需要企业组织的最高决策层根据国家法律法规和标准规范的要求、企业自身发展业务特点和技术水平来确定数据治理工作的战略任务，这是构建数据治理组织的首要条件。

组织能力、组织结构和角色是任何数据治理工作的关键，数据治理工作的组织能力分解需要保持与业务流程的一致性，数据治理组织架构需要保障业务利益相关方的充分参与。

数据治理工作需要在管理有关数据的人员角色、流程、策略和文化的组织框架内开展，一方面组织可以决定如何战略性地使用数据治理工作的机制和规则；另一方面通过有效的组织分工，可以大大推进数据治理工作付诸实践的时间表。在设计结构化的数据治理组织框架时，需要从组织、流程、管理制度、工具和企业文化等方面来思考如何支持企业数据治理愿景及数据战略的实现。

综上所述，构建数据治理组织的依据主要包括以下几个方面：

1）业务战略需求：数据治理组织应当根据业务战略需求来制定数据治理策略。这包括业务战略特别是数字化转型战略对数据的收集、存储、处理、分析和应用等方面的需求，以及对数据治理组织的组织架构及角色要求等方面的需求。

2）法律、监管和行业标准：数据治理组织应当遵守相关的法律、监管和行业标准要求。这既包括对数据隐私和数据安全的法规要求，也包括对数据标准化、数据共享和数据质量的行业标准要求。

3）数据管理平台技术支持：数据治理组织应当根据组织架构和技术支持的要求来设计数据治理框架。这包括对数据管理平台的规划和设计，以及对数据治理工具和技术的支持需求。

4）组织文化：数据治理组织应当根据组织文化来制定数据治理策略。这包括对数据管理的重视程度、数据共享的文化认可度，以及对数据规范和数据流程的遵循度等方面的要求。

通过以上四方面的考虑，企业可以制定全面、合理且适合的数据治理组织结构和组织策略，以此提高数据治理效率和工作质量。

9.1.2 数据治理组织的作用

综合业界经验，数据治理组织的重要性在于它能帮助组织确保数据质量和数据安全，保障合规性，并促进数据价值的最大化。具体来说，数据治理组织具有以下重要性：

1）数据合规性：数据治理组织可以确保组织遵守法律、监管和行业标准。通过制定合规性要求并实施监督，确保数据使用及存储符合标准。

2）数据安全：数据治理组织可以确保数据的保密性、完整性和可用性。通过制定安全策略和措施，防止数据被非法获取、篡改或丢失。

3）数据质量：数据治理组织可以确保数据的准确性、完整性和一致性。通过制定标准和规程，确保数据被正确地收集、处理和存储。

4）数据价值：数据治理组织可以帮助所在的企事业单位组织更好地利用和发挥数据的价值。比如通过数据治理职能活动可以向各类数据用户提供标准化的高质量数据，确保数据可共享，并构建数据湖及数据分析平台，改善决策过程和业务流程。

数据治理组织的作用包括以下几个方面：

1）确保数据质量：数据治理组织负责制订和实施数据质量管理计划，确保数据的准确性、完整性、一致性和可靠性。

2）促进数据共享：数据治理组织协调不同部门之间的数据共享，促进跨部门协作和信息流通。

3）管理数据安全：数据治理组织负责制定和实施数据安全策略，确保数据的机密性、完整性和可用性。

4）管理数据生命周期：数据治理组织负责规划和管理数据的采集、存储、处理、分析和销毁等各个阶段，确保数据的合规性和可持续性。

5）提高决策效率：数据治理组织通过建立数据仓库、数据分析平台等工具，提高企业决策的精准度和效率。

6）建立信任关系：数据治理组织通过透明的数据管理和规范的数据使用流程，建立企业内部和外部的信任关系。

总之，数据治理组织的重要性在于它能为组织提供一套规范、安全和合规的数据管理方式，从而发挥数据的最大价值，促进组织业务的发展。

企业构建数据治理组织需要考虑以下几个方面：

1）明确治理目标和范围：企业应该明确数据治理的目标和范围，包括规范数据的采集、存储、处理、共享和使用等方面，以及关于组织中的数据资产管理要求、数据标准和规范、数据合规、数据质量、数据风险管理等具体要求。

2）确定组织结构和职责：企业需要建立专门的数据治理组织，包括数据治理委员会、数据治理办公室、数据质量管理团队等。对于数据治理组织，需要明确组织中各个部门和角色在数据治理中的职责、工作内容和权限，并且制定相应的工作流程和监督评估机制。

3）制定数据治理政策和流程：企业需要制定数据治理政策和流程，包括数据分类、数据标准、数据安全、数据备份与恢复、数据共享与开放等方面的政策和流程。

4）建立和维护数据管理平台：企业需要建立和维护数据管理平台，实现对数据资源的全面管理和控制，包括数据质量管理、数据审计、数据监控等功能。

5）推广数据治理文化：企业需要积极推广数据治理文化，提高员工对数据治理的重视和认识水平。

6）培训和教育：为企业员工提供相关的数据治理培训和教育，提高他们的数据管理技能和意识。

7）监督和评估：对数据治理组织的工作进行监督和评估，及时发现并解决问题，持续优化数据治理流程和策略。

总之，企业搭建数据治理组织需要从目标、组织、政策、平台和文化等多个方面入手，全面提升数据管理和治理水平，实现数据资源的价值最大化。

9.1.3 数据认责机制

1. 数据认责机制的主要内容

数据认责机制是一种确保数据质量和信息安全的方法，通过明确数据的所有权、使用和共享规则，实现对数据的管理和控制。

数据认责机制的主要目标如下：

- 确保数据的准确性、完整性和可靠性。
- 保护个人隐私和敏感信息。
- 保障数据合规性，遵守相关法规和政策。
- 提高数据价值和利用效率。

数据认责机制通常包括以下几个方面的工作：

1）制定数据管理策略：明确数据的收集、存储、处理和共享规则，确保数据的质量和安全。

2）设立数据所有者：确定数据的所有权和管理责任，确保数据的合规性和安全性。

3）设立数据使用权限：规定数据的访问权限和使用范围，防止未经授权的数据滥用。

4）建立数据审计机制：定期对数据的完整性、准确性和保密性进行审计，发现问题及时纠正。

5）设立数据共享机制：明确数据的共享条件和限制，保护个人隐私和企业秘密。

在实施数据认责机制的过程中，需要明确数据各利益相关方的责任：

1）数据所有者：负责数据的创建、维护和更新，确保数据的合规性和安全性。

2）数据使用者：负责按照规定的权限和范围使用数据，防止数据的滥用和泄露。

3）数据审计人员：负责定期对数据的完整性、准确性和保密性进行审计，发现问题及时报告。

4）技术支持人员：负责提供技术支持，保障数据的安全存储和处理。

5）法律顾问：负责为数据认责机制提供法律咨询和建议，确保符合相关法规和政策。

数据认责机制是一种有效的数据治理和数据保护方法，通过明确各方的责任和义务，实现对数据的合规性和安全性的管理。各组织应根据实际情况制定相应的数据认责机制，以提高数据的价值和利用效率。

2. 数据认责的原则和流程

数据认责是一项长期、逐步细化、迭代完善的工作。总结业界实施经验，数据认责需要按照如下原则来开展：

1）业务负责、全程参与。企业的总部职能部门、下属公司定义、产生、使用本专业数据，拥有本专业数据的管理权，需要对本专业数据的质量负责。信息化内部支持单位从技术视角负责数据管理活动的具体执行。数据管理和质量提升需要全员参与、全员尽责。

2）层层管控、认责到岗。基于企业的职能管控模式，由总部部门、分（子）公司、三级成员单位，自上而下实现数据管理责任的多层级管控、逐级细分至所属企业二级单位，并在各级组织设立与人事岗位设置相协调、岗位内容相一致的数据管理专员岗位（兼职），将机构责任分解到专员岗位。

3）问题导向、循序渐进。数据管理工作开展应循序渐进，针对影响本专业核心业务数据相关的问题，优先开展认责工作，将责任落实到岗、推动问题解决。

认责流程的建立在业界依托于数据管理专员制度（Data Stewardship）。数据管理专员制度是一种代管、托管制度，是为数据资产管理而分配的、委托的业务职责和正式的认责，是数据管理工作在业务方面的职责，主要探讨业务部门应承担的数据管理角色、职责以及相应的能力要求和制度设计。

构建清晰的数据认责流程，是数据标准规范管理工作得以落实的基础。只有将各项数据标准规范管理工作分配到具体的组织机构、岗位，才能确保各项数据管理工作责任得到落实。

参考业界实践经验，本书总结的数据认责流程如下：

1）根据数据主题域归属，数据治理委员会组织所属企业单位、内部支持单位开展资源盘点工作，梳理本专业数据资源，资源盘点完成后，内部支持单位发起数据资源登记注册流程，进行电子注册。

2）明确认责的数据范围，包括重点指标关联数据、问题多发数据跨部门、跨系统协同数据等。

3）从集团总部、所属企业两个层面，梳理本专业、本企业、内部支持队伍相关数据管理岗位与认责数据范围间的认责分工关系,认责粒度从二级主题域到实体再到属性，由粗到细，逐步细化。

4）梳理数据管理要求。在认责矩阵基础之上，总部部门、分（子）公司从专业层面梳理相关数据实体、属性的数据管理要求，包括质量要求（业务规则）、数据标准要求（业务定义）、数据共享类型等，形成数据管理要求清册。

5）梳理业务流程关键环节认责关系。在总部部门、分（子）公司层面梳理出认责数据项所对应的关键业务流程、节点名称、系统名称及其他关联数据项，并组织操作认责方（所属企业二级部门）梳理所属企业的数据管理要求，明确具体的二级部门、业务操作岗位，以及数据操作权限。

6）在业务环节认责关系梳理基础之上，总部部门、分（子）公司、所属企业组织编制相应的认责管理岗责任说明书，明确相关岗位应该承担的数据责任和各岗位认责数据范围，对数据录入、审核责任给出相应的操作指南。

3. 数据治理组织的层级划分及岗位设置

数据治理需要组织内多种角色有效协同、合作分工才能取得成效，数据认责流程活动也不是单一角色或者单一部门就能完成的，所以就存在认责分工的问题。数据认责机制的落地要体现在实现责任分工的数据治理组织的设计上，分别从层级划分和岗位设置两方面把数据治理工作相关责任明确到具体的岗位角色之中。

（1）数据治理组织层级划分

参考《数据资产管理实践白皮书（6.0 版）》，数据治理组织层级划分及责任分工如下：

1）执行层：执行层是数据治理组织的基层，负责日常的数据管理工作，包括数据收集、清洗、存储、处理、应用等。执行层的工作是整个数据治理体系的基础。

2）管理层：管理层在执行层的基础上负责统筹管理和协调资源，细化数据资产管理的绩效评估指标。数据资产管理部作为数据资产管理的主要实体管理责任部门，负责构建和维护组织级架构（包括业务架构、数据架构、IT 架构），制定数据资产管理制度体系和长效机制，而为了在组织内部有效协调数据治理相关工作任务的落地，需要有业务责任人团队和技术责任人团队的设置，把数据治理活动融入具体的业务和技术开发活动之中。

3）决策层：作为数据治理的决策方，规划和管理数据治理的策略和流程，确保数据治理流程和结果与组织的战略目标相一致。在决策层，通常设立数据治理理事会和数据治理委员会等机构，很多企业也设置了首席数据官等职位。

4）监督层：监督层的职责是监督数据治理的执行和管理工作，确保数据治理的合规性和有效性，并追踪和评估数据治理的效果，定期开展数据资产管理工作的检查、监督、评价与总结，并向组织决策层汇报。监督层通常设有数据治理审计委员会等机构。

（2）数据治理组织岗位设置

在组织层级之中，设置专门的数据治理角色岗位，把数据治理具体工作责任分配到这些岗位的职能要求之中，当然，各组织可根据实际情况对数据治理组织的层级和岗位职责进行合理调整，以适应组织的业务需求和发展变化，可能因企业规模和业务需求的不同而有所变化。常见的数据治理组织和岗位设置见表 9-1。

表 9-1　常见的数据治理组织和岗位设置

数据治理组织层级	组织设置	岗位设置
决策层	董事会 数据治理委员会	首席数据官
管理层	数据管理部	数据治理管理岗 数据架构管理岗 数据标准管理岗 数据质量管理岗 元数据管理岗 主数据管理岗 数据模型管理岗
	数据业务责任人团队	数据管理专员

（续）

数据治理组织层级	组织设置	岗位设置
执行层	各业务职能部门	数据质量分析师 元数据管理员 数据分析需求管理员 指标数据管理岗
	信息科技部门 数据应用开发项目组	数据架构师 数据建模师 数据库管理员 数据安全管理员 数据集成架构师 分析/报表开发人员
监督层	监事会 数据治理监督委员会	数据审计主管 数据审计专员 数据治理执行监督岗 数据考核管理岗

数据治理岗位是相对固定的，岗位的设置和分布、职务的合理确定，是以明确的岗位职责和合理的分工为基础、以合适的任职条件为保证的。数据治理组织设计应满足职能覆盖、高效协同、引领创新的要求，并与企业整体业务、组织、管理模式升级发展相匹配。数据治理组织的每个职务岗位要在整体目标、任务下有明确的分工，并在分工的基础上形成一个协调配合、优化组合的岗位体系。

一般来说，数据治理组织的岗位职责包括下面这些类别：

1）数据管理类岗位职责：负责定义、管理和发布组织的数据资产清单，定义并落实数据质量规范，确保数据的有效使用和监管。

2）数据架构岗位职责：负责设计数据架构以支持高效、可扩展的数据存储和使用，包括设计逻辑和物理数据模型，处理和管理数据安全和可访问性要求等。

3）数据分析岗位职责：负责进行数据分析和研究，以帮助实现组织的战略目标，定期生成可操作的数据报告，发现问题并提供解决方案。

4）数据治理策略类岗位职责：制订和实施数据治理战略，管理数据的生命周期，定义数据保管政策，确保数据的合规性和安全性，确保数据遵守相关法规。

5）数据保护和安全类岗位职责：负责确保组织的数据保护和安全，建立数据安全和隐私保障措施，避免数据泄露、损失和被攻击，制订紧急响应计划和复原策略。

6）数据治理工具和技术类管理岗位职责：负责选择和部署数据治理工具和技术，确保这些工具和技术能够有效支持数据治理计划的实施，给其他岗位的组织成员提供支持和培训。

以上各类数据治理类岗位的职责各有不同，但都是不可或缺的组成部分，它们之间协调合作可以确保高效、有效的数据治理，帮助组织更好地实现业务目标和战略目标。

一般要求每一个数据治理岗位都应有一份岗位职责说明书，其主要内容应包括岗位名称、岗位编号、工作内容、任职条件、岗位职责等。

数据治理组织中常见的岗位职责见表9-2。

表 9-2　数据治理组织中常见的岗位职责

组织岗位	岗位职责
首席数据官	负责建立并推动实现数据战略目标 使以数据为中心的需求与可用的 IT 和业务资源保持一致 建立数据治理标准、政策和程序 为业务提供建议以实现数据能动性，如业务分析、大数据、数据质量和数据技术 向企业内外部利益相关方宣传良好的数据管理的重要性 监督数据在业务分析和商业智能中的使用情况
数据管理专员	根据业界经验，数据管理专员一般由相关业务领域的行政管理责任人担当，以确保数据标准化等数据治理工作可以打通运营管理，同时提升组织的数字化管理力、业务创新力和清洁数据管理能力，所以数据管理专员结合其在组织内的行政权限，对以下数据标准化工作任务负有直接的领导责任，是第一责任人： 定义业务数据需求 定义业务数据的名称、业务含义 定义主数据管理和数据衍生计算的业务规则 定义和维护参考数据值 定义数据质量需求和度量指标 定义某些数据安全和访问规则 定义某些数据保留规则和规程 监视数据质量 识别和解决数据问题
数据架构岗	负责主导功能模块设计、数据结构设计、对外接口设计等系统设计工作 负责系统架构整体设计，技术架构选型 参与重大项目数据架构、数据模型的设计与审核，为项目建设提供数据架构设计的支持和管控，确保项目建设满足架构原则、规范和标准 负责数据架构治理，监督与检查架构标准和规范执行情况 开展数据架构重点、关键性专题研究工作，跟踪 IT 数据架构、大数据技术发展趋势，促进新技术与业务的融合，通过科技创新，推进业务创新
数据标准管理岗	负责参与制定和修订数据标准、元数据管理体系 负责审核业务部门提交的数据标准初稿，经与各部门商议后形成数据标准定稿 负责定期维护和组织修订数据标准 参与项目设计过程，并审核是否符合数据标准，确保项目建设方案符合数据标准要求 配合质量管理过程，审核是否符合数据管控标准，确保数据标准有效执行
数据质量管理岗	负责定期梳理、修订数据质量相关的外部监管、合规方面的要求 负责定期收集各业务部门的数据质量管理需求，并进行日常业务数据的梳理与监控，为业务日常运营及专项分析提供数据支持 负责对各环节的数据质量风险进行评估，根据数据质量管理要求，组织完成各项数据质量问题的检查、跟踪、监测、分析、报告 负责制定和修订数据质量管理体系标准和数据质量规则库以及推动改进工作
元数据管理岗	元数据管理制度和实施细则制定 元数据源头识别和认证 元数据采集和更新 元数据访问和使用管理 元数据资料库管理 元数据版本管理

（续）

组织岗位	岗位职责
主数据管理岗	主数据标准制定 主数据需求管理与业务对接 主数据运营管理 主数据归口管理与维护
数据分析岗	负责数据需求调研、数据统计分析等，对内部数据进行采集、数据关联关系分析，为数据类产品提供技术与服务支撑 负责根据业务、管理、运营需要，完善和优化数据分析体系，及时准确监控运营状况 负责数据运营能力的建设与维护，对各业务单元在数据平台的数据应用提供基础数据与能力支持
指标数据管理岗	负责数据指标框架和数据指标标准需求与业务对接
数据安全管理岗	负责数据安全需求梳理、数据安全策略制定、数据安全管理能力优化等 负责对数据安全相关外部法律和监管要求进行梳理，根据风险感知、识别等能力完善相关机制、优化相关流程 负责数据安全的软件与硬件管理工作，对提高数据类产品的安全管理提出合理的规划建议，为数据类产品提供安全相关的技术支持等
管理保障类岗位	宣贯培训岗位：负责业务部门宣贯对接与培训管理 执行监督岗位：负责巡检审核制度制定与执行 考评管理岗位：负责考核评价制度制定与统计
技术支持类岗位	数据治理管理平台支持岗位：负责对数据治理管理平台的日常使用需求管理与对接 数据分析平台支持岗位：负责数据分析与数据指标报送等平台日常需求管理与对接 其他数据类平台支持岗位：负责业务部门和数据采集平台的日常需求管理与对接 技术外包支撑岗位：负责开发、测试、运维等方面的技术外包团队沟通与工作成果管理

9.1.4　数据治理沟通

数据治理沟通是指在数据治理过程中，确保组织内部各部门和利益相关者之间有效沟通的过程。数据治理涉及多个方面，包括数据质量、数据安全、数据一致性等，因此有效的沟通对于数据治理至关重要。

依据 DCMM 的描述，数据治理沟通旨在确保组织内全部利益相关者都能及时了解相关政策、标准、流程、角色、职责、计划的最新情况，开展数据管理和应用相关的培训，掌握数据管理相关的知识和技能。数据治理沟通旨在建立与提升跨部门及部门内部数据管理能力，提升数据资产意识，构建数据文化。

DCMM 对数据治理沟通过程描述如下：

1）沟通路径。明确数据管理和应用的利益相关者，分析各方的需求，了解沟通的重点内容。

2）沟通计划。建立定期或不定期沟通计划，并在利益相关者之间达成共识。

3）沟通执行。按照沟通计划安排实施具体沟通活动，同时对沟通情况进行记录。

4）建立问题协商机制。包括引入高层管理者等方式，以解决分歧。

5）建立沟通渠道。在组织内部明确沟通的主要渠道，例如邮件、文件、网站、自媒体、研讨会等。

6）制订培训宣贯计划。根据组织人员和业务发展的需要，制订相关的培训宣贯计划。

7）开展培训。根据培训计划的要求，定期开展相关培训。

数据治理沟通工作是确保数据治理成功的关键因素之一，要有效开展数据治理沟通，总结业界经验，需要做好以下十个方面的工作：

1）建立清晰的沟通渠道。建立一个清晰的沟通渠道，包括定期会议、邮件列表、社交媒体等，以便与利益相关者保持联系并分享信息。

2）明确目标受众。确定沟通的目标受众，并为他们提供有价值的信息和资源。这有助于确保信息被准确地传递给正确的人。

3）确立明确的沟通策略和计划。包括明确沟通目标、受众、内容、时间和沟通方式等，构建全面、有效的沟通策略和计划。

4）确保信息准确和及时。确保信息准确无误，并及时传达给利益相关者。如果有任何变化或更新，应尽快通知他们。

5）使用简单易懂的语言。使用简单易懂的语言，以确保信息易于理解和消化，避免使用过于专业化的术语。

6）维护沟通质量和准确性。要保证沟通内容的准确性和清晰性，及时更新沟通记录数据，确保沟通记录数据的可靠性和准确性。

7）鼓励反馈和互动。鼓励利益相关者提供反馈和互动，以帮助组织了解他们的需求和问题，并改进沟通策略。

8）建立信任关系。建立信任关系是成功进行数据治理沟通的关键。通过诚实、透明和一致的沟通，可以建立信任关系，并获得利益相关者的尊重和支持。

9）培养良好的沟通文化。在组织和团队内营造良好的沟通文化，包括尊重、开放、透明、反馈等，加强大家对数据治理的共识和拥护。

10）持续学习和自我提升。通过不断学习、提升技能、增加知识等方式，进一步提高沟通能力和专业素养，提高数据治理沟通工作的质量和效率。

总之，数据治理沟通需要持续地努力和关注。通过建立清晰的沟通渠道、明确目标受众、确保信息准确和及时、使用简单易懂的语言、鼓励反馈和互动以及建立信任关系等，可以成功地进行数据治理沟通工作。

数据治理工作存在大量的跨部门沟通协作，参考上文的数据治理组织的认责角色分工，在业务部门、数据管理部门以及科技部门形成沟通协作矩阵关系。某集团型企业数据标准化组织协作矩阵见表 9-3。

表 9-3　某集团型企业数据标准化组织协作矩阵

数据沟通	相关工作任务	业务责任人团队	数据管理部门（含工作执行层各职能岗）	技术责任人团队及相关信息系统项目组
沟通计划	沟通需求	提出	收集、分析	提出
	沟通计划	组织、验收	执行、发布、平台固化	配合
	沟通执行	组织	支持、推广	执行
	沟通成果	审核或审批	审核、平台固化	执行

（续）

数据沟通	相关工作任务	业务责任人团队	数据管理部门（含工作执行层各职能岗）	技术责任人团队及相关信息系统项目组
问题协商	问题提出	提出	收集	提出
	问题定位	描述	记录、分析	描述
	问题方案	参与	组织解决方案	参与
	问题整改	组织、验收	记录	配合
人才培养	培训体系	提出	支持、执行	配合
	岗位认证	提出	支持、执行	配合
	人才评估	提出	支持、执行	配合
数据文化	标准宣贯	执行	提出	配合
	案例宣传	执行	提出	配合
	伦理文化	参与	参与	参与

基于沟通协作矩阵，在数据治理组织架构中统筹、协调和调动组织内各成员开展并参与数据治理的相关沟通活动。

9.2 数据治理制度与规范

9.2.1 数据治理制度的概念及作用

1. 数据治理制度的概念

数据治理制度是企业管理制度的一部分。企业管理制度是企业内部所制定的管理规则和流程，是为了规范企业内部行为，保证企业健康运转和高效发展而制定的一系列有关制度、方案、规范和程序。企业管理制度一般是由公司内部或管理人员制定并全员执行，对公司的管理起到了重要的规范和约束作用。

数据治理制度是企业在进行数据管理过程中制定的一系列文件，是为企业管理服务的制度。数据治理制度是企业为保证数据质量、保护数据隐私和确保数据安全而制定的一系列有关数据管理的规章制度和流程。数据治理制度包括但不限于数据管理办法、数据标准管理办法、数据质量管理办法、数据安全管理办法等文件。下文选取了两个关于数据管理和数据安全的标准文件进行说明，以帮助读者进一步理解数据治理制度。

《数据管理能力成熟度评估模型》（GB/T 36073—2018）是我国在数据管理领域正式发布的首个国家标准，旨在帮助企业利用先进的数据管理理念和方法，建立和评价自身数据管理能力，持续完善数据管理组织、程序和制度，充分发挥数据在促进企业向信息化、数字化、智能化发展方面的价值。该标准定义了数据战略、数据治理、数据架构、数据应用、数据安全、数据质量、数据标准和数据生存周期 8 个核心能力域及 28 个能力项，并以组织、制度、流程和技术作为 8 个核心能力域的评价维度。

《信息安全技术　数据安全能力成熟度模型》（GB/T 37988—2019）是我国首部数据安全管理国家标准，旨在帮助企业利用先进的数据安全管理理念和方法，建立和评价自身数据安全管理能力。该标准的意义和价值在于促进组织机构了解并提升自身的数据安全水平：一是从数据生命周期的角度出发，结合各类数据业务发展所体现的安全需求开展数据安全保障工作；二是保障数据在组织机构之间安全地交换与共享，充分发挥数据的价值，打造更安全的大数据应用环境；三是衡量组织的数据安全能力成熟度水平，帮助行业、企业和组织发现数据安全能力短板。相关主管部门可以将该标准用于数据安全管理，根据数据安全能力水平的高低决定企业拥有数据的类型和范围，以提升全社会的数据安全水平和行业竞争力，确保大数据产业及数字经济的发展。该标准围绕数据的采集、传输、存储、处理、交换、销毁全生命周期 6 部分，从组织建设、制度流程、技术工具、人员能力 4 个能力维度，按照 1～5 级成熟度，评价组织的数据安全能力。

在编制企业数据治理制度过程中应充分参考国家标准与行业标准，编制的内容应符合国家标准与行业标准的要求，同时结合企业数据管理现状进行个性化内容补充，以便企业数据治理制度的落地和实施。

2．数据治理制度的作用

1）保障数据安全。通过数据治理制度，组织能够制定安全标准和措施，确保数据的保密性、完整性和可用性，降低数据泄露和损坏的风险，进一步保证组织的安全。

2）提升数据质量。通过数据治理制度，组织能够制定数据管理标准和规范，改善数据的质量，减少数据冗余和错误，提高数据的精准度和实用性，从而增强组织的管理决策的可靠性和效率。

3）规范数据管理。数据治理制度使组织具有规范化的数据管理和使用模式，降低组织管理成本，避免重复劳动和资源浪费，提高管理的透明度和准确性。

4）促进组织协作。数据治理制度规范了数据共享和协作的流程和规则，提高组织成员之间的协作和沟通效率，促进组织内部和外部的共享和合作，从而推动组织的创新和发展。

总之，制定和实施数据治理制度，是保障企业数据资源安全和管理的有效途径，可以规范数据流程、维护数据的准确性和质量，从而提高企业管理的效率、决策的可靠性和经营的稳定性，同时使企业更加注重合规性，是企业建立可信数据市值的重要途径。

3．数据治理制度的组成

数据治理制度文件章节相对固定，下面以某企业的《数据管理办法》为例，说明各章节的内容和作用，见表 9-4。

表 9-4　某企业的《数据管理办法》各章节内容与作用

章节名称	章节内容	章节作用
总则	说明制度的制定依据和作用，并明确制度适用范围与原则	规定了此制度的适用范围
组织与职责	说明企业为保障数据管理工作而成立的组织架构以及各组织架构的分工、职责	规定了此制度的责任主体以及各项工作内容的具体责任部门和责任岗位

（续）

章节名称	章节内容	章节作用
数据各领域管理要求	说明企业数据管理工作具体的领域以及各项工作的内容、流程与职责	规定了各管理领域的具体管理内容和流程，以及各项责任人的具体责任
评价考核	说明与数据管理工作配套的绩效考评体系内容与考核要求	规定了具体考核的要求，以便责任人了解考核工作对自身的影响
责任追究	说明违反数据管理工作规定需要面临的处罚	规定了具体的处罚方式、处罚责任人以及处罚内容
附则	说明制度由谁审议、由谁负责解释以及实施日期	规定了制度由谁制定、由谁解释

4. 数据治理制度体系

数据治理制度体系通常分层次设计，遵循严格的发布流程并定期检查和更新。数据制度建设是数据管理和数据应用各项工作有序开展的基础，是数据治理沟通和实施的依据。企业需要从数据治理现状与需求出发，对法律法规、标准规范等合规要求进行充分分析，并根据数据治理的总体目标，制定完备的数据治理制度体系。数据治理制度体系从上到下可划分为三级文档，企业可以根据实际需要进行针对性的增删和调整。

一级文档：由决策层认可、面向组织的数据安全方针，通常应包括组织数据管理工作的总体目标、基本原则、数据管理决策机构设置与职责划分等。

二级文档：根据数据管理方针的要求，对组织数据管理工作各关键领域的管理要求做出具体规定，可包括基础类管理制度、人员类管理制度以及场景类管理制度等。

三级文档：与二级文档中各类管理制度要求相呼应，是针对具体环节落地实施的操作规范和指南，包括基础类规范、人员类规范和场景类规范等。

5. 数据治理制度实例

以下是某企业数据治理制度的范文。

中国××股份有限公司数据管理办法

第一章 总 则

第一条 为规范中国××股份有限公司（以下简称"公司"）数据管理工作，推动数据安全有序共享与使用，充分发挥数据在提升资本运营效能、促进公司高质量发展、服务担保业务等方面的作用，根据《中华人民共和国数据安全法》等现行法律法规，结合公司实际，制定本办法。

第二条 本办法适用于公司各部门、分公司、全资投资公司、控股投资公司。

第三条 本办法所称数据，是指公司依托已建设的信息系统采集的数据、形成的报表和文本，以及经营过程中形成的可与其他单位共享的文档、图像等各类数据，同时包括依规采集、分析形成的数据。

第四条 本办法所称数据管理，是指通过遵循数据管理评估战略计划，旨在实现最能满足业务目标的大数据架构的一组活动，主要包括数据架构、数据应用、数据安全、数据质量、数据标准等领域的数据管理工作。

第五条　公司数据管理遵循"归口管理、统一标准；统一采集、汇聚存储；按需使用、充分共享；安全合规、便捷高效"的工作原则。

第二章　组织与职责

第六条　网络安全和信息化委员会（以下简称"网信委"）是公司数据管理的领导机构，其主要职责如下：

（一）贯彻落实公司党委决策部署，统筹推进公司数据管理工作。

（二）审议公司数据战略有关重要规划和政策文件，协调解决重点、难点和争议点问题。

（三）指导督促各部门、所属公司落实数据管理工作责任，并对有关工作完成情况进行监督评价。

第七条　信息化建设工作小组（以下简称"工作小组"）负责统筹公司数据管理工作；信息技术部为工作小组的日常办事机构，负责工作小组会议的日常组织管理及相关事务性工作。

第八条　工作小组设组长 1 名，由信息技术部主管领导担任。工作小组成员包括：办公室（董事会办公室）、发展运营部、财务会计部、信息技术部、风险管理部、法律合规部、科技管理部等部门的负责人。工作小组的主要职责如下：

（一）推动落实经网信委审议的数据战略有关重要规划和政策文件，定期报告工作推进情况和存在的问题。

（二）建立健全公司数据管理工作协同和监督评价机制：组织推进相关规章制度、标准规范和安全机制建设，规划指导公司数据管理体系建设；组织推进数据统一采集、归集存储、共享使用；组织推进数据共享，统筹推进公司数据合规开发利用。

（三）协调解决公司数据共享存在的分歧问题。

（四）负责公司数据安全管理相关事宜。

第九条　数据管理执行组是公司数据管理的执行机构，负责完成具体事项。数据管理执行组由数据质量管理岗、数据架构管理岗、数据需求管理岗、数据管理岗的任职人员组成。其中：数据质量管理岗、数据架构管理岗、数据需求管理岗由信息技术部委派人员担任；数据管理岗由各部门委派人员担任，且应至少确保一名在职员工担任或兼任。

第十条　数据管理执行组的主要职责如下：

（一）数据质量管理岗、数据架构管理岗和数据需求管理岗负责各项数据工作的推进，同时制定和完善数据管理各个领域的专项工作规章制度和流程，指导推进各部门、所属企业的数据管理工作，完成数据管理相关项目的立项和验收工作，以及完善数据管理系统的功能需求及系统管理。

（二）各部门数据管理岗代表本部门长期参与数据管理工作，负责整理和反馈数据标准、质量等相关工作，在部门内部宣传数据管理意识，增强公司内部人员的管理意识。

（三）数据管理执行组中各岗位人员的变动及调整，需要由工作小组批准。

第三章　数据采集管理

第十一条　工作小组负责建立健全公司数据标准体系，将其作为各部门、所属公司数据采集的依据，并保持一定的稳定性。需要各部门、所属公司定期报送的数据都应纳入公司数据标准体系。

第十二条 各部门、所属公司根据公司数据采集规范，遵循合法、必要、适度的原则开展数据采集。公司数据采集按照"一数一源、一源多用"的要求，实现一次采集、共享使用，不得重复采集、多头采集。可以通过共享方式获得的数据，不得通过其他方式重复采集。

第十三条 对于公司数据标准体系之外的新增数据采集需求，原则上需要经工作小组审核通过，再向各部门、所属公司采集。如遇上级机关部署的紧急任务等临时性、突发性特殊情况，可报请公司分管领导同意后，直接向各部门、所属公司采集，事后需要更新公司数据标准体系及数据资源目录，并将采集的数据归集到公司数据资源服务平台。

第四章 责 任 追 究

第十四条 工作小组组织建立和完善公司数据管理监督评价体系和通报机制，对未按要求执行数据标准体系、未按时更新数据、未按期响应共享申请的，进行提醒或通报。

第十五条 公司各部门、所属公司有下列情形之一的，由工作小组通知限期整改；未在规定时限内完成整改的，对相关部室、所属企业及个人予以通报。

（一）未及时发布、更新共享数据资源的，向公司数据资源服务平台提供的数据不符合有关规范、无法使用的。

（二）无合理原因拒绝、拖延提供数据资源的，以及擅自减少应提供数据的。

（三）未按要求使用各部门、所属公司提供的共享数据的。

（四）违反本办法规定的其他行为。

第五章 附   则

第十六条 本办法由信息技术部负责解释。

第十七条 国家法律法规和行业监管部门另有规定的，从其规定。

第十八条 本办法经公司网络安全和信息化委员会讨论通过，自印发之日起施行。

该数据治理制度范文规定了企业在数据的采集、存储、使用、共享、质量与安全过程中的管理要求，以确保企业数据应用的安全性和可靠性。企业可以基于自身实际情况修改和制定符合其需求和要求的数据治理制度。

9.2.2 数据治理规范的概念及作用

1. 数据治理规范的概念

企业管理规范是指企业进行经营活动和社会交往时所遵循的行为准则或标准，是约束企业行为的行为规范。规范主要包括国家法律、政策、行业协会标准、企业自主制定的规章制度等，对企业在经营活动、产品质量、服务质量、环境保护等方面的表现起到了约束作用。

企业管理制度和规范在逻辑上的关联是，制度是规范的实施机制，规范是制度制定的基础。企业可以制定一些内部制度，规范员工的行为，比如规定员工需要按时上下班、打卡签到等，这里的制度就是实施机制，而这些内容要遵循的行业标准、法律法规就是规范。企业制定的制度和规范应当是相互关联的，制度要与国家、行业和公司制定的规范相契合，才能达到制度规范化、标准化和科学化的目的。

数据治理规范是指企业在进行数据管理的过程中遵守的标准。具体来说，这些标准可能是根据行业标准、法律法规和企业内部的要求制定的，对企业数据管理过程中的安全性、可靠性、合规性等方面起着约束作用。

数据治理制度和规范的关系是，数据治理制度的制定需要遵从数据治理规范，数据治理规范是数据治理实施的标准和操作指南。同时，数据治理制度的实行需要有数据治理规范的支持和保证。

2. 数据治理规范的作用

数据治理规范是企业建立和实施数据治理体系的重要一环，具有以下作用：

1）提高数据质量。数据治理规范可以帮助企业建立数据质量标准和规范，以确保数据的准确性、完整性、正确性和一致性。通过实施数据治理规范，可以监测和管理数据质量，并及时处理数据质量问题。

2）提高数据使用效率。数据治理规范建立了数据共享、数据分析、数据销毁等方面的流程，可以确保数据的有效使用，提高数据使用的效率和价值。

3）降低数据风险。数据治理规范可以帮助企业确定和管理敏感信息，确保数据安全和隐私保护，降低数据风险和损失的风险。

4）支持决策制定。数据治理规范可以帮助企业建立良好的数据文化、数据分类和数据存储机制，为决策制定提供强有力的依据和支撑。

5）符合法律法规要求。随着政府对数据安全和隐私保护的要求不断提高，企业必须遵守相关法律法规，而数据治理规范可以确保企业符合适用的法律法规和其他行业标准。

综上所述，数据治理规范对提高数据质量和数据使用效率、降低数据风险、支持决策制定和符合法律法规要求等方面具有重要的作用。企业应该根据自身的需要和条件来建立和实施数据治理规范，以确保数据的价值最大化。

数据治理规范的价值在于提高数据管理的质量和有效性。数据治理规范是组织和管理数据的最佳实践方式，它确保了数据的质量、一致性、安全性和保密性，使组织更加高效和可持续地管理数据。

3. 数据治理规范的组成

数据治理规范章节相对固定，下面以某企业的《数据标准管理办法》为例，说明各章节的内容和作用，见表 9-5。

表 9-5　某企业的《数据标准管理办法》各章节内容与作用

章节名称	章节内容	章节作用
总则	说明制度的制定依据和作用，并明确制度适用范围与原则	规定了此制度的适用范围
组织与职责	说明企业为保障数据管理工作而成立的组织架构以及各组织架构的分工、职责	规定了此制度的责任主体以及各项工作内容的具体责任部门和责任岗位
数据标准工作管理要求	说明企业数据标准工作具体的内容、流程与职责，包括标准的定义、制定、执行与复审等	规定了各管理领域的具体管理内容、流程，以及各项责任人的具体责任
附则	说明制度由谁审议、由谁负责解释以及实施日期	规定了制度由谁制定、由谁解释

4．数据治理规范实例

以下是某企业数据治理规范的范文。

中国××有限责任公司数据标准管理办法

第一章 总 则

第一条 为了规范中国××有限责任公司（以下简称"公司"）数据标准管理工作，明确管理职责，推动数据标准在业务和技术领域的应用，发挥数据资产价值，依据《数据管理能力成熟度评估模型》（GB/T 36073—2018）等国家标准，结合公司实际，制定本办法。

第二条 本办法适用于公司及其各级全资、控股和实际控制企业（以下简称"所属企业"）。

第三条 本办法所称数据标准管理，是指对数据的命名、定义、结构和取值规范方面的规则和基准的管理，包括标准的定义、制定、执行、变更、复审等过程。

第四条 数据标准管理工作应当遵循"共享、唯一、稳定、可扩展、前瞻、可行"的原则。

第二章 组织与职责

第五条 数据管理办公室（以下简称"数管办"）负责统筹数据标准管理工作，其主要职责如下：

（一）统筹推动公司数据标准管理体系建设。

（二）组织推动相关规章制度建设。

（三）组织推进数据标准的制定、执行、变更、复审等工作。

（四）建立健全公司数据标准管理工作协同和监督评价机制。

（五）监督检查各部室、所属企业的数据标准执行情况。

第六条 各部室、所属企业负责所主管业务数据的数据标准管理工作，其主要职责如下：

（一）各部室、所属企业主要负责人是本单位数据标准管理工作的第一责任人，应当组织建立健全本单位数据标准管理工作机制，明确责任处室、责任人。

（二）负责制定业务术语、业务指标标准，参与制定参考数据、主数据、数据元标准。

（三）提出数据标准变更需求，反馈数据标准相关问题。

（四）在信息系统建设中贯彻执行公司数据标准。

第七条 数据有限责任公司（以下简称"数据公司"）是公司数据标准管理工作的技术支撑单位，其主要职责如下：

（一）负责制定参考数据、主数据、数据元标准。

（二）协助数管办组织开展数据标准制定、执行、变更及复审工作。

（三）为各部室、所属企业在信息系统建设中数据标准执行方案的制定和执行提供技术支撑。

第三章 数据标准定义

第八条 数据标准，是指数据的命名、定义、结构和取值规范方面的规则和基准。

第九条 公司数据标准化对象分为以下五类：

（一）业务术语，是组织中业务概念的描述，包括中文名称、英文名称、术语定义等内容。

（二）业务指标，是在经营分析过程中衡量某一个目标或者事物的数据，由明细数据按照统计需求和分析规则加工生成，一般由管理属性、业务属性、技术属性等组成。

（三）参考数据，是一组增强数据可读性、可维护性、可理解性的数据集合，借助参考数据可实现对其他数据的合理分类。

（四）主数据，是组织中需要跨系统、跨部门、跨主体共享的核心业务实体数据。

（五）数据元，是由一组属性规定其定义、标识、表示和允许值的数据单元。通过制定核心数据元的统一规范，提升数据相关方对数据理解的一致性。

第十条　数据标准化对象的唯一定义包括业务属性、技术属性、管理属性三个维度。

（一）业务属性，是指从业务层面对数据的统一定义，包括数据项的业务含义、数据项处理加工的业务规则等。

（二）技术属性，是指从技术实现层面对物理数据对象的统一规范和定义，包括字段类型、字段长度、字段限制等。

（三）管理属性，是指从管理层面对数据标准的管理属性进行定义，包括数据责任主体、版本号、发布日期等。

第四章　数据标准制定

第十一条　数据标准制定，是指按照公司数据标准需求，定义各类标准化对象的业务属性、技术属性和管理属性的过程。

第十二条　制定数据标准应当按照以下流程：

（一）分析数据标准现状。各部室、所属企业开展业务调研和信息系统调研工作，并分析、诊断、归纳数据标准现状和问题。业务调研主要指对业务管理办法、业务流程、业务规划的研究和梳理，了解数据标准在业务方面的作用和存在的问题；信息系统调研主要指对各信息系统数据库字典、数据规范的现状调查，厘清数据的定义方式和对业务流程、业务协同的作用和影响。

（二）确定数据标准。各部室、所属企业依据行业相关规定或者借鉴同行业实践，结合公司自身在数据资产管理方面的规定，在各个数据标准类别下，明确业务术语、业务指标标准；数据公司依据国家标准、行业标准制定参考数据、主数据、数据元标准。

第五章　数据标准执行

第十三条　数据标准执行，是指将公司已发布的数据标准在具体业务操作及信息化建设中实施和运用，消除数据定义不一致的过程。

第十四条　数据标准执行包括四个阶段：确定范围、制定方案、贯彻执行和跟踪评估。

（一）确定范围：各部室、所属企业对所属信息系统的基础数据标准与已发布的数据标准进行对比分析，识别各信息系统需要进行数据标准调整的工作范围。

（二）制订方案：各部室、所属企业牵头组织，数据公司提供技术支撑，共同起草和制定信息系统贯彻落实公司数据标准的执行方案。

（三）贯彻执行：各部室、所属企业会同数据公司共同做好方案的执行工作，推动公司数据标准工作的高质量发展。

（四）跟踪评估：数管办会同各部室、所属企业做好数据标准执行的评估工作。

第十五条 各部室、所属企业在新建信息系统时，应当遵循公司数据标准有关规范，制定初步设计方案。在招标采购工作中，将遵循公司的数据标准作为重要技术指标纳入评价依据。在验收工作中，将数据标准执行情况作为重要验收依据。

第十六条 在用信息系统基础数据与公司数据标准不一致的，各部室、所属企业需要结合实际情况逐步推进数据标准贯彻落实工作。

第六章 数据标准变更

第十七条 数据标准变更，是指对已发布的公司数据标准进行变更的工作。数据标准变更的需求来源主要有以下情形：

（一）引用的国家标准等外部标准发生变化。

（二）外部监管要求发生变化。

（三）新增业务条线或者已有业务条线有业务变更需要。

（四）在用信息系统新建数据模型或者数据模型有变更需要。

（五）新建信息系统需要对新的业务术语、业务指标、参考数据、主数据与数据元进行标准化。

（六）确需变更的其他情形。

第十八条 各部室、所属企业提出数据标准变更需求的，应填写"数据标准变更申请表"并提交至数管办，数管办组织数据标准变更评审，经数据标准变更需求部门、相关业务部门、技术支撑单位审议通过，报请公司数字化工作分管领导审批同意后印发新的公司数据标准。

第十九条 数据标准的变更要遵循合理、审慎的原则，既要反映业务需求的变化，又要力争保持数据标准的相对稳定，减少由于数据标准的变更对业务应用和信息系统造成的影响。

第七章 数据标准复审

第二十条 数据标准复审，是指根据业务发展及信息系统建设情况，对公司数据标准适用性进行复审的工作。

第二十一条 数管办负责组织开展数据标准复审工作，针对已发布的公司数据标准在业务管理与信息系统中的执行情况，通过征求各部室、所属企业意见，了解数据标准的适用性，对不适用的数据标准及时进行修订或者废止。

第八章 监督检查与责任追究

第二十二条 数管办组织建立和完善公司数据标准管理监督评价体系和通报机制，定期对各部室及所属企业贯彻公司数据标准的情况进行检查，对未按照要求制定业务术语、业务指标、参考数据、主数据与数据元标准的部室及所属企业进行提醒或者通报。

第二十三条 对未按要求执行本办法的部室、所属企业，由数管办通知限期整改，并对相关单位及个人予以通报。

第九章 附 则

第二十四条 本办法自印发之日起施行。

第二十五条 本办法由信息技术部负责解释。

　　该数据治理规范范文规定了数据标准管理内容、流程与数据标准管理职责。企业可以基于自身实际情况修改和制定符合其需求和要求的数据治理规范。

本章小结

　　数据治理组织是确保企业或组织数据质量、安全和合规性的关键部门或团队。其职责涵盖了数据的各个方面，为企业的业务决策提供可靠的支持。建立数据治理组织需要完成以下相关工作：首先，建立数据治理组织，确保数据战略的实施；其次，建立数据体系配套的权责明确且沟通顺畅的组织。数据治理组织是企业数据治理活动的落地保障和能力支撑，能够确保数据治理活动的有效性和不可缺失性。

　　数据治理制度是企业管理制度中的一个分类企业管理制度。企业管理制度是企业内部所制定的管理规则和流程，是为了规范企业内部行为，保证企业健康运转和高效发展而制定的一系列有关制度、方案、规范和程序。企业管理制度一般是由公司内部或管理人员制定并全员执行，对公司的管理起到了重要的规范和约束作用。

　　数据治理规范是指企业在进行数据管理的过程中遵守的标准。企业管理规范是指企业进行经营活动和社会交往时所遵循的行为准则或标准，是约束企业行为的行为规范。规范主要包括国家法律、政策、行业协会标准、企业自主制定的规章制度等，对企业在经营活动、产品质量、服务质量、环境保护等方面的表现起到了约束作用。

本章习题

　　1. 数据治理组织的作用是什么？
　　2. 数据治理组织的职责涵盖哪些方面？
　　3. 建立数据治理组织需要完成哪些相关工作？
　　4. 数据治理组织的建立需要与哪些部门或团队进行沟通和协作？
　　5. 数据治理组织的建立对于数据战略的实施有什么样的保障作用？
　　6. 数据治理制度的概念和作用是什么？

第 10 章

数据治理文化

　　在数据治理体系中，数据治理文化是塑造高效数据治理体系的灵魂。通过培养员工的数据意识、责任感和诚信价值观，组织可以促进内部的数据治理工作，提升整个组织的数据素养和数据治理能力。同时，建立科学合理的制度和规范也是不容忽视的重要方面。通过不断加强和完善数据治理文化，组织可以更好地发挥数据的价值，为组织的业务发展和竞争提供有力支持。

10.1 数据治理文化的概念

数据治理文化是指在组织内部树立和培养的一种关于数据价值和数据管理的共同认知和价值观。它涉及组织成员对数据的重视程度、数据管理的意识和行为，以及数据治理实践的共同目标和原则。数据治理文化的内容包括以下几个方面。

1）意识和认知：组织成员需要了解数据的重要性和价值，认识到数据治理对于组织的战略和决策的重要性。这包括提高对数据质量、数据安全和数据隐私的认识，以及理解数据治理的目标和原则。

2）领导力和支持：组织的领导层需要发挥积极的作用，支持和推动数据治理文化的建设。他们应该明确数据治理的重要性，并为数据治理提供必要的资源和支持，同时树立榜样，以身作则。

3）沟通和培训：组织需要进行有效的沟通和培训，以提高组织成员对数据治理的理解和参与度。这包括向组织成员传达数据治理的目标、原则和价值，以及提供相关的培训和教育，帮助他们掌握数据治理的知识和技能。

4）合作和协作：数据治理需要跨部门和跨职能的合作和协作。组织需要建立合作机制和流程，促进不同部门之间的数据共享和协作，以实现数据一致性和数据整合。

5）激励和奖励：组织可以设立激励机制和奖励制度，以鼓励和认可那些积极参与数据治理的成员。这可以包括奖励数据质量改进的成果、数据安全和隐私保护的工作成绩等。

6）监督和评估：组织需要建立监督机制和评估体系，对数据治理的实施进行监督和评估。这包括定期的数据治理审查和评估，以及对数据治理目标的跟踪和监测。

通过这些内容的建设，组织可以培养和形成数据治理文化，使数据治理成为组织的共识和行为准则，从而提高数据的质量、可信度和可用性，支持组织的决策和业务发展。

10.2 数据治理文化的建立

数据治理文化是一种关于数据价值和数据管理的共同认知和价值观，通过建立和培养良好的数据治理文化，组织可以更好地管理和利用数据，提高决策和业务活动的效果和效率。

10.2.1 意识和认知

数据治理文化中的意识和认知与传统意识和认知存在一些差异。以下是其中的几个差异：

1）数据的重要性和价值：数据治理文化中的意识和认知强调数据的重要性和价值。传统意识和认知可能更加关注业务操作和决策的过程，而在数据治理文化中，人们更加意识到数据是组织的重要资产，对决策和业务流程的影响至关重要。

2）数据质量和数据管理：数据治理文化中的意识和认知注重数据质量和数据管理。人们意识到数据质量对决策的准确性和效果具有重要影响，并认识到数据管理的重要性，包括数据采集、存储、整合和清洗等方面的工作。

3）数据安全和隐私保护：数据治理文化中的意识和认知更加关注数据安全和隐私保护。随着数据泄露和隐私问题的增多，人们对数据安全和隐私保护的重要性有了更深刻的认识，更加重视数据的保密性、完整性和可用性。

4）跨部门和跨职能的合作：数据治理文化中的意识和认知强调跨部门和跨职能的合作。人们认识到数据治理需要各个部门和职能之间的协作和共同努力，以确保数据的一致性、准确性和可信度。

5）持续改进和学习：数据治理文化中的意识和认知强调持续改进和学习。人们意识到数据治理是一个不断演进的过程，需要持续改进和学习新的技术和方法，以适应不断变化的数据环境和需求。

这些差异体现了数据治理文化对数据的重视和对数据治理实践的认知，与传统意识和认知相比，数据治理文化更加强调数据的重要性、质量、安全和跨部门合作，以及持续改进和学习的重要性。

建立数据治理文化的意识和认知可以从以下几个方面入手。

1）教育和培训：提供相关的培训和教育，帮助组织成员了解数据治理的重要性和好处。这可以包括内部培训课程、外部培训资源和专家的指导等。通过培训可以提高组织成员对数据治理的认知并增强他们的技能。

2）意识宣传：通过内部沟通渠道、会议和员工活动等方式，宣传数据治理的意义和价值。领导可以发表演讲、撰写文章或组织专题讨论，向组织成员传达数据治理的重要性，激发他们对数据治理的兴趣，提高参与度。

3）信息共享：建立一个信息共享的平台或机制，促进组织成员之间的交流和合作。通过分享成功案例、最佳实践和经验教训，可以帮助组织成员了解数据治理的实施过程和效果，加深他们对数据治理的认知。

4）激励和奖励：建立激励和奖励机制，鼓励组织成员积极参与数据治理。可以表彰和奖励那些在数据治理方面表现出色的个人和团队，以及将数据治理的目标和绩效纳入绩效评估和激励体系中。

5）跨部门合作：促进跨部门和跨职能的合作和沟通，打破信息孤岛，促进数据的共享和协作。可以通过组织跨部门的会议和工作坊，建立沟通渠道和协作机制，以推动数据治理的跨部门实施。

6）持续监测和改进：建立一个持续监测和改进的机制，定期评估数据治理的实施效果，并根据评估结果进行调整和改进。这可以帮助组织成员认识到数据治理是一个持续不断的过程，需要不断地学习和改进。

通过这些努力，组织可以逐步建立起一个积极支持数据治理的文化，使数据治理成为组织的共识和行为准则。

10.2.2　领导力和支持

领导力和支持在数据治理文化建设中尤为关键的原因有以下几点：

1）明确目标和愿景：组织的领导层需要明确数据治理的目标和愿景，并将其传达给整个组织。他们的领导力可以帮助组织成员理解数据治理的重要性，并确保组织在数据治理方面有一个明确的方向和目标。

2）提供资源和支持：数据治理需要投入一定的资源，包括人力、技术和财务资源。领导层的支持可以确保组织提供足够的资源来支持数据治理的实施。此外，领导层还可以为数据治理提供政策和流程的支持，以确保数据治理能够得到有效的执行。

3）树立榜样和文化：领导层的行为和态度对组织的文化有重要影响。领导层以身作则，积极参与数据治理的实践，将数据治理视为组织的核心价值和行为准则，可以帮助树立数据治理的文化，并激励其他成员积极参与数据治理。

4）推动变革和创新：数据治理文化的建设需要组织成员对变革和创新持开放态度。领导层的支持可以促进组织成员对数据治理的接受和参与，鼓励他们提出新想法，推动数据治理的创新和改进。

5）跨部门合作和沟通：数据治理需要跨部门和跨职能的合作和沟通。领导层可以促进不同部门之间的合作和沟通，消除信息孤岛，促进数据的共享和协作，使数据治理能够在整个组织范围内得到有效的实施。

综上所述，领导力和支持在数据治理文化建设中至关重要。领导层明确目标、提供资源和支持、树立榜样和文化、推动变革和创新，以及促进跨部门合作和沟通，可以帮助组织建立和推动数据治理的文化，使数据治理成为组织的共识和行为准则。

领导层在数据治理文化建设中需要给予以下方面的支持：

1）明确的愿景和目标：领导层需要明确并传达数据治理的愿景和目标，使整个组织能够理解和共享这一愿景，为数据治理的实施提供明确的方向和目标。

2）资源投入：领导层需要确保组织提供足够的资源，包括人力、技术和财务资源，以支持数据治理的实施。这些资源可以用于培训和教育、技术工具的采购和部署、数据质量改进等方面。

3）政策和流程支持：领导层需要制定和实行相应的政策和流程，以支持数据治理的实施。这些政策和流程包括数据分类和标准化的规定、数据访问和共享的流程、数据质量和安全的管理等方面的指导和规范。

4）榜样和文化塑造：领导层需要以身作则，积极参与数据治理的实践，并将数据治理视为组织的核心价值和行为准则。他们的行为和态度可以树立数据治理的榜样，并帮助塑造一个积极支持数据治理的组织文化。

5）激励和奖励机制：领导层可以通过激励和奖励机制来鼓励组织成员积极参与数据治理。这包括表彰和奖励那些在数据治理方面表现出色的个人和团队，以及将数据治理的目标和绩效纳入绩效评估和激励体系中。

6）培训和教育：领导层可以投入资源来提供培训和教育，帮助组织成员了解数据治理的重要性和方法。这包括组织内部的培训计划、外部的培训资源和专家的指导等。

7）跨部门合作和沟通：领导层需要促进跨部门和跨职能的合作和沟通，消除信息孤岛，促进数据的共享和协作。他们可以组织跨部门的会议和工作坊，建立沟通渠道和协作机制，以推动数据治理的跨部门实施。

通过领导层的支持，组织可以建立一个积极支持数据治理的环境，促进数据治理文化的建设和实施。

10.2.3　沟通和培训

在数据治理文化中，沟通和培训的具体内容包括以下几个方面：

1）数据治理的基本概念和原则：培训和沟通应该涵盖数据治理的基本概念和原则，例如数据质量管理、数据安全和隐私保护、数据分类和标准化等。这些内容可以帮助组织成员理解数据治理的核心概念和目标。

2）数据治理的角色和责任：沟通和培训应该明确不同角色在数据治理中的职责和责任。例如，数据所有者、数据管理员、数据使用者等角色在数据治理中扮演不同的角色，需要理解和履行相应的职责。

3）数据治理的流程和方法：培训和沟通应该介绍数据治理的具体流程和方法。例如，数据收集、数据整合、数据清洗、数据分析等步骤，以及数据治理框架和方法论。这些内容可以帮助组织成员了解数据治理的实施过程和方法。

4）数据治理的工具和技术：培训和沟通可以介绍与数据治理相关的工具和技术。例如，数据管理系统、数据质量工具、数据分类和标准化工具等。了解这些工具和技术可以帮助组织成员更好地实施数据治理。

5）最佳实践和成功案例：培训和沟通可以分享数据治理的最佳实践和成功案例。通过分享其他组织在数据治理方面的经验和教训，可以帮助组织成员学习借鉴，并提高对数据治理的认知。

6）沟通和协作技巧：培训和沟通可以包括沟通和协作的技巧和方法。因为数据治理往往涉及多个部门和角色的合作，所以良好的沟通和协作能力对于数据治理至关重要。

7）数据治理政策和规范：培训和沟通应该介绍组织内部的数据治理政策和规范。这些政策和规范包括数据访问和共享政策、数据备份和恢复政策、数据保密和合规政策等。了解这些政策和规范可以帮助组织成员遵守相关规定并确保数据治理的有效实施。

8）数据治理培训课程和认证：组织可以提供专门的数据治理培训课程和认证，以帮助组织成员深入了解数据治理的理论和实践。这些课程和认证可以提供更系统和全面的数据治理知识，帮助组织成员在数据治理领域获得专业认可。

9）数据治理沟通渠道和平台：组织可以建立数据治理沟通渠道和平台，以促进成员之间的交流和共享。这包括定期的数据治理会议、在线讨论论坛、内部博客等。通过这些沟通渠道和平台，组织成员可以互相学习和分享经验，推动数据治理文化的建设。

10）持续学习和改进：沟通和培训应该强调数据治理是一个持续学习和改进的过程。组织应该鼓励成员不断学习最新的数据治理理论和实践，通过持续改进来提升数据治理的效果和价值。这包括定期培训和知识分享活动等。

通过综合考虑上述内容，组织可以建立一个全面的沟通和培训计划，帮助组织成员全面理解和参与数据治理，推动数据治理文化的形成和发展。通过提供这些内容的培训和沟通，可以帮助组织成员建立起对数据治理的共同理解和认知，并提高他们在数据治理中的能力和参与度。

10.2.4　合作和协作

在数据治理文化中，合作和协作是指不同部门、角色和利益相关者之间的合作和协作，以实现有效的数据治理。具体来说，合作和协作包括以下内容：

1）跨部门合作：在数据治理中，不同部门之间需要进行密切的合作，例如 IT 部门、数据分析部门、业务部门等。它们需要共同制定数据治理策略和流程，协调数据收集、整合和分析的工作，并共同解决数据质量和数据安全等问题。

2）数据所有者与数据使用者的合作：数据所有者和数据使用者之间需要建立良好的合作关系。数据所有者负责定义数据的所有权和使用规则，而数据使用者需要遵守这些规则并合理地使用数据。双方需要进行沟通和协商，以确保数据的正确使用和保护。

3）数据治理团队的协作：组织可以设立专门的数据治理团队，由不同部门的代表组成。这个团队负责制定数据治理政策和规范，推动数据治理的实施，协调各方的合作和协作。团队成员需要共同努力，分享知识和经验，解决数据治理中的问题。

4）制定共享数据规则：在数据治理中，共享数据是一个重要的方面。组织需要制定共享数据的规则和机制，明确数据的共享范围、权限和安全要求。不同部门和角色需要共同遵守这些规则，确保数据的安全性和合规性。

5）建立数据治理社区：组织可以建立一个数据治理社区，为不同部门和角色提供一个交流和共享的平台。通过这个社区，成员可以互相学习和分享经验，解决问题，推动数据治理的改进和创新。

6）跨组织合作：在某些情况下，组织可能需要与外部组织进行合作，共同处理数据治理的问题。例如，与合作伙伴共享数据，与监管机构合作确保合规性等。这种跨组织的合作需要建立合适的合作机制和沟通渠道，以确保数据治理顺利进行。

通过以上合作和协作的内容，组织可以建立起一种协同工作的数据治理文化，促进数据的有效管理和利用，提升组织的数据驱动决策和创新能力。

除了上述提到的方面，数据治理中还存在其他方面的合作和协作：

1）数据所有权与隐私保护的合作：在数据治理中，保护数据的所有权和隐私是非常重要的。数据所有者和隐私保护团队之间需要密切合作，确保数据的合法使用和隐私保护的有效实施。他们需要共同制定数据使用和共享的政策，并确保符合相关的法律法规和隐私保护标准。

2）数据治理标准与规范的合作：数据治理需要遵循一定的标准和规范，以确保数据的质量和一致性。不同部门和角色之间需要合作，制定和推广统一的数据治理标准和规范，确保数据的正确采集、整理、存储和共享。

3）数据治理培训与知识共享的合作：为了推动数据治理的实施，组织需要进行培训和知识共享。不同部门和角色之间需要合作，共同开展培训活动，提升数据治理的认识和能力。同时，他们还需要共享数据治理的最佳实践和经验，促进组织内部的学习和改进。

4）数据治理工具与技术的合作：数据治理需要借助各种工具和技术来支持数据的管理和分析。不同部门和角色之间需要合作，选择和使用适当的数据治理工具和技术，确保数据治理的高效性和可持续性。

5）数据治理与业务目标的合作：数据治理应该与组织的业务目标紧密结合。数据治理团队和业务部门之间需要合作，确保数据治理的目标和策略与业务需求相匹配。他们需要共同制定数据治理的优先级和计划，确保数据的管理和分析能够支持业务决策和创新。

通过合作和协作，组织可以建立起一个全面而协调的数据治理体系，推动数据的高效管理和价值实现。

10.2.5　激励和奖励

在数据治理文化中，激励和奖励是指通过一系列措施来激励和奖励组织内的成员积极参与和支持数据治理的实施。以下是一些常见的激励和奖励措施。

1）绩效考核与激励机制：将数据治理的目标和指标纳入绩效考核体系中，并与奖金、晋升等激励机制结合。通过明确的目标和奖励机制，激励员工积极参与数据治理，并取得良好的绩效。

2）培训和发展机会：为员工提供与数据治理相关的培训和发展机会，如数据管理、数据分析等技能培训，以及数据治理的最佳实践和经验分享。这样可以提升员工的能力和专业水平，提高他们参与数据治理的积极性。

3）内部交流与认可：鼓励员工之间积极交流和合作，分享数据治理的经验和成果。组织可以设立内部论坛、分享会等平台，让员工展示他们的工作成果，并获得同事和领导的认可和赞扬。

4）荣誉和奖项：设立数据治理的荣誉和奖项，如最佳数据管理团队、最佳数据质量改进项目等。通过这些荣誉和奖项的颁发，鼓励和表彰那些在数据治理方面取得显著成就的个人和团队，激发他们的工作动力。

5）参与决策与倡导权：给予参与数据治理决策和倡导的机会，让员工能够参与到数据治理的决策过程中，并为组织提供建议和意见。这样可以增加员工的参与感和归属感，提高他们对数据治理的积极性和投入度。

通过以上的激励和奖励措施，组织可以建立一个积极的数据治理文化，激励员工积极参与和支持数据治理，推动数据治理的成功实施和持续改进。

除了上述提到的措施，还有其他一些激励和奖励措施可以在数据治理文化中采用：

1）可见性和宣传：通过内部通信渠道、公司网站、社交媒体等方式，宣传数据治理的重要性和成果，让更多的人了解和认可数据治理的价值。同时，将参与数据治理的个人和团队的成就公之于众，提高他们的可见性和知名度。

2）创新和改进奖励：设立创新和改进奖励，鼓励员工提出创新的数据治理方法和解决方案，以及改进现有的数据治理流程和工具。通过奖励那些能够提供创新和改进的个人和团队，激发他们的创造力和改进意识。

3）跨部门合作奖励：在数据治理的实施过程中，鼓励不同部门之间的合作和协作，奖励那些能够跨部门合作并取得卓越成果的个人和团队。这可以实现组织内部的协同工作，提高数据治理的整体效果。

4）反馈和认可机制：建立一个有效的反馈和认可机制，定期向参与数据治理的个人和团队提供反馈和认可。通过及时的反馈和认可，让他们知道他们的工作受到重视和认可，激励他们继续投入到数据治理中。

5）职业发展和晋升机会：将数据治理的经验和成就作为员工职业发展和晋升的重要参考因素之一。通过提供晋升机会和职业发展路径，激励员工在数据治理领域不断学习和成长。

这些激励和奖励措施可以根据组织的具体情况进行调整和定制，以适应不同的文化和需求。重要的是，要确保这些措施能够激励员工积极参与和支持数据治理，推动数据治理的成功实施和持续改进。

10.2.6　监督和评估

在数据治理文化中，监督和评估是指对数据治理实施过程和结果进行监督和评估，以确保数据治理的有效性和持续改进。

以下是一些具体的内容。

1）数据质量监督和评估：监督和评估数据质量管理的过程和结果，包括数据收集、数据清洗、数据整合等环节的质量控制，以及数据质量指标的达标情况。通过监督和评估数据质量，可以及时发现和纠正数据质量问题，确保数据的准确性、完整性和一致性。

2）数据安全与隐私监督和评估：监督和评估数据安全与隐私保护的实施情况，包括数据访问控制、数据加密、数据备份等安全措施的有效性，以及对个人敏感信息的保护情况。通过监督和评估数据安全与隐私，可以确保数据的安全性和合规性，避免数据泄露和滥用。

3）数据治理流程监督和评估：监督和评估数据治理流程的执行情况，包括数据收集、数据存储、数据使用等环节的规范性和有效性。通过监督和评估数据治理流程，可以发现和解决流程中的问题和瓶颈，提高数据治理的效率和效果。

4）数据治理策略与政策监督和评估：监督和评估数据治理策略与政策的实施情况，包括数据治理目标的达成情况及数据治理政策的遵守情况。通过监督和评估数据治理策略与政策，可以及时调整和改进策略，确保数据治理的有效性和适应性。

5）绩效评估和持续改进：对数据治理的绩效进行评估，包括数据治理目标的达成情况、数据质量的改进情况、数据安全的提升情况等。通过绩效评估，可以发现数据治理的问题和改进空间，并采取相应的措施进行持续改进。

通过对数据治理实施过程和结果的监督和评估，可以及时发现问题并采取相应的措施进行纠正和改进，确保数据治理的有效性和持续改进。同时，监督和评估也可以为组织提供数据治理的反馈和指导，推动数据治理的成熟和发展。

在数据治理文化中，监督和评估的具体措施包括以下几个方面：

1）建立监督机制：建立专门的数据治理监督部门或角色，负责监督数据治理的实施情况。这个机制可以包括定期的数据治理审查、数据治理风险评估、数据治理合规性检查等。

2）设定指标和评估标准：制定数据治理的指标和评估标准，用于衡量数据治理的效果和绩效。这些指标和评估标准包括数据质量指标、数据安全指标、数据治理流程指标等。

3）进行内部审计：定期进行内部审计，评估数据治理的执行情况和结果。内部审计可以通过抽样检查数据质量、数据安全措施的有效性，以及数据治理流程的规范性和效率。

4）进行外部评估：聘请第三方机构或专业人士进行外部评估，对数据治理进行独立的评估和审查。外部评估可以提供客观的视角和专业的建议，帮助组织发现潜在问题和改进空间。

5）建立反馈机制：建立数据治理的反馈机制，鼓励员工和相关利益方提供意见和建议。可以通过定期的调查、反馈会议或者匿名举报渠道来收集反馈信息，以便及时发现问题并采取相应的改进措施。

6）持续改进：基于监督和评估的结果和反馈，及时进行持续改进。可以制订改进计划，明确改进目标和措施，并跟踪改进的进展和效果。

通过以上措施，可以确保数据治理的有效性和持续改进效果，并推动组织建立健康的数据治理文化。同时，监督和评估的过程也可以为组织提供反馈和指导，推动数据治理的成熟和发展。

10.3　数据文化与数据治理框架

在大数据时代，数据文化和数据技术具有同等重要性。数字化正在改变各行各业，因此数字化转型已经成为许多组织的业务战略和数据战略。然而，要实现数字化转型的战略目标，组织文化的影响是不可忽视的。数据治理框架应该将文化变革考虑在内，在组织的决策、管理和执行各层级中营造数据文化氛围，加强对数据意识的培训，并提倡"用数据说话、用数据思考、用数据决策"的理念，使数据文化深入人心。

数据治理框架与企业数据文化之间存在密切的关系。

首先，数据治理框架可以为数据文化的建立提供支持和指导。通过规范和流程的制定，数据治理框架可以帮助组织明确数据的价值和重要性，将数据纳入组织的战略和业务决策中。

其次，数据治理框架可以促进数据文化的落地和实施。在数据治理框架的指导下，组织可以加强对数据意识的培训，推动员工在决策和执行过程中更加注重数据的使用和分析。这有助于让"用数据说话、用数据思考、用数据决策"的理念深入人心，形成真正的数据文化。

最后，数据治理框架还可以加强对数据质量的管理，强调数据是组织的核心资产，并将数据质量提升视为人人有责的任务。通过数据治理框架的实施，组织可以建立数据质量管理的机制和流程，确保数据的准确性、完整性和一致性，从而提高数据的可信度和可用性。

综上所述，数据治理框架与企业数据文化之间存在着密切的关系。数据治理框架为数据文化的建立和推进提供了支持和指导，同时也促进了数据文化的落地和实施。数据治理框架的目标是实现数据的一致性和可靠性，而数据文化则是组织开展数据治理的核心价值观和最终驱动力。通过将数据治理框架与数据文化相结合，组织可以更好地管理和利用数据资产，推动数字化转型的成功实施。

本书介绍的数据治理框架从落地层面强调了聚焦业务价值发现和赋能业务的数据治理工作开展路径，需要让业务人员看到数据的价值，才能更好地推动数据管理工作的配合和开展。数据治理工作往往从信息技术部门发起，是一项需要跨组织、跨部门协同的工作，如何让各业务部门主动地参与到数据治理活动中，且通过发挥主观能动性较好地完成数据管理职能工作，关乎组织数据治理建设的成败。

数据文化建设需要多方位的推进措施，包括以下两个方面：

1）强化领导层认识，自上而下推动。DAMA 提到数据质量管理的首要原因是"缺乏领导力"，很多人认为大部分的数据质量问题是由数据输入引发的，而实际上更重要的原因是缺乏领导力，对各项职能活动不重视。其实不只是数据质量，数据治理相关的所有活动都需要相关领导、各业务部门、信息系统负责人、数据管理人员的通力配合与协作。树立数据意识，在组织业务战略制定中就应该有所体现。

2）数据所有者认知，与所有人相关。华为数据管理工作的实践经验是很多组织开展数据治理工作的标杆及参考，我们可以从中总结和学习相关管理活动的开展方法及经验。华为对于所有数据的管理及入湖工作，从业务源头确定数据所有者，而且按照"组织—主题域分组—主题域—数据"层级分别确定各层级的所有者，通常包括组织的一把手或二把手、各业务单元的负责人、各业务职能的主责人等，他们都来自业务侧。数据标准定义有偏差、数据分析数据不准确、数据安全有泄露风险等具体数据问题都有明确的所有者认责及绩效奖惩机制，由此塑造的数据文化，真正做到了把数据治理职能融入员工工作中，保障各项工作落地与执行。

有效而持久的数据治理需要组织文化的转变和持续的变革管理，数据治理是一项长期的系统工程，需要肥沃的文化土壤滋养。

本章小结

数据治理文化是组织内部关于数据价值和数据管理的共同认知和价值观，它对高效数据治理体系的塑造起到关键作用。通过培养员工的数据意识、责任感和诚信价值观，组织可以促进内部的数据治理工作，提高整个组织的数据素养和数据治理能力。同时，建立科学合理的制度和规范也是组织不容忽视的重要方面。通过不断加强和完善数据治理文化，组织可以更好地发挥数据的价值，为组织的业务发展和竞争提供有力支持。

在建立数据治理文化的意识和认知方面，本章提到了几个差异，包括数据的重要性和价值、数据质量和数据管理、数据安全和隐私保护、跨部门和跨职能的合作以及持续改进和学习。这些差异体现了数据治理文化对数据的重视和对数据治理实践的认知，与传统意识和认知相比，更加强调数据的重要性、质量、安全和跨部门合作，以及持续改进和学习的重要性。

本章习题

1. 数据治理文化的概念是什么？
2. 数据治理文化涉及哪些方面？
3. 建立数据治理文化需要完成哪些相关工作？
4. 数据文化建设需要哪些方面的推进措施？
5. 数据文化与数据治理框架之间的关系是什么？
6. 数据治理文化中的意识和认知与传统意识和认知存在哪些？

第 11 章

数据治理工具

本章从技术层面介绍数据治理相关工具，以开源类型的工具为主，包括数据采集工具、数据存储工具、数据管理工具、数据应用工具四类。

本章内容
11.1 数据采集工具
11.2 数据存储工具
11.3 数据管理工具
11.4 数据应用工具
本章小结
本章习题

11.1　数据采集工具

以下是一些常见的开源数据采集工具。

1）Apache Nutch：一个开源的网络爬虫框架，用于抓取和提取网页数据，适用于构建搜索引擎和数据采集应用。

2）Scrapy：一个用于抓取网页数据的 Python 框架，支持高度可定制的数据提取功能。

3）BeautifulSoup：一个 Python 库，用于解析 HTML 和 XML 文档，并提供了简单而灵活的方法来提取网页数据。

4）Selenium：一个用于自动化浏览器操作的工具，可以模拟用户行为并提取网页数据，适用于动态网页数据的采集。

5）Kafka Connect：一个用于将数据从外部系统导入 Kafka 的工具，支持各种数据源和目标。

6）Apache Flume：一个分布式的日志收集工具，用于采集、聚合和传输大规模数据流，适用于日志分析和数据管道的构建。

7）Logstash：一个开源的数据收集和处理工具，用于采集、转换和发送数据到各种目标，支持多种数据源和插件。

8）Fluentd：一个开源的日志收集和转发工具，支持多种数据源和目标，具有高度可扩展性和灵活性。

9）Web-Harvest：一个开源的数据采集工具，用于从网页和 Web 服务中提取数据，支持 XPath 和正则表达。

这些开源数据采集工具提供了各种功能，并具有高度灵活性，人们可以根据具体的需求选择合适的工具来进行数据采集。

11.2　数据存储工具

11.2.1　开源的关系数据库

以下是一些常见的开源的关系数据库。

1）PostgreSQL：一个功能强大的开源关系数据库，支持 ACID 事务，并提供丰富的数据类型和功能。

2）MySQL：一个流行的开源关系数据库，支持 ACID 事务，并具有良好的性能和可靠性。

3）SQLite：一个嵌入式的开源关系数据库，支持 ACID 事务，并具有轻量级和高性能的特点。

4）MariaDB：一个由 MySQL 分支发展而来的开源关系数据库，与 MySQL 兼容，并提供一些额外的功能和性能优化。

5）CockroachDB：一个分布式的开源关系数据库，支持 ACID 事务和水平扩展，并具有高可用性和强一致性。

6）TiDB：一个分布式的开源关系数据库，支持 ACID 事务和水平扩展，同时具有强一致性和高可用性。

7）FoundationDB：一个分布式的开源关系数据库，具有强一致性和高可用性，并支持多模型数据存储。

8）VoltDB：一个内存型的开源关系数据库，专注于高吞吐量和低延迟的事务处理，适用于实时应用和大规模并发场景。

这些开源的关系数据库提供了可靠的事务支持和数据一致性，人们可以根据具体的需求选择合适的数据库来进行事务处理。

11.2.2　开源的分析数据存储工具

以下是一些常见的开源的分析数据存储工具。

1）Apache Hadoop：主要用于分布式计算，但它的分布式文件系统和分布式计算框架（MapReduce）也可用于存储和处理大规模的分析数据。

2）Apache Hive：一个基于 Hadoop 的数据仓库基础设施，提供类似 SQL 的查询语言（HiveQL）和数据存储管理功能，适用于批量数据分析。

3）Apache HBase：一个分布式的列式数据库，适用于快速读写大规模数据集，具有高可靠性和可扩展性，适合实时和近实时的数据分析。

4）Apache Cassandra：一个分布式的 NoSQL 数据库，用于处理大规模的结构化和半结构化数据，具有高可扩展性和高性能，适用于实时数据分析。

5）Apache Druid：一个用于实时数据分析和查询的开源分布式列存储数据库，具有高性能的数据查询和灵活的数据聚合功能，适用于实时大数据分析。

6）Apache Kylin：一个分布式的 OLAP 引擎，用于处理大规模的多维数据集，支持高性能的多维分析和复杂的查询操作。

7）Apache Pinot：一个实时的分析数据库，专注于快速查询和分析大规模的实时数据，适用于实时数据分析和可视化。

8）ClickHouse：一个快速的列式数据库，用于实时分析大规模的数据集，具有高性能和低延迟的特点，适用于实时数据分析和报表生成。

这些开源的分析数据存储工具提供了高性能和可扩展性，人们可以根据具体的需求选择合适的工具来存储和分析大数据。

11.2.3　开源大数据存储工具

以下是一些常见的开源大数据存储工具：

1）Apache Hadoop：一个分布式计算和存储框架，用于处理大规模数据集，包括 HDFS 和 MapReduce 计算模型。

2）Apache Spark：一个快速、通用的大数据处理引擎，支持批处理、交互式查询和流处理等多种数据处理模式。

3）Apache Hive：一个基于 Hadoop 的数据仓库基础设施，提供类似 SQL 的查询语言和数据存储管理功能。

4）Apache HBase：一个分布式的列式数据库，适用于快速读写大规模数据集，具有高可靠性和可扩展性。

5）Apache Cassandra：一个分布式的 NoSQL 数据库，用于处理大规模的结构化和半结构化数据，具有高可扩展性和高性能。

6）Apache Kafka：一个分布式的流处理平台，用于高吞吐量的实时数据流处理，支持消息队列和"发布—订阅"模式。

7）Apache Druid：一个用于实时数据分析和查询的开源分布式列存储数据库，具有高性能的数据查询和灵活的数据聚合功能。

8）Apache Flink：一个用于流处理和批处理的开源分布式数据处理框架，支持事件处理、状态管理和精确一次处理等功能。

9）Apache Beam：一个用于批处理和流处理的统一编程模型，可以在不同的分布式处理引擎上运行，如 Apache Spark、Apache Flink 等。

10）Presto：一个分布式 SQL 查询引擎，用于快速查询大规模数据集，支持多种数据源和复杂的查询操作。

这些开源大数据存储工具提供了丰富的功能，具有高度灵活性，人们可以根据具体的需求选择合适的工具来管理和处理大数据。

11.2.4　开源知识图谱存储工具

以下是一些常见的开源知识图谱存储工具：

1）Apache Jena：一个用 Java 开发的知识图谱框架，提供了用于构建、查询和推理知识图谱的 API 和工具。

2）Stardog：一个 Java 开发的知识图谱存储和查询系统，支持 RDF 和 OWL 等语义网技术，并提供了 SPARQL 查询和推理功能。

3）Virtuoso：一个功能强大的知识图谱存储和查询系统，支持 RDF 和 SPARQL，并具有高性能和可扩展性。

4）Neo4j：一个图数据库，用于存储和查询图结构数据，适用于知识图谱的存储和分析。

5）AllegroGraph：一个高性能的图数据库，支持 RDF 和 SPARQL，具有可扩展性和推理功能。

6）Grakn.AI：一个知识图谱存储和推理引擎，提供了高级的知识建模和查询功能，适用于复杂的知识图谱应用。

7）Ontotext GraphDB：一个语义图数据库，支持 RDF 和 SPARQL，并提供了可视化和推理功能。

8）JanusGraph：一个分布式图数据库，适用于存储和查询大规模的知识图谱数据，并具有高可扩展性和高性能。

这些开源知识图谱存储工具提供了丰富的功能和高性能，人们可以根据具体的需求选择合适的工具来构建和查询知识图谱。

11.3　数据管理工具

11.3.1　开源元数据管理工具

以下是一些常见的开源元数据管理工具。

1）Apache Atlas：一个开源的数据治理和元数据管理平台，用于管理和维护数据模型的元数据信息，支持数据模型的定义、版本控制和关系管理。

2）Debezium：一个开源的变更数据捕获工具，用于将数据库的变更转化为事件流，可以用来管理和跟踪数据模型的变化。

3）Liquibase：一个开源的数据库版本控制工具，用于管理和追踪数据库模式和数据的变化，可以用来管理和维护数据模型的演化。

4）Flyway：一个开源的数据库迁移工具，用于管理和执行数据库模式和数据的迁移脚本，可以用来管理和维护数据模型的演化和升级。

5）ERMaster：一个开源的数据建模工具，用于设计和维护实体关系模型（ERM），支持多种数据库平台和模型导出。

6）DbSchema：一个开源的数据库设计工具，用于设计和维护数据库模型，支持可视化的模型设计和导出。

这些开源元数据管理工具提供了丰富的功能，具有高度灵活性，人们可以根据具体的需求选择合适的工具来管理和维护元数据。

11.3.2　开源主数据管理工具

以下是一些常见的开源主数据管理工具。

1）Talend MDM：一个开源的主数据管理工具，提供了数据集成、数据质量和数据治理等功能，支持多种数据源和数据域。

2）Apache Atlas：一个开源的数据治理和元数据管理平台，用于管理和发现企业数据资产，支持主数据管理和数据分类等功能。

3）OpenMDM：一个开源的主数据管理工具，提供了数据模型设计、数据集成和数据质量管理等功能，支持多领域的主数据管理。

4）Orchestra Networks EBX：一个开源的企业数据管理平台，用于管理和集成企业的主数据和元数据，支持数据质量和数据治理等功能。

5）MDM4j：一个基于 Java 的开源主数据管理框架，提供了主数据定义、数据集成和数据质量管理等功能，可用于构建自定义的主数据管理应用。

这些开源主数据管理工具提供了丰富的功能，具有高度灵活性，人们可以根据具体的需求选择合适的工具来管理和维护主数据。

11.3.3　开源数据模型管理工具

以下是一些常见的开源数据模型管理工具。

1）Apache Atlas：一个开源的数据治理和元数据管理平台，用于管理和维护数据模型的元数据信息，支持数据模型的定义、版本控制和关系管理。

2）Debezium：一个开源的变更数据捕获工具，用于将数据库的变更转化为事件流，可以用来管理和跟踪数据模型的变化。

3）Liquibase：一个开源的数据库版本控制工具，用于管理和追踪数据库模式和数据的变化，可以用来管理和维护数据模型的演化。

4）Flyway：一个开源的数据库迁移工具，用于管理和执行数据库模式和数据的迁移脚本，可以用来管理和维护数据模型的演化和升级。

5）ERMaster：一个开源的数据建模工具，用于设计和维护实体关系模型（ERM），支持多种数据库平台和模型导出。

6）DbSchema：一个开源的数据库设计工具，用于设计和维护数据库模型，支持可视化的模型设计和导出。

这些开源数据模型管理工具提供了丰富的功能，具有高度灵活性，人们可以根据具体的需求选择合适的工具来管理和维护数据模型。

11.3.4　开源数据质量管理工具

以下是一些常见的开源数据质量管理工具。

1）Talend Data Quality：一个开源的数据质量管理工具，提供了数据清洗、数据标准化、数据验证和数据监控等功能，可以帮助用户提高数据的质量和准确性。

2）Apache Griffin：一个开源的数据质量管理工具，提供了数据质量度量、数据质量验证和数据质量监控等功能，支持多种数据源和数据类型。

3）OpenDQ：一个开源的数据质量管理工具，提供了数据清洗、数据标准化、数据匹配和数据监控等功能，可用于识别和解决数据质量问题。

4）Datamartist：一个开源的数据质量管理工具，提供了数据清洗、数据转换和数据验证等功能，可用于改善数据的准确性和一致性。

5）DataCleaner：一个开源的数据质量管理工具，提供了数据清洗、数据标准化和数据验证等功能，支持多种数据源和数据格式。

这些开源数据质量管理工具提供了丰富的功能，具有高度灵活性，人们可以根据具体的需求选择合适的工具来管理和提高数据的质量。

11.4　数据应用工具

11.4.1　数据可视化工具

数据可视化工具有很多，以下是一些常见的数据可视化工具。

1）Apache Superset：一个开源的数据可视化和探索工具，支持多种数据源和数据格式，提供了丰富的可视化图表和仪表盘功能。

2）Grafana：一个开源的度量指标和分析平台，支持多种数据源和数据格式，提供了灵活的仪表盘和可视化功能。

3）D3.js：一个开源的 JavaScript 库，用于创建动态、交互式和可定制的数据可视化图表，支持各种数据源和数据格式。

4）Plotly：一个开源的数据可视化库，提供了多种图表类型和交互式功能，支持多种编程语言和数据源。

5）Metabase：一个开源的数据分析和可视化工具，提供了简单易用的用户界面和丰富的可视化功能，支持多种数据源和数据格式。

6）Redash：一个开源的数据查询和可视化工具，支持多种数据源和数据格式，提供了灵活的查询和可视化功能。

这些开源数据可视化工具提供了丰富的功能，具有高度灵活性，人们可以根据具体的需求选择合适的工具来进行数据可视化分析。

11.4.2　数据分析工具

数据分析工具有很多，以下是一些常见的数据分析工具。

1）R：一种开源的统计分析和数据可视化编程语言，具有丰富的统计和机器学习包，如 ggplot2、dplyr 和 caret 等，广泛应用于数据科学领域。

2）Python：一种流行的开源编程语言，具有强大的数据分析和科学计算库，如 NumPy、Pandas、Matplotlib 和 SciPy 等，可以进行数据清洗、转换、分析和可视化等操作。

3）Apache Spark：一种开源的大数据处理和分析引擎，提供了快速、可扩展的数据处理和分析功能，支持多种编程语言，如 Scala、Python 和 R 等。

4）Apache Hadoop：一种开源的分布式计算框架，用于处理大规模数据集的存储和分析，包括 HDFS 和 MapReduce 计算模型等。

5）KNIME：一款开源的数据分析和建模平台，提供了丰富的数据处理和分析节点，支持可视化的工作流程设计和执行。

6）Orange：一款开源的数据挖掘和可视化工具，提供了丰富的数据分析和机器学习算法，支持交互式的数据分析和可视化。

7）RapidMiner：一款开源的数据挖掘工具，提供了丰富的数据处理和分析功能，支持可视化的工作流程设计和执行。

8）Weka：一款开源的机器学习和数据挖掘工具，提供了丰富的数据处理和分析算法，支持可视化的工作流程设计和执行。

以上只是一些常见的数据分析工具，市场上还有很多其他类型的工具，人们可以根据具体的需求和技术要求选择合适的工具。

11.4.3　AI 工具

AI 工具有很多，以下是一些常见的 AI 工具。

1）TensorFlow：由谷歌开发的开源机器学习框架，支持构建和训练各种深度学习模型。

2）PyTorch：由 Facebook（现 Meta）开发的开源深度学习框架，提供了动态图机制和丰富的模型训练和部署功能。

3）Keras：基于 Python 的开源深度学习库，提供了简洁易用的 API，可以在 TensorFlow、Theano 和 CNTK 等后端运行。

4）scikit-learn：基于 Python 的开源机器学习库，提供了丰富的机器学习算法和工具，适用于各种数据分析和建模任务。

5）Caffe：由 Berkeley Vision and Learning Center 开发的开源深度学习框架，适用于图像分类、目标检测和图像分割等任务。

6）MXNet：由亚马逊开发的开源深度学习框架，支持动态和静态图模式，适用于构建和训练各种深度学习模型。

7）Theano：由蒙特利尔大学开发的开源深度学习库，提供了高效的数值计算和自动微分功能，适用于构建和训练深度学习模型。

8）Torch：用 Lua 语言开发的开源科学计算框架，提供了丰富的机器学习和深度学习功能，适用于构建和训练各种模型。

9）H2O：开源的分布式机器学习平台，提供了丰富的机器学习算法和工具，支持大规模数据处理和模型训练。

以上只是一些常见的 AI 工具，市场上还有很多其他类型的工具，人们可以根据具体的需求和技术要求选择合适的工具。

本章小结

本章介绍了四类数据治理工具，分别是数据采集工具、数据存储工具、数据管理工具、数据应用工具。这些工具能够让读者快速地理解和掌握数据治理的相关知识及应用方法。

本章习题

1．数据治理工具的主要分类有哪些？
2．数据采集工具主要有哪些？
3．数据存储工具主要有哪些？
4．数据管理工具主要有哪些？
5．数据应用工具主要有哪些？

典型案例篇

第 12 章

某能源企业数据治理

　　随着信息技术的不断发展和进步，数字化已经成为各行各业转型升级的重要方向。石油行业作为传统能源产业，面临着市场竞争加剧、环保法规趋严、劳动力成本上升等一系列挑战，需要通过数字化转型提高生产效率、降低运营成本、提升安全环保水平。国家积极推动传统产业的数字化转型，出台了一系列政策措施，鼓励企业加大技术创新和数字化投入，加快产业转型升级。同时，国际能源格局的变化和绿色发展理念的兴起也为石油企业的数字化转型提供了动力。

本章内容
12.1　项目背景
12.2　建设方案
12.3　建设效果

12.1　项目背景

当前，数字化企业建设趋势显著加快，特别是在"十四五"期间能源规划、企业发展、业务转型等方面的业务革新需求的增加，以及"碳达峰，碳中和"目标的提出，推动着企业开展数字化转型，实现用数据赋能业务，释放商业价值，为企业经营管理保驾护航。某油田股份有限公司明确了"一个愿景、两类目标、三个阶段、四个突破、四大主题、五个统一"的数字化转型战略蓝图，提出了"以数字化为核心驱动力，打造技术引领的全球化数字油服生态，助力成为世界一流油田服务公司"的数字化愿景。

目前，公司已基本建成了满足生产、管理需求的信息系统。系统数量超过 60 个，其中：集团层面建设系统数量占比约 40%，覆盖了公司近一半的业务；公司层面建设系统及各事业部自建系统数量占比约 60%。随着公司信息化建设的不断深入以及各系统建设的多元化，导致了实际使用过程中存在各系统独立运行、分散管理，信息孤岛众多、数据分散，数据资源缺乏统一的规划和管理，数据质量有待提升，数据交互共享困难、使用流程烦琐、利用率低等问题，多板块、多专业、多层次的"一体化"建设和应用模式推进缓慢，集成共享、协同应用程度较差，决策支撑能力显著不足。这主要体现在以下几个方面：

- 管理业务系统以集团公司所建系统为主，该类系统管控权限未下放，数据共享程度低。
- 普遍存在多个系统覆盖同一个业务的情况。
- 信息系统延伸范围不足，未覆盖全部组织层级，数据链信息化断层现象严重。

针对当前企业的信息化建设现状以及数字化转型战略目标，某油田股份有限公司开展数据深度融合与数字中心平台（以下简称"数字中心平台"）建设，以达成如下目标：为实现"智慧客户、智慧作业、智慧运营和智慧生态"四大主题和"统一规划、统一架构、统一技术、统一标准、统一数据"五个统一建设提供平台支撑；为完成"业务、管理、客户一体化、作业效率提升"四大突破提供技术保障；为实现"作业、运营、客户、生态"四大智能及降本增效奠定基础，助力公司数字化转型。

12.2　建设方案

数字中心平台通过融合公司现有系统，消除信息孤岛，并使用新技术建设新应用系统，覆盖公司整体业务范围，助力数据业务化、业务数据化，打造数据与业务协同的共享应用体系。着力打造"五个统一"的数字化转型基础能力，将管理业务与生产业务系统数据有机结合，建成以数据统一管理、协同共享、数字化调度指挥、智能化辅助决策为主要内容的综合性数字化平台，为生产管理者和决策者提供数字化的应用及服务，通过对公司各业务口径、各业态的多样数据的整合、汇聚和治理，使其成为有价值的信息资源，实现数据资产化。

基于数字中心平台的数据管理能力、技术支撑能力和应用服务能力，采用宏观分析与微观透视相结合的方式，充分利用宏观指标数据、经济数据、产业数据、全球市场相关数据，从行业趋势、企业运营、业务管理等维度，充分挖掘数据价值。数字中心平台以可视化大屏为载体，构建经营指标综合展示场景、物资装备综合分析场景、计划财务分析场景、作业安全综合展示场景等大数据应用，辅助公司多维度、全视角评估企业运营管理，推动公司相关政策落地实施，实现全局可视、智能分析、精益管理，助力公司数字化转型升级。

根据公司数字化转型整体规划及需求，结合转型痛点和业务框架，建设公司数字中心平台，如图 12-1 所示。

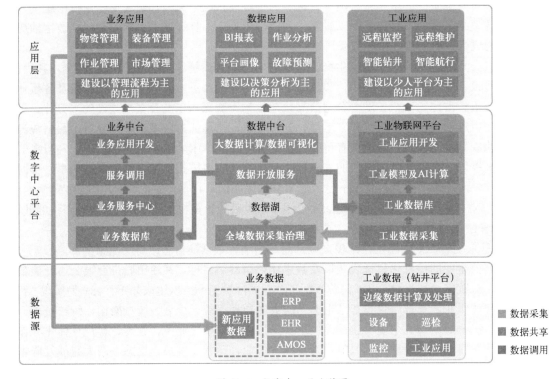

图 12-1 数字中心平台蓝图

（1）建设数字中心平台

数字中心平台是融合技术、聚合数据、赋能应用的数字服务中枢，以智能数字技术为部件、以数据为生产资源、以标准数字服务为产出物，有效促进了公司的业务创新和高效运营，为公司数据资产服务提供数字化能力输出，实现数字化转型目标。

（2）数据汇聚融合

数字中心平台作为公司的数据管理中心、共享中心和服务中心，汇聚整合了公司及各事业部建设信息系统的全量数据，并结合业务应用范围及需求，按需接入集团建设信息系统的相关数据。数字中心平台包含平台管理库和数据湖两部分，针对不同类型和特征的数据，按照不同的应用需求，选择合适的接入技术，将数据从源端接入数据湖的贴源层、数据仓库层、融合层，支撑数据分析应用，如图 12-2 所示。

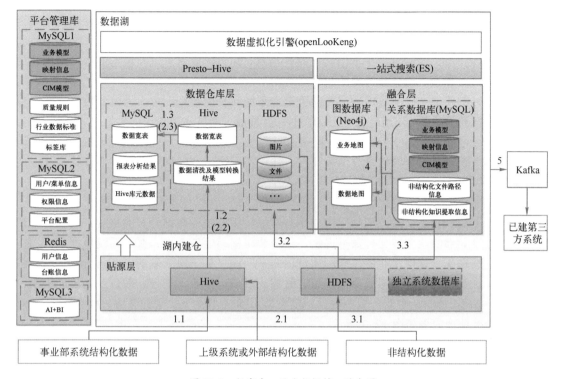

图 12-2　数字中心平台数据接入流向图

1）流转链路 1.1：事业部系统结构化数据接入数据湖贴源层。

2）流转链路 1.2：事业部系统结构化数据从源端接入数据湖贴源层的 Hive，主要接入低频度结构化数据，具体接入技术采用 DF。

3）流转链路 1.3：业务数据经过清洗，在 Hive 中生成面向应用的业务宽表后，存入数据仓库层的 MySQL 数据库，直接提供业务应用。

4）流转链路 2.1：上级系统或外部结构化数据接入数据湖贴源层，之后与事业部系统结构化数据流转链路相同。

5）流转链路 2.2、2.3：与流转链路 1.2、1.3 相同。

6）流转链路 3.1：非结构化数据从原业务系统存储至数据湖贴源层 HDFS 中，分为以下三种场景：

● 非结构化数据存储在服务器文件目录中。

● 非结构化数据存储在 FTP 服务器中。

● 非结构化数据存储在 HDFS 服务器中。

针对以上三种场景开发适配 SSL 协议、FTP、HDFS 协议的大文件转储功能，并提供任务管理功能，以便结合不同系统的非结构化数据更新频次进行任务配置和数据转储。

7）流转链路 3.2：对业务访问频率高、一站式检索频率高的非结构化数据进行冷热数据备份，存储至数据仓库层。

8）流转链路 3.3：将非结构化数据存储路径及知识抽取的结构化数据存储至数据湖融合层，最终结合 ES 对路径信息及知识提取信息进行索引，供一站式检索使用。

9）流转链路 4：对融合层中非结构化路径信息、知识提取信息以及根据业务场景构建的业务模型、CIM 模型，构建业务地图和数据地图，供一站式检索使用。

10）流转链路 5：此类数据为需要向第三方系统共享的数据，如人力资源数据。此类数据分全量数据和增量数据，流转方式分为两种：全量数据通过 API 封装，供第三方系统调用；增量数据在经过流转链路 2.1 后，再次向 Kafka 转发，以消息的形式推送到第三方系统中，此时第三方系统需要根据消息进行消费开发。针对不同物理表的增量数据需要设计 Kafka 的消费主题。

（3）统一数据标准

数据标准的统一是促进公司数字中心平台管好、用好企业数据资产的核心。通过详细调研公司及各事业部的业务现状、数据现状，结合公司核心业务需求、在运系统数据字典等，建立数据标准框架，采用"业务需求驱动自顶向下"和"基于现状驱动自下向上"相结合的模式，构建企业数据标准，形成覆盖组织、财务、市场、作业、平台、项目、知识、采购、物资装备、QHSE 等 10 个业务域的数据标准框架，涵盖 109 个二级业务域、6418 个实体对象。数据标准梳理成果如图 12-3 所示。

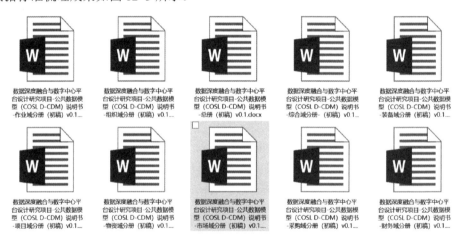

图 12-3　数据标准梳理成果

将梳理的数据标准资料，用于数字中心平台数据接入和数据湖整合实施，各业务主题域之间的关系如图 12-4 所示。

构建了统一的数据标准模型。基于知识图谱技术采用智能化算法进行数据标准的识别，对识别出的数据标准进行融合，最终形成统一、可落地的数据标准，同时对标准的落地执行情况进行监控和管理。与传统的数据标准制定、下发、执行过程相比，本数据标准的识别与融合充分考虑了现有数据标准的执行情况，避免了数据标准制定后落地难、执行难、管理难的问题。

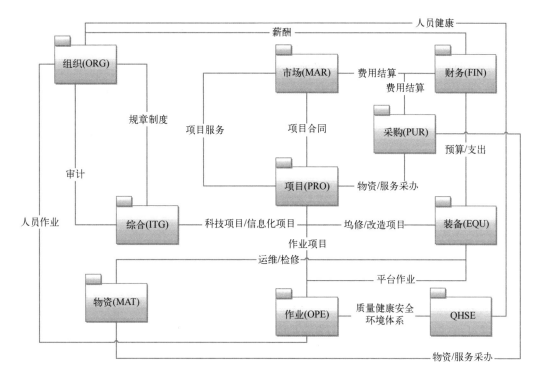

图 12-4 业务主题域关系

数据标准的识别采用人工智能技术，以"先融合、再统一"的整体思路，对事业部及公司现有的业务系统及数据情况进行自动融合，通过智能化、自动化的方式发现其中的数据关系，识别相应的数据标准。在识别了相应数据标准的基础上，对标准进行分类汇总与融合统一，最终形成契合事业部业务发展、符合公司技术及业务规划的统一数据标准。

在数据标准识别阶段，梳理事业部目前的业务现状及数据情况，对现有业务系统及数据报表、历史数据进行数据标准的自动识别。首先，需要调研分析事业部各业务线数据现状，对事业部各业务线数据进行盘点。其次，在数据资产盘点的基础上，结合现有的数据资产及标准情况，进行数据标准的自动识别。再次，识别出现有、在执行的数据标准后进行相应标准的融合。最后，在相应数据标准融合后，进行事业部相关业务数据标准的统一，从而形成统一的数据标准。

（4）智能化数字应用

作为公司数字化转型关键，智能化数字应用的实现过程依赖于数字中心平台所提供业务中台、数据中台和工业物联网平台所具有的数据能力和技术能力，用微服务开发框架和移动应用开发工具等进行快速开发与迭代，为事业部各级用户提供数字化服务。

智能化数字应用对应管理控制域，聚焦事业部经营管理流程方面的应用需求，主要面向机关及各单位的业务管理人员，如人力资源管理、行政办公管理、物资采购管理、技术支持等。智能化数字应用的重点是将线下的流程、文件、法规等活动线上化，以流程和文档为核心，通过企业应用门户、一站式检索、报表填报等业务应用建设，有效连通现有系统，并不断建设还未实现在线化的业务流程，逐步实现事业部人事、行政、财务、装备、物资、安全等所有经营管理流程的在线化，经营管理数据的集中化，以及业务需求的高效开发。

通过调研访谈结果和归纳整理，当前业务分为经营管理、生产作业和物资装备业务三大类。其中，经营管理类业务分为行政办公、人力资源、市场营销、计划财务、作业安全环保、钻井研究六类，生产作业类业务分为平台作业和平台及设备巡检作业两类，物资装备类业务分为采办管理、物资管理、装备管理、装备建造四类。

12.3　建设效果

数字中心平台建设具体成效主要体现在以下几个方面：

1）通过数字中心平台建设，实现了数据资源的统一、规范管理，有效解决了公司信息孤岛问题，减少了约 10TB 数据的重复存储，降低了数据集成获取难度和数据分析应用难度，提升了数据质量覆盖度，减少了人员手工处理与核查数据工作量。人工查找数据和处理数据工作量降低 90%以上，信息搜索时间减少 80%，数据交换时间减少 70%，文件协调效率提高 40%。避免应用模块的重复建设，各类数字化场景、决策分析场景建设周期缩短 40%。

2）通过统一数据标准的建设，规范了企业数据资源结构，有效促进了跨专业数据共享协同，为开展跨专业应用和深度数据价值挖掘奠定基础，支撑构建了经营指标展示场景、计划财务应用场景、人力资源应用场景、作业安全应用场景、物资准备应用场景等 12 个跨专业应用场景，提升了经营管理、物资采办、计划财务、安全作业等业务管理效率和决策能力。

3）基于数字中心平台的数据资源、数据服务和技术支撑能力，为全面推进公司数字化转型升级提供了宝贵经验，具有良好的实施推广价值。

4）通过海上平台和陆地两级技术支持中心的协同调度指挥，实现钻井平台一线人员与陆地技术专家的联动指挥与远程指导，有效减少一线人员 30%～50%工作量，并逐步缩减现场人员。

5）通过智能钻井、智能辅助作业、智能装备管理、智能巡检等生产业务数字化的建设，钻井平台人员减少 15%～20%，预计每年每自升式钻井平台可降本 600 万～900 万元，每半潜式钻井平台可降本 1000 万～1500 万元，每钻井平台设备维护成本降本约 400 万元。

第 13 章

某制造企业数据治理

在全球市场竞争日趋激烈的背景下，我国制造业正面临着前所未有的国际竞争压力。为了增强自身的国际竞争力，企业迫切需要进行数字化转型，以提升生产效率、降低成本、提高产品质量和服务水平。

数字化技术的不断发展和进步为企业数字化转型提供了强有力的支撑。云计算、大数据、人工智能等数字技术在我国得到了广泛应用，为企业数字化转型提供了坚实的技术基础。

我国制造企业的数字化转型不仅是应对国际竞争压力的必要举措，也是顺应时代发展的必然选择。通过数字化转型，企业可以更好地适应市场需求和竞争环境，提高自身的核心竞争力和品牌影响力，从而在激烈的国际竞争中立于不败之地。同时，数字化转型也将推动我国制造业的转型升级，带动整个产业链的优化和发展。在这个过程中，企业需要抓住机遇，积极拥抱数字化技术，以实现可持续发展并保持长期竞争优势。

本章内容
13.1 项目背景
13.2 企业数据治理痛点
13.3 业务数据现状分析
13.4 数据治理建设目标
13.5 数据生态解决方案
13.6 数据治理实施成果
13.7 业务应用场景的实现成果
13.8 经验总结

13.1　项目背景

　　某制造企业有 CRM、SAP、MES 等业务系统，目前各业务系统数据孤立、零散，未能形成企业数据资产，给数据支撑工作带来巨大挑战。通过整合企业全域数据，深入分析客户、产品、触点等相关画像数据，提供以客户为中心的精准营销能力以及精准服务能力，建设满足企业业务发展需求的数据治理平台，实现业务数据的及时采集汇聚。通过将业务数据加工处理并形成企业的数据资产，为后续数据资产体系建设及业务场景应用和数据化运营等提供支撑，帮助企业实现精细化管控，优化产品设计及动态数据资源调配，强化生产管控，有效控制成本，提高项目效益。

13.2　企业数据治理痛点

　　该企业的数据治理痛点如下。

　　1）无数据中台、数据仓库等基础设施。企业不具备数据中台、数据仓库等基础设施，且无大数据相关人员，数据支撑工作挑战困难，无法形成完整的生产经营链路。

　　2）企业经营无统一指标。企业生产运营过程没有统一规范定义，报表开发效率低下。核心指标数据质量合格率低下，企业核心运营指标数据质量合格率只有 50%。

　　3）各业务系统数据孤立、零散。企业各系统呈"孤岛式"构建，系统数据孤立、零散，无法形成有价值的企业数据资产，数据支撑工作的困难巨大。

13.3　业务数据现状分析

　　该企业的业务数据现状如下。

　　1）数据缺乏追溯方式。各个部门只关心本部门的数据需求，每项数据需求没有统一管理机制和工具，部门间数据共享能力差，缺乏数据应用与数据开发、数据源之间的联动管理方式。

　　2）数据类型多、数量大。对于多种形式的数据开发未能从数据的角度进行统一管理，含多样的数据存储形式和开发目标，面对变化频繁的需求，企业无法较好地控制数据开发过程和流向，排查数据问题时会非常费时费力。

　　3）数据缺少管理机制。业务系统建设未考虑统一的数据架构设计要求，从而在数据交换、数据共享上比较困难，未达到数据完整性、数据合规性、数据一致性等要求，数据冗余问题突出。

　　4）管控体系暂无统一建设。针对数据质量管控，职责划分不清，标准规范不统一，未形成统一的管理体系、管理规范和执行流程，并且未建立有效、常态的管理和执行组织来定期开展数据质量评估工作。

13.4　数据治理建设目标

针对企业目前痛点及业务数据现状分析，以数据治理建设为核心，以数据价值驱动为指引，建立面向场景化服务的能力，通过数据视角掌握企业发展方向及企业当前的实际需求，最终实现为企业业务赋能，为企业的管理控制和科学决策提供合理依据。数据治理建设目标如下：

1）打通业务与数据脉络，提升数据协同能力。汇聚整合企业各类业务数据，为企业提供日常经营管理分析平台，对各种异常情况进行智能预警。

2）进行数据的全链追踪，实现数据的有效溯源。有效呈现数据分布现状和处理加工链路，为数据质量问题的发现和解决提供依据，制定数据标准。

3）建立企业全息数据地图，实现数据资产可视化。对业务数据进行多层次、多角度的深入分析和全价值链的智能分析，为管理层的战略决策和运营层的经营管理提供精准数据信息。

4）通过数据模型深入挖掘数据价值。对数据价值进行挖掘和分析利用，通过对各类业务进行前瞻性预测及分析，并根据战略目标进行运营监控，为企业各层级的决策提供有力支撑。

5）可视化展现，提升响应速度。通过数据关联分析的可视化呈现，充分显现数据背后的规律及原则，提升管理人员对业务活动的响应速度。

13.5　数据生态解决方案

在"价值+服务"战略的指导下，该企业在业务转型过程中，需要坚持科学的企业发展路线，构建以数据中台为核心的企业数据生态，使业务系统具备大数据的能力，为持续的业务转型、业务经营以及业务发展提供创造力和决策依据。该企业的数据生态解决方案如图 13-1 所示。

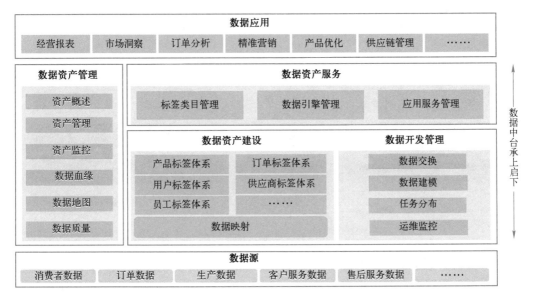

图 13-1　数据生态解决方案

通过采集消费者数据、订单数据、生产数据、客户服务数据和售后服务数据等,以数据治理建设路径为牵引,利用数据开发管理和数据资产管理工具进行数据治理的落地实施,覆盖数据采集、数据建模、资产监控、数据地图、数据质量管理等模块。以经营报表、市场洞察、订单分析、精准营销、产品优化和供应链管理等数据应用建设为指引,建设数据治理服务管理体系,促进企业统一的数据管控。

根据整套数据生态解决方案,该企业完成了以下项目的建设:

1)建设数据中台。建设了该企业首个面向数据服务管理的一体化的数据中台,包含接入、离线、标签、服务一整套数据应用闭环,为后续数据深度应用打下基础。

2)搭建治理体系,提升数据质量。完成了对数据治理体系的"五大过程、22 个主题任务、89 个业务流程、24 份过程文档、3 份数据管理制度"的梳理。创建了 722 条质量检查规则,梳理了 95 亿条记录,核心指标数据质量从 58% 提升到 92.15%。

3)沉淀数据资产,实现业务应用。完成了对数据资产体系的九大根类目、489 个数据标签的梳理。业务报表开发效率从原来的每天 5~10 人提升到每天 1 人。开发了基于数据资产的探索场景,如"双 11"看板、门店经营、用户画像、人才画像等。

13.6 数据治理实施成果

该企业数据治理的实施成果如下。

1)建设完成一套数据治理体系。搭建了一套数据应用驱动的数据治理体系,覆盖制造业务、信息系统建设、数据质量建设、数据资产建设及数据应用等过程。该企业的数据治理体系如图 13-2 所示。

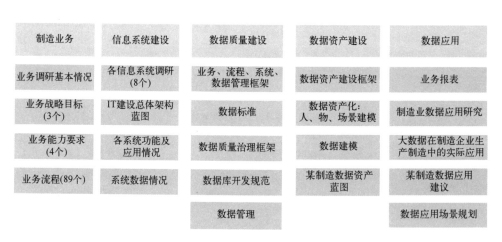

图 13-2 数据治理体系

2)一套制造企业数据资产体系的梳理。梳理出某制造企业数据资产体系共九大根类目,包括 500 个数据标签:消费者 75 个、渠道 20 个、订单 99 个、促销活动 8 个、产品 13 个、物料 27 个、经销商 72 个、门店 63 个、员工 123 个。该企业的数据资产体系如图 13-3 所示。

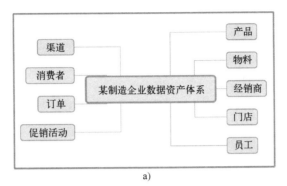

a)

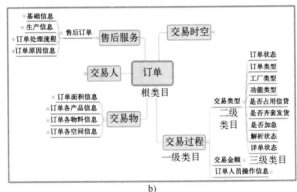

b)

图 13-3　数据资产体系

该企业的数据资产是通过数据资产建设方法论构建业务可理解的、用得起来的数据资产，也是通过大数据中台进行价值提炼出来的企业的数字财产。

通过数据资产的模型分析，从数据角度洞察问题；通过数据分析业务价值，应用于各种数据应用场景，比如客户画像等。

3）多项数据质量明显提升。实现数据质量闭环治理，数据质量明显提升。其中，治理数据包含以下内容：

- OA 办公系统三大主题域（人资、财务、采购）共约 110 万条数据。
- E-HR 人事系统两大主题域（考勤、人事管理）共约 12.6 万条数据。
- SAP 系统五大主题域（生产、仓储、物料、采购、出入库）共约 42 亿条数据。
- MES 生产系统六大主题域（人员、设备、物料、生产、工单、子工单）共约 2.5 亿条数据。
- CRM 营销系统八大主题域（订单、物料解析、产品、经销商、售后、客户、门店、价格）共约 74 亿条数据。

从数据质量管理一致性、完整性、准确性、时效性、唯一性等五个维度上进行质量监测，共监测了 95 亿条数据，使用了 722 条质量监测规则以保证企业核心数据唯一性、准确性、完整性。数据问题修正了 79 个，质量规则修正了 50 个，系统问题修正了 17 个，数据源问题修正了 12 个，数据修正了 30 多亿条。整体数据质量情况和质量提升趋势如图 13-4 所示。

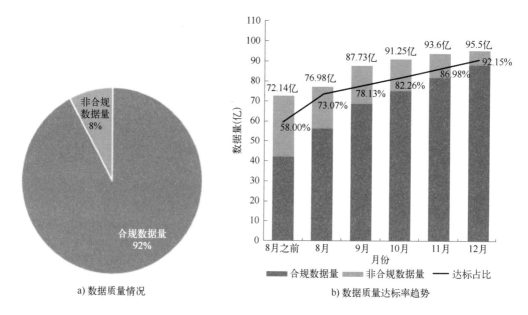

a) 数据质量情况   b) 数据质量达标率趋势

图 13-4　整体数据质量情况和质量提升趋势

整体数据质量从 58% 提升到 92.15%。人力资源数据质量从 92% 提升到 98%，供应链数据质量从 89% 提升到 97.85%，财务数据质量从 90% 提升到 95.93%，产品数据质量从 68% 提升到 89.32%，营销数据质量从 58% 提升到 88.26% 等。

13.7　业务应用场景的实现成果

业务应用场景的实现成果如下：

1）业务报表开发成果。从需求分析、字段梳理、数据仓库设计、数据采集、数据仓库建模、报表开发、数据核对以及报表数据交付等数据中台报表开发流程出发，共建设了 73 个业务报表需求，完成了 73 张报表数据开发，总体目标完成率达 100%。在数据治理建设过程中，数据质量有了明显提升，业务报表开发速度和效率显著提高。

2）人才画像应用场景成果。从数据治理后的数据资产中构建了以员工为主题的画像应用，包括员工发展潜力与敬业度分析，个人能力雷达图职位匹配度分析，人才盘点库，企业人才结构层次分析，组织结构完善性、合理性分析，高绩效人才特征分析等应用场景。人才画像应用场景成果如图 13-5 所示。

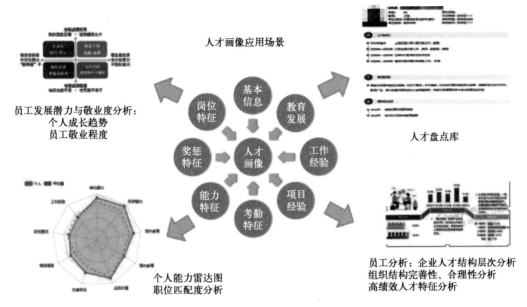

图 13-5　人才画像应用场景成果

13.8　经验总结

上述数据应用场景建设和数据治理方法可带来数据质量明显提升的效果，有助于企业实现数据的"长治久安"，并从人工治理转为规范治理。另外，这也有利于企业实现数据可管理、可量化、可评价的目标，从而减少企业经营中的损失，使企业从单向管理转为协同治理。

第14章

某金融企业数据治理

　　我国金融行业的数字化转型是在全球数字化浪潮的背景下进行的，是适应全球数字化发展趋势、提升自身竞争力和服务水平的必然选择。通过数字化转型，金融企业可以更好地满足客户需求，提高业务效率和风险控制能力，开拓新的业务领域，从而实现可持续发展。

本章内容
14.1　项目背景
14.2　企业面临的挑战
14.3　建设方案
14.4　实施成果

14.1　项目背景

某证券公司近些年在数字化建设及数据治理领域取得了一些建设成果，具体如下。

1）制定并发布了《数据治理管理办法》。该办法属于数据治理顶层制度，明确了公司数据治理工作范围、原则、组织架构与职责，以及各职能域划分与定义。

2）成立了数据治理工作组。成立了由公司分管领导、信息技术部门负责人、业务部门负责人、部门骨干组成的数据治理工作组，负责推动公司数据治理工作的开展。

3）制定了《关于提升公司数据质量的工作方案》。数据治理工作组制定了该方案，明确了后续应持续开展的数据治理工作措施和相关组织职责，初步拟定了未来三年数据治理工作实施路线图。

另外，公司相关部门还进行了各种内外部的调研访谈工作，对数据治理如何深入且长效支持业务发展进行了探索。

14.2　企业面临的挑战

该公司虽然在数据治理领域取得了一定的成果，但在实际推动过程中有一些比较艰巨的挑战和问题需要破解，才能深化数据治理工作的效果。这主要包含以下几个方面：

1）数据治理工作未与业务有效对接。数据治理工作中，业务部门对数据应用有迫切需求，但对数据管理有独到见解的骨干人员并未被纳入治理组织架构。

2）各部门对数据治理工作缺乏统一认识，各业务条线工作与数据治理工作缺乏有效协调。各部门尚未意识到各种问题与数据治理工作思路、数据治理对象之间的关系，仅针对问题现状从自身角度提出了不同的解决方式。但是由于业务和工作内容不同，各部门之间缺乏统一明确的数据工作思路，缺乏对治理对象的明确认识，导致问题无法得到统一解决，为数据治理工作埋下隐患。公司上下都认识到数据治理工作的重要性，但是各部门对数据治理的工作内容理解不统一。并非所有部门都意识到解决自身业务问题需要与数据治理协作开展，仅从业务角度提出解决方案，没有考虑工作中实际需要承担的数据治理任务，导致数据治理工作推进效果较差。

3）数据问题的解决方式仅关注个例，缺少体系化的整体改进方案。虽然已经解决了许多质量问题，但是由于缺少科学的数据治理方法指导，且对于问题的解决过于聚焦，因此在解决问题的过程中，仅从个案出发，这种"头痛医头，脚痛医脚"的方法导致相同问题反复出现。该公司迫切需要从数据角度对产生问题的根本原因进行分析，建立杜绝问题重复发生的长效机制。

14.3　建设方案

为了解决面临的上述问题和挑战，该公司在已有工作成果的基础上，采取了一系列措施，并以体系建设方案推动相关工作。

（1）建设原则

1）立足现状、注重落实。数据治理工作应植根于公司现状，不搞全面铺开，而应集中力量，从迫切度、配合度、可落地性等角度找准应用场景，确定试点范围，牵住数据治理工作的"牛鼻子"，推进治理工作快速见效。

2）价值导向、关注成效。不搞人浮于事的"面子工程"，而是以真正满足需求、解决实际问题、能产生实际效益的价值导向为指引，关注数据治理工作的实际成效。

3）统筹规划、分步实施。数据治理是业务部门和 IT 部门的共同职责，应做到公司整体"一盘棋"，统一谋划，统筹安排各方资源，分步骤、阶段性集中力量实现重点突破，避免因缺乏协同而重复无序建设，造成资源浪费。

4）建章立制、促进创新。数据治理不是一个运动式项目，而是一项常态化工作，其目的是在实现价值的过程中，探索建立一套能够确保问题不再重复发生、满足多样化需求的常态化的长效机制，实现数据驱动业务模式升级，多维度促进业务创新。

（2）建设方案整体框架及内容

以《公司数据治理管理办法》为总体指导框架，以"建立数据治理机制，提升数据质量及管理水平，创造数据资产价值"为目标，建立数据治理组织、制度和考核体系，形成涵盖数据治理各职能域的管理流程和标准规范。通过数据资产管理平台建设，支撑数据治理职能工作，驱动各类保障机制逐步完善、专业能力逐步提升，确保数据"看得见""管得住""用得好"。建设方案总体框架如图 14-1 所示。

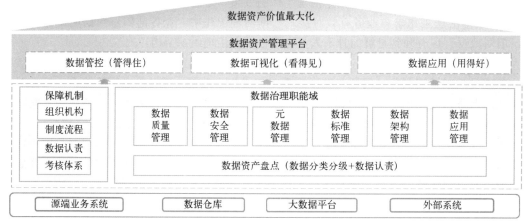

图 14-1　建设方案总体框架

通过划分多种数据职能域，建立贯穿公司上下的综合保障机制，实现数据质量管理、数据安全管理、元数据管理、数据标准管理、数据架构管理、数据应用管理、数据备份及归档管理。以数据资产管理平台为落地，实现覆盖公司全业务、全系统、全生命周期的数据管理功能，完成建立数据治理机制、提升数据质量及安全水平，创造数据资产价值的战略目标，最终实现数据资产价值的最大化。

（3）方案建设路径

结合公司年度重点工作，确定数据治理工作的应用场景。围绕应用场景开展专项数据治理，驱动各项专业能力、保障机制、平台建设持续开展。通过三个阶段、四条主线形成数据治理常态化运营机制。该数据治理常态化运营机制如图 14-2 所示。

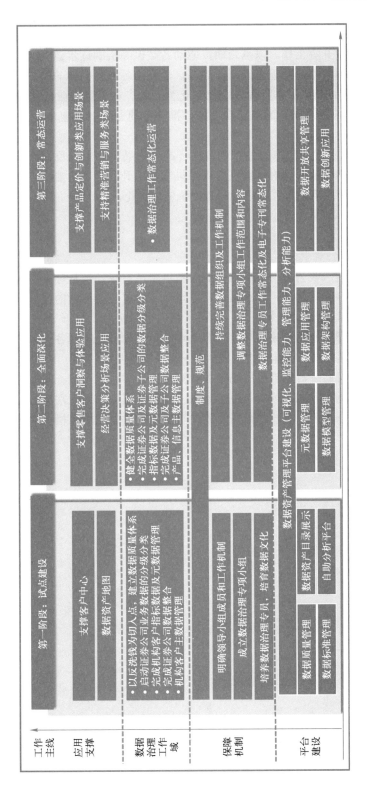

图 14-2　数据治理常态化运营机制

1）第一阶段：试点建设。本阶段以具体业务点为试点，局部开展数据资产盘点、数据标准梳理、数据质量提升等工作。以点带面，驱动各类保障机制逐步建立，推动各项专业能力逐项形成，制定各项数据治理配套细则、规范，建立由各方共同参与的"长效管理机制"。

2）第二阶段：全面深化。本阶段以全面深化为目标，借鉴第一阶段局部试点建设经验和取得的成果，扩大支撑的业务场景建设范围，推动各项专业能力逐步提升,数据价值逐步发挥。

3）第三阶段：常态运营。本阶段以"数据资产价值最大化"为目标，以数据价值显现为主题，支撑公司战略落地，同时持续完善保障机制，提升各项专业能力，使高质量数据支撑公司更多的业务创新应用场景，实现数据资产价值最大化。

14.4　实施成果

通过三阶段的建设，该公司形成了重点业务数据资产目录、数据标准字典；构建了数据质量管理机制，实现对重点业务、重点系统、重点环节数据质量评估的覆盖；初步实现外部数据及 AI 应用；初步建设自助分析平台，在试点部门推广使用。

该公司持续深入开展专项数据治理，发布企业级数据标准，实现各类系统、数据平台的数据标准化，数据治理各项专业能力得到较大提升。

在业务侧，该公司通过对重点应用场景的数据支撑，零售客户线上服务做到全覆盖，客户满意度和 App 用户黏性大幅提升。该公司通过 AI 风控模型快速识别风险点，减少风险事件的发生。另外，该公司通过成熟的数据开放共享及创新数据应用，极大地促进了数据价值释放。

参 考 文 献

[1] CCSA TC601 大数据技术标准推进委员会. 数据资产管理实践白皮书（6.0 版）[R/OL]. (2023-01-04) [2023-01-31]. https://pan.baidu.com/s/leJ290Wb0Gmcla6ECurZpxA?pwd=mksq.

[2] 全国信息技术标准化技术委员会信息技术服务 治理 第 5 部分：数据治理规范：GB/T 34960. 5—2018[S]. 北京：中国标准出版社, 2018.

[3] WATSON H J, FULLER C, ARIYACHANDRA T. Data warehouse governance: best practices at Blue Cross and Blue Shield of North Carolina[J]. Decision support systems, 2004, 38(3):435-450.

[4] DAMA 国际. DAMA 数据管理知识体系指南：第 2 版[M]. DAMA 中国分会翻译组, 译. 北京：机械 工业出版社, 2020.

[5] 用友平台与数据智能团队. 一本书讲透数据治理：战略、方法、工具与实践[M]. 北京：机械工业出 版社, 2022.

[6] 林子雨. 大数据导论：数据思维、数据能力和数据伦理 通识课版[M]. 北京：高等教育出版社, 2020.

[7] 王知津, 王璇, 马婧. 论知识组织的十大原则[J]. 国家图书馆学刊, 2012, 21(4): 3-11.

[8] 徐增林, 盛泳潘, 贺丽荣, 等. 知识图谱技术综述[J]. 电子科技大学学报, 2016, 45(4): 589-606.

[9] 姜磊, 刘琦, 赵肄江, 等. 面向知识图谱的信息抽取技术综述[J]. 计算机系统应用, 2022, 31(7): 46-54.

[10] 杨博, 蔡东风, 杨华. 开放式信息抽取研究进展[J]. 中文信息学报, 2014(4): 1-11.

[11] 王宇, 谭松波, 廖祥文, 等. 基于扩展领域模型的有名属性抽取[J]. 计算机研究与发展, 2010, 47(9): 1567-1573.

[12] 王洪申, 李柏林, 连亚东. 面向设计重用的电主轴知识图谱构建及储存方法研究[J]. 机械设计与 制造, 2023(8): 162-165.

[13] 赵晔辉, 柳林, 王海龙, 等. 知识图谱推荐系统研究综述[J]. 计算机科学与探索, 2023, 17(4): 771-791.

[14] 黄恒琪, 于娟, 廖晓, 等. 知识图谱研究综述[J]. 计算机系统应用, 2019, 28(6): 1-12.